ISOSTASIE
UND SCHWEREMESSUNG

IHRE BEDEUTUNG FÜR GEOLOGISCHE VORGÄNGE

VON

Dr. A. BORN

A. O. PROFESSOR DER GEOLOGIE AN DER UNIVERSITÄT
FRANKFURT A. M.

MIT 31 ABBILDUNGEN

BERLIN
VERLAG VON JULIUS SPRINGER
1923

ISBN-13:978-3-642-89560-9   e-ISBN-13:978-3-642-91416-4
DOI: 10.1007/978-3-642-91416-4

Inhaltsverzeichnis.

Einleitung.

Die deutsche und zum großen Teil die europäische geologische Wissenschaft steht im Gegensatz zur amerikanischen und anglo-indischen den Gedankengängen, die sich mit der Theorie der Isostasie verknüpfen, relativ fremd und ablehnend gegenüber. Das hat vor allem darin seinen Grund, weil sich mit dem Wort „Isostasie" der Name DUTTONS assoziiert als des angeblichen Gründers dieser Theorie, gleichzeitig aber auch als des Begründers der Hypothese der isostatischen Gebirgsbildung. Aber es ist ebenso falsch, DUTTON als Begründer der Theorie der Isostasie zu feiern — er ist lediglich Erfinder des Wortes „isostasy" — wie die Theorie der Isostasie als Gebirgsbildungstheorie aufzufassen.

Die Untersuchung der Faktoren, die zur Gestaltung des Antlitzes der Erde geführt haben, hat erkennen lassen, daß die Formierung der Erdoberfläche die Folge eines höchst komplizierten Ineinanderspiels verschiedener Kräfte ist. Endogene Energieverschiebungen und kosmische Kräfte greifen ineinander, lösen erdoberflächlich Vorgänge aus, die ihrerseits Ursachen neuer Störungen werden. Sie heben sich in ihren Wirkungen auf oder summieren sich.

Von allem Ineinanderspiel sehen wir nur das Ergebnis: die heutige Morphologie der Erdoberfläche. Paläogeographische Forschung zeigt uns jedoch bis in ferne geologische Vergangenheit die Veränderungen im morphologischen Bild. Wir erkennen den Wechsel im Relief der Erde, die Verschiebungen von Hoch- und Tiefgebieten.

Von den Ursachen dieses Wechselspiels stellt die Hypothese resp. Theorie vom isostatischen Zustand der Erdoberfläche nur ein Teilproblem dar, und zwar eines von sekundärem Charakter. Bei den durch den isostatischen Zustand der Erdkruste bedingten Vorgängen handelt es sich um solche, die dauernd, in orogenetischen wie anorogenetischen Zeiten, eine Rolle spielen. Allein dieses Teilproblem nach allen Richtungen zu untersuchen, bemühe ich mich in den folgenden Kapiteln. Viel Beobachtungsmaterial liegt zur Prüfung bereit, und in den Ergebnissen der Schweremessung ist ein wichtiges Kriterium in die Hand gegeben. W. DEECKES Worte am Schluß seiner Arbeit über den geologischen Bau der Apenninhalbinsel und die Schweremessungen (1907): „Die Geologie kann aus den Resultaten der Schweremessungen sowohl eine Bestätigung ihrer Beobachtungen, als auch eine Kritik und Anregung zur Stellung neuer Probleme entnehmen", diese Worte beginnen sich seit FRANZ KOSSMATS grundlegenden Arbeiten auf diesem Gebiete zu erfüllen. Als ein Beitrag dazu ist auch das Folgende zu betrachten.[1]

---

[1] Die Drucklegung und Ausstattung dieses Buches wurde nur durch das außerordentlich weitgehende Entgegenkommen der Verlagsbuchhandlung Julius Springer, Berlin, ermöglicht und gefördert. Ich fühle mich dem Verlage zu großem Dank verpflichtet. A. BORN.

I. Die Lehre von der Isostasie.

Die Theorie vom Gleichgewicht oder von der Isostasie der‑Erdoberfläche in ihrer heute gebräuchlichen Fassung besagt, daß die starre Erdkruste, auf einem Untergrund von entsprechenden physikalischen Eigenschaften ruhend, sich in allen ihren Teilen mehr oder minder im hydrostatischen Gleichgewicht befindet, ein Zustand, der keine dauernde Störung zuläßt. Störungen der Isostasie sind u. a. lokale Verstärkungen oder Verminderungen der Erdkrustenmächtigkeit, sei es infolge exogener, sei es endogener Vorgänge (Sedimentation und Abtragung, Zerrung und Pressung). Jede Störung, die zu einer Belastung eines Erdrindenteiles führt, senkt diesen auf ein tieferes Niveau; umgekehrt veranlaßt Entlastung von Erdrindenteilen deren Hebung, vorausgesetzt daß dabei Größenordnungen der Kräfte erreicht werden, welche die bestehenden Hemmungen zu überwinden vermögen.

Es scheint, als ob der Engländer J. F. M. Herschel im Jahre 1837 in einem Brief an Lyell[1]) einem derartigen Gedankengang zum ersten Male Ausdruck verliehen hat.

Im allgemeinen wird die Hypothese als die Hypothese von Pratt oder als die von Dutton bezeichnet. Beides ist irrig. Des Amerikaners C. E. Duttons Verdienst beschränkt sich lediglich darauf, den Ausdruck „isostasy" in die Literatur eingeführt zu haben[2]), nachdem die Hypothese bereits vollkommen feste Form angenommen hatte.

Die Vorstellungen von Pratt, um 1855 englischer Archidiakon in Kalkutta, entsprechen in keiner Weise dem, was wir heute mit der Lehre von der Isostasie verknüpfen. Seine Gedankengänge gehen von der Feststellung von Schweranomalien in der indogangetischen Ebene aus[3]). Die von ihm gewonnene, nicht ganz klare Vorstellung ist etwa die folgende: Die auch nur teilweise Heranziehung des hydrostatischen Prinzips für die Erklärung der Formen der Erdoberfläche wird ausdrücklich abgelehnt. Die sichtbaren Höhenunterschiede der Erdoberfläche, Gebirge, Ebenen und Ozeanböden, entstanden vielmehr infolge ungleichmäßiger vertikaler Kontraktion des Erdmaterials bei dem Übergang aus dem flüssigen oder halbflüssigen Zustand in den festen. Die Gebirgsmassen sollen dabei infolge leichter Ausdehnung der festen Kruste, verbunden mit geringer Dichteverminderung, sich aus großer Tiefe herausgehoben haben.

---

[1]) Philosoph. mag. Bd. 2, S. 212—214. 1837.

[2]) On some of the greater problems of physical geology. Bull. phil. soc. Wash. Bd. 2, S. 51—64. 1889.

[3]) Pratt: Philosoph. transact. London Bd. 145, S. 53. 1855; Proc. of the roy. soc. of London 1864, Nr. 64, S. 270—276; Philosoph. transact. London Bd. 161, S. 335. 1871. Anmerkung.

Auf diese Weise sucht PRATT zu erklären, daß die Gewichte von
Säulen gleichen Querschnitts bis zu einer gewissen Tiefe gleich sein
müssen, trotz verschiedener Länge. Er schließt weiter, daß den Gebirgen
unter dem Meeresniveau ein Dichtedefizit, den Ozeanen in der Tiefe ein
Dichteüberschuß entspricht.

Das ganze Bild ist als Folge verschiedenartiger Erstarrung
von Erdkrustenteilen aus flüssigem Zustand anzusehen. Der
Vorgang dieser Art von Erstarrung ist schwer verständlich. Vor allem
müßte dann in dem heutigen Bild der Erdoberfläche ein seit dem Zeit-
punkt der Erstarrung der Erde völlig invariabler Zustand vorliegen,
eine Vorstellung, die mit dem, was wir
über die Entwicklung der Erdoberfläche
in geologischer Vergangenheit wissen,
völlig unvereinbar ist[1]).

Ganz im Gegensatz dazu steht die
Auffassung, die gleichzeitig mit PRATT
von dem englischen Astronomen AIRY
in Kalkutta ausgesprochen wurde[2]).
Ebenfalls angeregt durch die Feststellung der Schwereanomalien im Vorland des Himalaja untersuchte er zunächst den Fall, daß ein Tafelland über
die übrige Erdkruste hinausragt, welch
letztere auf einer nachgiebigen Unterlage (Lava) ruht. Unter Annahme ver-

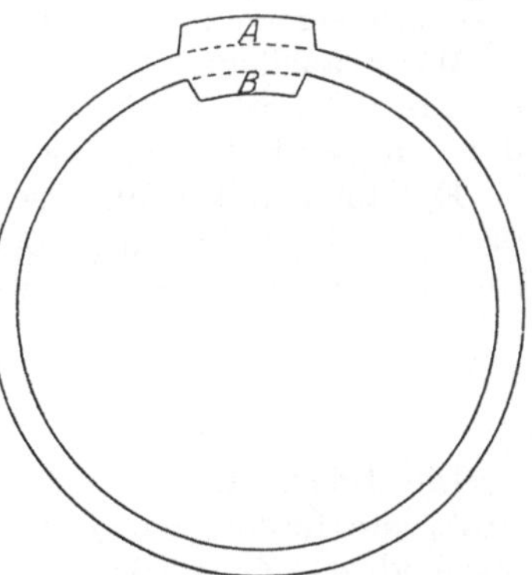

Abb. 1. (Nach AIRY, 1855.)

schiedener Erdkrustendicken kommt er rechnerisch zu dem Resultat,
daß die Kohäsion der Erdkruste nicht ausreicht, die überlastete Scholle
zu tragen. „We must therefore give up the supposition, that the state
of things below a tableland of any great magnitude can be represented
by such a diagramm as fig. 1. And we may now inquire what the state
of things really must be.“

AIRY schließt: es gibt keine andere Unterlage als die Lava, in die
sich die dickere und daher schwerere Scholle des Tafellandes einsenken
muß (Abb. 1, nach AIRY).

„It appears to me, that the state of the earth's crust lying upon
the lava may be compared with perfect correctness to the state of a
raft of timber[3]) floating upon water; in which, if we remark one log[4])
whose upper surface floats much higher than the upper surfaces of
the others, we are certain, that its lower surface lies deeper in the water
than the lower surfaces of the others.“ Statt des heute üblichen Ver-
gleichs mit einer Eisscholle den mit einem Holzfloß.

Die Abweichungen gegenüber der heutigen Auffassung sind rein
quantitativer Art. Denkt man sich die Lava-Unterlage der starren

---

[1]) Dieser Widerspruch der PRATTschen Hypothese mit den geologischen Tatsachen und die sich daraus ergebende Hinfälligkeit der PRATTschen Auffassung
wurde schon von J. B. MESSERSCHMITT erkannt (Geogr. Zeitschr. Bd. 7, S. 321.
1901), blieb aber gänzlich unbeachtet.

[2]) Philosoph. transact. roy. soc. of London Bd. 145, S. 101. 1855.

[3]) Holzfloß.   [4]) Stamm.

Erdkruste durch ein Medium von relativ hoher Starrheit und Viscosität ersetzt, so besteht gegenüber der heutigen Auffassung von der Lehre der Isostasie kein Unterschied mehr.

Auch der Wirkung dieses Zustandes auf die Schweremessungen war sich AIRY voll bewußt. „It will be remarked, that the disturbance depends on two actions; the positive attraction produced by the elevated table-land; and the diminution of attraction, or negative attraction, produced by the substitution of a certain volume of light crust (in the lower projection) for heavy lava. The diminution of attractive matter below, produced by the substitution of light crust for heavy lava, will be sensible equal to the increase of attractive matter above....“

Wenn auch der Name „Isostasie“ nicht gebraucht wurde, so war doch der Begriff vollkommen vorhanden. „In all the latter inferences, it is supposed that the crust is floating in a state of equilibrium[1].“

Es kann somit nicht zweifelhaft sein, daß die Lehre von der Isostasie in der heutigen Fassung von AIRY schon 1855 vollkommen entwickelt wurde und daher als Hypothese von AIRY zu bezeichnen ist.

II. Die Voraussetzungen.

Die Richtigkeit von der Lehre vom isostatischen Verhalten der Erdkruste fordert einige Voraussetzungen. Vorbedingungen sine qua non sind: das Zurechtbestehen der Gravitation, das Vorhandensein eines Erdkörpers der physikalischen Beschaffenheit, daß er auf Be- resp. Entlastung einzelner Teile seiner Oberfläche mit Hebung oder Senkung zu reagieren vermag, also eines Erdkörpers, dessen Kruste sich mehr oder weniger nach den Gesetzen des hydrostatischen Gleichgewichts einzustellen bestrebt und in der Lage ist, und schließlich das Vorhandensein von Kräften, die diese Gleichgewichtseinstellung zu stören vermögen.

Einer Diskussion bedarf lediglich die physikalische Beschaffenheit des Erdkörpers. Im allgemeinen knüpfen die Überlegungen über den Zustand des Erdinneren an gewisse Beobachtungen auf oder nahe der Erdoberfläche an (Geothermische Tiefenstufe, Schwere, Erdbeben usw.), um auf die Verhältnisse in größeren Tiefen zu abstrahieren. Berücksichtigt man allein die Temperaturzunahme nach der Tiefe, so müßte man bei etwa 1200° den flüssigen Zustand der Gesteine antreffen. Diesem Moment wirkt aber die Druckzunahme entgegen, indem sie den Schmelzpunkt pro Atmosphäre um 0,005° (nach Berechnungen von VOGT, aus v. WOLFF, Vulkanism. S. 66) erhöht. So wird die Grenze zwischen festem und flüssigem Aggregatzustand in größere Tiefen verschoben. Die Schmelzpunkterhöhung würde pro 1 km Mächtigkeit (= 270 Atm.) ca. 1,3° betragen. Da nun die Temperaturerhöhung, soweit wir überhaupt in der Lage sind, sie in größeren Tiefen zu beurteilen, auf 1 km (270 Atm.) 30° beträgt, so ist die Zunahme des Druckes nicht in der Lage zu verhindern, daß in größeren Tiefen der Schmelzpunkt der Gesteine bald erreicht wird.

---

[1] l. c. S. 104.

Die völlige (höchst unwahrscheinliche) Konstanz aller Faktoren nach der Tiefe vorausgesetzt, würde der Schmelzpunkt von Gesteinen, deren Schmelzpunkt unter Atmosphärendruck bei 1200° liegt, in der Erdkruste auf ca. 1267 erhöht und von der 1200° entsprechenden Tiefe von 40 km auf eine Tiefe von 42,2 km herabgedrückt werden. H. Qui-ring[1]) hat (Geol. Rundschau Bd. 9, S. 208. 1921) unter Zugrunde-legung einer geothermischen Tiefenstufe von 50 m für Augit und Feld-spat (mit normalem Schmelzpunkt von 1200°) deren verlagerten Schmelzpunkt auf 65 km Tiefe berechnet.

Bei obigen Berechnungen war eine mittlere Dichte des Gesteins von 2,7 zugrunde gelegt worden, die jedoch bei Heranziehung von Tiefen von 60 km zu niedrig angenommen ist. Legt man als Durch-schnittsdichte 3 zugrunde, so ändert sich das Resultat dahin, daß der Schmelzpunkt in größeren Tiefen als 42,2 km zu erwarten ist, was ja auch dem auf anderem Wege gewonnenen Resultat entspricht.

Um den Einfluß der Unsicherheit zu zeigen, die bezüglich der Schmelzpunktserhöhung durch Druckzunahme besteht, sei erwähnt, daß bei der von W. Grabert (Kosmische Physik S. 557) angegebenen Zahl von 3° Schmelzpunkterhöhung pro 100 Atm., die also sechsfach größer ist als die Angabe von Vogt, das normal bei 1200° schmelzende Gestein erst bei 1650° in flüssigen Zustand übergehen, welcher Über-gang sich bei einer Tiefe von ca. 55 km vollziehen würde. Es zeigt sich, daß an der Größenordnung des Wertes trotz erheblicher Änderung der Unterlagen wenig geändert wird. Es muß im übrigen betont werden, daß dem von Vogt angegebenen Werte der Schmelzpunkterhöhung (0,5° auf 100 Atm.) mehr Wahrscheinlichkeit zukommt, da er durch Untersuchungen von J. Johnston und H. L. Adams[1]) eine Bestätigung erfahren hat. Deren Ergebnis war, daß Schmelzpunktsänderungen mit dem Druck selten größer als 1°, niemals mehr als 4° für 100 Atm. be-tragen.

Diese infolge der Unsicherheit der Extrapolation rein spekulativen Überlegungen haben insofern Bedeutung, als sie zu dem zwingenden Schluß führen, daß unter der starren Erdkruste eine Zone folgen muß, in der Gesteine im Zustand einer evtl. zähen Schmelze angetroffen werden.

Über das bei weiterer Steigerung von Druck und Temperatur ein-tretende Verhalten einiger Substanzen haben Untersuchungen von G. Tammann wichtige Ergebnisse erzielt. Es zeigte sich, daß z. B. die kritische Temperatur des Phosphoniumchlorids bei ca. 50°, der kritische Druck bei ca. 75 Atm. liegt. Erhöht man nun bei 50° den Druck weiter, so tritt bei 750 Atm. Erstarrung, und zwar Krystallisation, ein. Wird nun die Temperatur noch über die kritische Temperatur des Phos-phoniumchlorids hinaus erhöht, so läßt sich unter weiter gesteigertem Druck die Krystallisation beibehalten. Für 100° C ergibt sich ein Krystalli-sationsdruck von 3000 Atm. Dadurch ist festgestellt, daß der feste Aggre-gatzustand weit jenseits der kritischen Temperatur bestehen kann,

---

[1]) Zeitschr. f. anorg. Chem. Bd. 80, S. 331. 1913.

wenn der Druck entsprechend erhöht wird. Diese Tatsachen zeigen also, daß bei gewissen Stoffen zwischen festem Zustand zu Beginn und am Schlusse eine flüssige Phase liegen kann. Es wäre denkbar, daß das Gesteinsmaterial in der Erdkruste sich nicht unähnlich verhält. —

Die Untersuchungen von Bewegungen des Erdkörpers gestatten nun, einige Schlüsse auf seine physikalischen Eigenschaften zu ziehen. Der Erdkörper als Ganzes sowohl wie seine Oberfläche verhalten sich gegenüber einer Reihe von deformierenden Kräften sehr verschiedenartig.

Bei der Einwirkung kurzperiodischer Kräfte reagiert die Erde mit elastischen Formveränderungen.

W. SCHWEYDAR hat in neuerer Zeit die verschiedenen Tatsachen, aus denen man auf die Starrheit (rigidity) der Erde Schlüsse gezogen hatte, einer Kritik unterworfen. Die Revision der Gezeiten des Meeres ergab, daß die Starrheit der Erde $6{,}1 \cdot 10{,}11$ Dynen beträgt[1]).

Eine andere Möglichkeit der Bestimmung der Starrheit ergab sich aus den Bewegungen der Rotationsachse der Erde. Es besteht hier das bekannte Mißverhältnis zwischen der theoretischen Periode und der tatsächlichen Periode der Bewegungen der Rotationsachse. EULER hatte in der Annahme einer völlig starren Erde die Periode zu 303,3 Sonnentagen berechnet, die tatsächliche Periode war jedoch von CHANDLER zu 432,8 Sonnentagen festgestellt worden. Aus dieser mangelnden Übereinstimmung berechnete HERGLOTZ[2]) den Starrheitskoeffizienten der Erde zu $11{,}7 \cdot 10^{11}$ Dynen.

Bei diesen Ableitungen wurde die Voraussetzung gemacht, daß die Starrheit im Erdkörper überall gleich sei. W. SCHWEYDAR stellte Berechnungen an in der Annahme, daß Dichte und Elastizität in der Erde von Schicht zu Schicht gesetzmäßig wachsen[3]). Er fand die Starrheit der oberflächennahen Teile zu $2{,}6 \cdot 10^{11}$ Dynen. Die Starrheit der Erde ist somit etwa $2^{1}/_{2}$ mal so groß als die des Stahls.

Diese Starrheit ist ein relativer Begriff und sagt nichts aus für Zeiten von geologischer Größenordnung. Bei Kräften von noch kürzerer Periode, bei sehr raschen Deformationen, wie z. B. bei den elastischen Schwingungen der Erdbebenwellen, verhält sich die Erde mit noch größerer Starrheit[4]). Die Elastizität hängt also in gewisser Beziehung von der Periode der deformierenden Kräfte ab.

Bei sehr langperiodischen Kräften wird daher die Erde eine geringere Starrheit aufweisen, als sie zahlenmäßig festgestellt worden ist. Die oben genannten Zahlen haben lediglich Gültigkeit für die Periode des einzelnen Falles. Unter dem Einfluß konstanter Kräfte oder solcher, die Zeiträume von der Größenordnung geologischer Perioden umfassen, wird das Erdinnere sich mehr oder weniger wie eine zähflüssige Masse

---

[1]) Gerlands Beitr. z. Geophys. Bd. 9. 1907.
[2]) HERGLOTZ: Zeitschr. f. Math. u. Phys. Bd. 52.
[3]) Theorie der Deformation der Erde durch Flutkräfte. Veröff. d. Preuß. geodät. Inst. N. F. 1916. Nr. 66.
[4]) SCHWEYDAR, W.: Über die Elastizität der Erde. Naturwissenschaften Bd. 5, S. 593. 1917.

verhalten. Diese Situation ist aber gerade die, die vom Standpunkt der Isostasie Interesse besitzt.

Es ist höchst wahrscheinlich, daß unter derartigen Umständen sich das subkrustale Material in einem Zustand latenter Plastizität befindet[1]). Ein direkter Beweis dafür läßt sich naturgemäß nicht erbringen, da die geophysikalische Untersuchung nur kurze Perioden umfassen kann. Es ist aber anzunehmen, daß die Erde unter entsprechenden Umständen ein ähnliches Verhalten zeigt wie pechartige Körper, z. B. Siegellack, der sich gegenüber kurzen Kräfteimpulsen wie ein starrer Körper, bei kontinuierlicher Inanspruchnahme dagegen völlig plastisch verhält[2]).

Mit einem derartigen latentplastischen Verhalten der subkrustalen Massen darf man bei der langperiodischen Wirkung der Isostasie anstrebenden und Isostasie störenden Kräfte zum mindesten rechnen. Es fragt sich, wie weit diese latente Plastizität durch erhöhte Temperatur und erhöhten Druck noch eine Steigerung erfährt. Untersuchungen von F. D. ADAMS und J. A. BANCROFT[3]) haben zwar ergeben, daß mit zunehmendem allseitigen Druck die zur Deformation eines Gesteines durch seitlichen Schub erforderliche Kraft schnell wächst, daß daher mit zunehmender Tiefe in der Erdkruste der Widerstand gegen tangentialen Druck stark ansteigt, weswegen die großen orogenetischen Massentransporte sich verhältnismäßig nahe der Erdoberfläche vollzogen haben sollen.

Der Wert dieser Feststellungen wird jedoch durch den Umstand beeinträchtigt, daß die Experimente von ADAMS bei gewöhnlicher Temperatur vorgenommen wurden. Es wäre nicht ausgeschlossen, daß entsprechende Temperatursteigerung neben dem Anwachsen des allseitigen Druckes das Ergebnis der Untersuchungen geändert, wenn nicht gar in das Gegenteil gewandelt hätte. —

Eine der wichtigsten Tatsachen in Hinsicht einer Beurteilung des Untergrundes der Erdkruste kann man den Ergebnissen der Schweremessungen entnehmen. Es ist eine bekannte, in geologischer Hinsicht wenig beachtete Tatsache, daß im großen ganzen alle Massenüberschüsse (Kontinente, Gebirge) und alle Massendefekte (Meere) Kompensation aufweisen. Es hat sich immer wieder das keineswegs erwartete Resultat bestätigt, daß über den Kontinenten wie auf dem Meere, soweit hier Messungen vorgenommen wurden, die totale Schwere annähernd gleich ist, d. h. richtiger dem Werte annähernd gleich kommt, der für die betreffende Beobachtungsstation entsprechend ihrer geographischen Breite theoretisch abgeleitet wurde.

Die nach Durchführung gewisser Reduktionen ermittelten Schwereanomalien an der Oberfläche des festen Geoids haben weiter erwiesen,

---

[1]) SCHWEYDAR, W.: Veröff. d. Preuß. geodät. Inst. N. F. 1919. Nr. 79.

[2]) Vgl. hierzu WEGENERS, A.: Ausführungen in „Entstehung der Kontinente und Ozeane" 3. Auf., S. 89. 1922.

[3]) On the amount of internal friction developed in rocks during deformation and on the relative plasticity of different types of rocks. Journ. of geology Bd. 25, S. 597. 1917. Vgl. auch KING, L. V.: ebenda, S. 638.

daß den sichtbaren Massenüberschüssen der Erdoberfläche (Gebirgen und Kontinenten) unter der Geoidoberfläche Massendefekte entsprechen. Diese Tatsachen finden ihre plausible Erklärung in der bekannten Annahme, daß Kontinente und Gebirge in der Gegenwart als mächtige Schollen spezifisch leichteren Materials gemäß dem Gesetz der Hydrostatik auf einem spezifisch schwereren Material schwimmen. Nur unter der Voraussetzung, daß die Erdkruste passiv auf einer für geologische Zeiträume plastischen Unterlage ruht, ist die heutige Schwereverteilung an der Erdoberfläche verständlich. Wenn wir nichts von der Verteilung der Massen in der Erde wissen und machen eine Annahme, wie die der isostatischen Kompensation, und Schwereintensität und Lotablenkung stimmen mit den Forderungen der Hypothese überein, so ist damit zweifellos eine gute Arbeitshypothese gewonnen.

Zurückkommend auf die eingangs gestellte Frage nach der Fähigkeit und Tendenz der Erdkruste, sich gegenüber einem Untergrund entsprechend den Gesetzen der Hydrostatik zu verhalten, sind wir in der Lage, aus einer Reihe von Beobachtungen zu einer Bejahung dieser Frage zu gelangen.

Auf einen in dieser Hinsicht prinzipiell wichtigen Umstand hat RUDZKI[1]) aufmerksam gemacht. Wir sind zu der Erkenntnis gekommen, daß der Untergrund der starren Kruste sich dieser gegenüber plastisch zu verhalten pflegt. Es fragt sich, ob eine Berechtigung vorliegt, die Theorie des Gleichgewichts flüssiger Körper auf die Erde anzuwenden. Diese Theorie verlangt, daß Druck, Temperatur und Dichte mit der Zeit konstant bleiben, daß ferner der Körper überall dieselbe Temperatur besitzt, d. h. also isotherm ist, und daß keine Massenverschiebungen im Inneren stattfinden. Diese Voraussetzungen sind bei einem Weltkörper nie realisiert. Wärmezufuhr und -abgabe, Volumveränderungen, Temperaturverschiebungen im ganzen und in einzelnen Teilen, konvektive Strömungen müssen als bestehend anerkannt werden. Das alles steht im Gegensatz zu dem idealen Gleichgewichtszustand eines flüssigen Körpers. Jedoch alle diese Evolutionen der Erde vollziehen sich, von Revolutionen abgesehen, außerordentlich langsam. Die variablen Zustände unterscheiden sich daher kaum von stationären, und das Streben nach Gleichgewicht hat Zeit, sich Geltung zu verschaffen. Jede augenblickliche Gestaltung strebt einem den augenblicklich herrschenden Bedingungen entsprechenden Gleichgewichtszustand zu. So ist die Entwicklung der Erde eine kontinuierliche Reihe von Zuständen, die gewissen ebenfalls eine kontinuierliche Reihe bildenden Gleichgewichtszuständen zustreben und ihnen stets nahe kommen. Aus diesem Grunde dürfen die Gesetze des hydrostatischen Gleichgewichts auf die Entwicklung der flüssigen Erde angewendet werden.

Die Tiefe der „Ausgleichsfläche". Wenn die Voraussetzungen für das Prinzip der Hydrostatik in den subkrustalen Massen gegeben sind, so darf man in der Tiefe eine Niveaufläche annehmen, in welcher überall der Druck der auflastenden Massen bei gleichem Säulenquerschnitt gleich ist. Diese Fläche wurde bisher als Ausgleichsfläche oder

---

[1]) Physik der Erde 1911, S. 128.

als Kompensationstiefe bezeichnet. Die Tiefenlage dieser Fläche ist kein wesentlicher Teil der Isostasielehre.

Als mittlerer Wert wurde von HELMERT[1]) aus den Schweremessungen 118 $\pm$ 22 km berechnet. Dieser Wert stimmt auffallend mit dem von O. H. TITTMANN und J. H. HAYFORD 1909 in den Vereinigten Staaten gewonnenen Resultaten[2]) von 122,2 km überein.

Es ist von großer Bedeutung, daß letzterer Wert auf ganz andere Weise, nämlich aus Lotablenkungen gewonnen wurde. Im übrigen hatte HAYFORD seinen Berechnungen folgende Werte zugrunde gelegt: Mittlere Dichte des Gesteins der Kruste 2,67, mittlere Dichte der Erde 5,576. Diese Voraussetzungen würden das HELMERTsche Ergebnis auf 124 km erhöhen, es also dem von HAYFORD noch weiter nähern.

Diese Zahl kann natürlich nur einen mittleren Wert darstellen, und wenn HAYFORD für die gesamten U. S. A. den Betrag von 122 km als zutreffend bezeichnet, so sind dagegen verschiedene Bedenken geltend zu machen. Weit wahrscheinlicher ist es, daß die Kompensationstiefe für die U. S. A. etwa in den Grenzen zwischen 100 und 300 km schwankt, wie sie J. BARREL auf Grund von geologischen und geodätischen Tatsachen errechnet[3]).

HAYFORD bediente sich zur Berechnung der Kompensationstiefe folgender Methode[4]): Er machte verschiedene Annahmen von der Größe und Verteilung der Dichteanomalien und berechnete die entsprechenden Lotablenkungen dazu. Die berechneten Lotablenkungen verglichen mit den beobachteten ergaben die sog. residual errors, als Folge der Unzulänglichkeit der Hypothese. Die absolut richtige Annahme oder Hypothese würde alle „Fehlerrückstände“ (residual errors) auf Null reduzieren.

Nun dient bei einer großen Zahl von Daten die Summe der Quadrate der Fehlerrückstände, wie sie aus den verschiedenen Hypothesen abgeleitet werden, als Zeugnis für die relative Übereinstimmung der Hypothese mit der Wirklichkeit. Es hat diejenige Hypothese am meisten Anspruch auf Richtigkeit, bei der die Summe der Quadrate ein Minimum ist.

HAYFORD berechnete für die Annahme verschiedener Kompensationstiefen aus 765 Lotabweichungen die Summe der Quadrate[5]):

Annahme	Summe der Quadrate von 765 Fehlerrückständen
Lösung B (extreme Starrheit, Tiefe der Kompensationsfläche unbegrenzt)	107,385
Lösung E (Kompensationstiefe 162,2 km)	10,297
Lösung H (Kompensationstiefe 120,9 km)	10,063
Lösung G (Kompensationstiefe 113,7 km)	10,077
Lösung A (Kompensationstiefe 0 km)	18,889

[1]) Enzyklopädie d. math. Wiss. Bd. 4, 1. B., H. 2, S. 140.

[2]) Geodetic operations in the United states 1906—1909. A report to the general conf. of Intern. geod. assoc. und Wash. ac. of sc. proceed. Bd. 8, S. 25. 1906.

[3]) BARREL, J.: The strength of the earth's crust. IV. Journ. of geol. Bd. 22, S. 291. 1914.

[4]) The figure of the earth etc. Governement printing office, Washington 1909/10.

[5]) Nach BARREL: Journ. of geol. Bd. 22, S. 150. 1914.

Im Jahre 1906 bevorzugte HAYFORD den Wert G 113,7 km, spätere Berechnungen führten ihn 1909 zur Annahme des Wertes H 120,9 km. Der wahrscheinliche Betrag der Kompensationstiefe wurde dann genauer für die gesamten U. S. A. auf 122,2 km = 76 Meilen berechnet. Allerdings zeigen eine Reihe von Annahmen eine sehr geringe Abweichung in der Summe der Quadrate der Fehlerrückstände, weswegen HAYFORD eine andere Lösung als G ebenfalls für möglich hält.

Es muß betont werden, daß andere nicht weniger berechtigte Voraussetzungen zu anderen nicht wenig abweichenden Werten geführt haben. Es erübrigt sich, hier weiter darauf einzugehen. Die absolute Tiefenlage ist für die Hypothese der Isostasie nicht von der Bedeutung, wie vielfach betont wird. Es ist überhaupt zweifelhaft, ob der Ausdruck „Ausgleichstiefe" oder „Kompensationstiefe" irgendwelcher physikalischen Wirklichkeit entspricht. Es wird sich hier vielmehr um eine mächtige Übergangszone handeln, innerhalb der sich infolge Druck- und Temperatursteigerung allmählich Eigenschaften im subkrustalen Material entwickeln, die einen Ausgleich zulassen.

Für weitere Überlegungen erscheint es zweckmäßig, eine Unterscheidung zwischen einer Ausgleichstiefe für die ganze Erde und einer tatsächlichen Ausgleichszone für die einzelnen Erdkrustenteile einzuführen. Die erstere, die Ausgleichstiefe für die ganze Erde, ist eine theoretische Fläche, in der bei isostatischem Zustand der Erdkruste die Gewichte der über ihr ruhenden Gesteinssäulen gleichen Querschnittes gleich sind. Man bezeichnet dieses rein theoretische Niveau am besten als Ausgleichsniveau. Es ist eine Fläche, die auf jeden Fall tiefer liegt, als die tiefsten horizontalen Dichteunterschiede in der äußeren Erdzone.

Die Ausgleichszone für die einzelnen Erdkrustenteile wird im allgemeinen höher liegen, d. h. die Zone, wo sich bei Massenverlagerungen infolge isostasiestörender Faktoren an der Unterseite der Erdkruste der Massenausgleich, die Kompensation vollzieht. Man bezeichnet sie am besten als Kompensationszone. Sie ist keine theoretische Konstruktion, sondern eine Wirklichkeit, stellt jedoch keine Fläche, sondern eine Zone von vielen Kilometern Mächtigkeit an der Basis der schwimmenden Erdkrustenschollen dar. Hier die Grenze von Sima und Sal anzunehmen, liegt keine Veranlassung vor. Es werden sich simatische Materialien bereits in der Lithosphäre befinden, andererseits wird salartige Substanz noch der sog. plastischen Schicht angehören.

Das Niveau der Kompensationszone ist kein konstantes, sondern liegt für die verschiedenen Erdkrustenteile in bezug auf den Erdmittelpunkt verschieden hoch, je nach der Dicke der schwimmenden Schollen. Die Kompensationszone hat auch für den einzelnen Punkt der Erdoberfläche kein konstantes Niveau; sie wird durch isostasiestörende Faktoren höher oder tiefer gelegt. Es gibt also viele Kompensationstiefen, je nach der Eintauchstiefe der einzelnen isostatisch selbständigen Schollen. Unter den Kontinenten wird die Kompensationszone tiefer liegen als unter den Ozeanböden, dagegen höher als unter den Hochgebirgsgürteln.

Die Berechnungen von HAYFORD für die Vereinigten Staaten sind eine Festellung der Kompensationszone und beziehen sich auf die Vereinigten Staaten als Gesamtheit.

Die nordamerikanische Literatur, besonders die wichtigen Arbeiten J. BARRELS, bedienen sich einer etwas abweichenden Nomenklatur. Für das Kompensationsniveau führt er den Ausdruck „Asthenosphäre" (= zone of weakness, Schwächezone) ein. Seine Gliederung des Erdkörpers ist[1]):

Atmosphäre,
Hydrosphäre,
Lithosphäre (= zone of compensation BARRELS),
Asthenosphäre (= Kompensationsniveau des Verf.),
Zentrosphäre oder Barysphäre.

III. Die Schweremessung.

Es wird hier nur auf das vom geologischen Gesichtspunkte aus Wissensnötige eingegangen[2]).

Schweremessungen vermittels Pendelbeobachtungen sind ein wesentliches Mittel zur Beurteilung äußerer Zonen der Erde geworden. Dieses Mittel in seiner Bedeutung für die Erforschung der Erdkruste und des Erdinneren erkannt zu haben, ist das Verdienst des bekannten, 1917 verstorbenen Berliner Geophysikers HELMERT. Die praktische Durchführung der Forschung förderte vor allem der österreichische Oberst VON STERNECK, dessen transportabler Pendelapparat heute allgemein in Gebrauch ist.

Zwei Arten von Messungen sind zu unterscheiden: absolute Schweremessungen und relative. Bei den absoluten Messungen müssen alle konstanten Fehlerquellen vermieden werden, resp. muß ihr Einfluß exakt bestimmt werden. Sie sind daher sehr mühevoll. Bei relativen Messungen spielen die konstanten Fehlerquellen gar keine Rolle, soweit sie Beobachtungsort und Bezugsbasis gemeinsam betreffen. Dadurch ist eine Vereinfachung der instrumentalen Hilfsmittel ermöglicht, so daß sich relative Messungen für Beobachtungen auf Reisen besonders gut eignen. Für die Feststellung der Verteilung der Schwere auf der Erdoberfläche genügen sie vollauf.

---

[1]) BARREL, J.: The strength of the earth's crust. VI. Journ. of geology Bd. 22, S. 659. 1914.

[2]) Ich folge hier in wesentlichen Teilen den Ausführungen von MESSERSCHMITT, J. B.: Die Schwerebestimmung auf der Erdoberfläche. Braunschweig, Verlag Vieweg 1908. — HELMERT: Enzyklopädie der mathem. Wissensch. Bd. 4, 1. B., H. 2. —}KOSSMAT, F.: Abhandl. d. Sächs. Akad. d. Wiss. Bd. 38. Leipzig 1921. — KOSSMAT, F.: Geolog. Rundschau Bd. 12, S. 105. 1921. — NIETHAMMER, TH.: Zur Theorie der isostat. Reduktion der Schwerebeschleunigung. Verhandl. d. Naturf. Ges. Basel Bd. 28. 1917. — Ders.: Die Schwerebestimmungen der schweizerischen geodätischen Kommission und ihre Ergebnisse. Verhandl. d. Schweiz. naturf. Ges. Schaffhausen. 1921. — Eine beachtenswerte Zusammenfassung über die Schweremessung und die Verteilung der Schwerkraft hat J. KÖNIGSBERGER in W. SALOMONS Grundzügen der Geologie, Stuttgart, 1922, S. 13, geschrieben.

Man verwendet dabei den STERNECKschen Pendelapparat mit invariablem Halbsekundenpendel (25 cm) und den sog. Koinzidenzapparat. Dieser Apparat ermöglicht es, die Schwingungen des Pendels am Beobachtungsort zu vergleichen mit den Schwingungen des Pendels einer astronomischen Penduluhr, deren Gang durch astronomische Zeitbestimmung kontrolliert wird.

Bekannt ist dann die Schwingungszeit des Halbsekundenpendels T_1 und die Schwere g_1 am Ausgangsort (Hauptstation). Gemessen wird durch Vergleich mit dem astronomischen Pendel die Schwingungszeit am Beobachtungsorte T_2. Nun verhält sich bei gleicher Pendellänge die Schwerkraft oder Schwerebeschleunigung zweier Orte umgekehrt wie das Quadrat ihrer Schwingungszeiten:

$$g_1 : g_2 = \frac{1}{T_1{}^2} : \frac{1}{T_2{}^2}.$$

Daraus läßt sich die Schwerkraft g_2 des Beobachtungsortes ohne weiteres berechnen.

Die Messungen werden mit Vornahme aller möglichen Korrekturen (für Temperatur, Luftwiderstand, Mitschwingen des Pendelstatives, Gang der Beobachtungsuhr usw.) vorgenommen.

Für Messungen auf dem Meere ist der STERNECKsche Pendelapparat nicht verwendbar. Nach mehreren anderen Versuchen hat sich dafür folgendes Verfahren von H. MOHN als brauchbar erwiesen: Man berechnet aus den Angaben des Siedethermometers den wahren Luftdruck. Daneben beobachtet man gleichzeitig den Stand eines Quecksilberbarometers. Der Unterschied beider gibt die Schwerekorrektion des Barometers, und daraus erhält man die Schwere selbst. Die auf diese Weise gewonnenen Werte bleiben allerdings an Genauigkeit hinter den auf dem Lande gemessenen Ergebnissen zurück.

Mit dem auf die eine oder die andere Art gefundenen Werte von g eines Beobachtungsortes ist nun zunächst kein Wert ermittelt, der irgendwie direkt verwendbar wäre. Ihm haften alle Nebensächlichkeiten an, die durch die zufällige Lage des Beobachtungsortes bedingt sind. Es müssen eine Reihe von Korrekturen (Reduktionen) vorgenommen werden, die es erst ermöglichen, den Wert mit denen anderer Beobachtungsorte in Vergleich zu setzen.

Es wird zunächst eine Bezugsfläche benötigt, auf die alle Schweremessungen bezogen werden: man hat dazu das Geoid gewählt. Dieses ist eine Gleichgewichtsfläche, die an der Erdoberfläche unter dem Einfluß der Gravitation, also unter dem Einfluß der anziehenden Land- und Wassermassen und bei der Rotation der Erde in bezug auf den Fixsternhimmel, vorhanden ist. Als eine solche Fläche wird die Meeresoberfläche betrachtet. W. TRABERT[1]) definiert als Gestalt der Erde jene Gleichgewichtsfläche, die das Meer in ruhigem Zustand einnimmt, und welche die Oberfläche des Meerwassers in einem Kanalnetz einnehmen würde, wenn man sich alle Kontinente mit einem solchen überzogen denkt, das mit dem Meere kommuniziert.

---

[1]) TRABERT, W.: Kosmische Physik, S. 312.

Aber das ist keine ideale Niveaufläche. Man darf sich das Geoid, die Gestalt der Erde nur im großen ganzen durch das Mittelwasser des Meeres verwirklicht denken. Eine ganze Reihe von Einflüssen bedingt, daß die Oberfläche des Meeres nicht genau eine Gleichgewichtsfläche

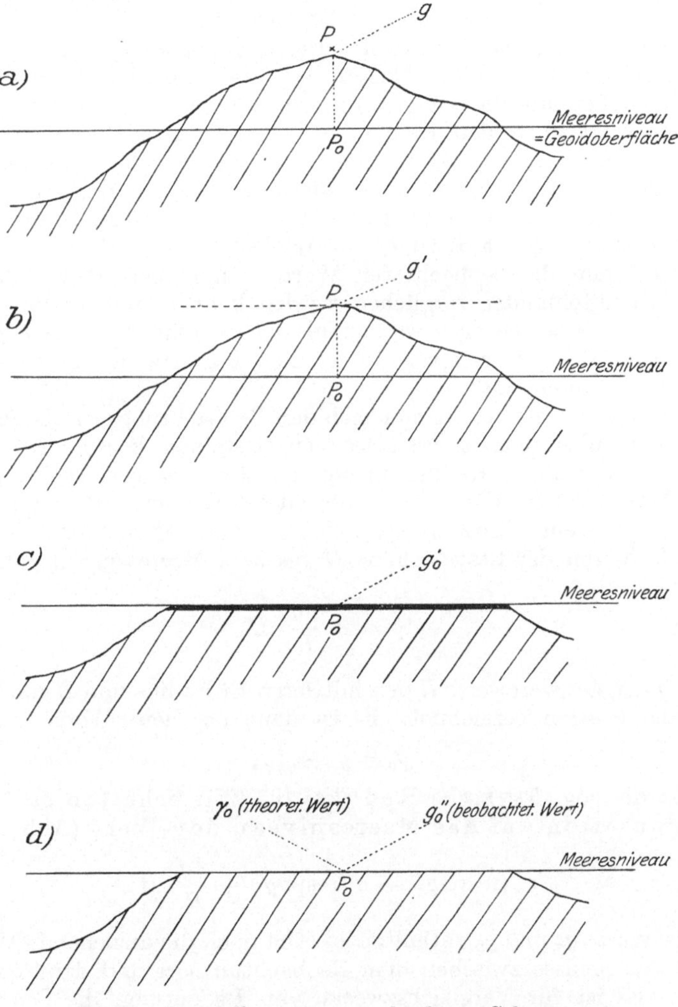

Abb. 2.   Darstellung der verschiedenen Schwerewerte.

ist. Das Rotationsellipsoid stellt eine Annäherung an das durch die Meeresoberfläche repräsentierte Geoid dar. Nach Untersuchungen von HELMERT weicht das Geoid im Maximum nach oben und nach unten nicht mehr als je 100 m vom Rotationsellipsoid (Referenzellipsoid) ab.

Wir gehen aus von der Schwerebeschleunigung g am Beobachtungsorte P (Abb. 2, a). Es muß zunächst eine Korrektur vorgenommen werden: die sog. topographische Korrektion oder der Geländeausgleich. Die Schwerebeschleunigung auf einer Bergspitze von 1000 m Höhe ist geringer als auf einer Hochebene von 1000 m Höhe, da im ersten Fall ein Ausfall von anziehender Masse in der Umgebung des Gipfels vorhanden ist. Eine positive Korrektion gleicht diesen Unterschied aus. Die Korrektion ist auch für eine Talstation positiv, weil hier die über das Niveau des Beobachtungspunktes in der Nachbarschaft hinausragenden Massen schwerevermindernd wirken. Es braucht dabei nur die Umgebung von wenigen Kilometern Umkreis berücksichtigt zu werden, da die Abnahme der Anziehung mit der Entfernung schnell wächst (Abb. 2, b). Liegt also der Beobachtungspunkt nicht auf ebenem Terrain, so ist die stets positive Geländekorrektur vorzunehmen. Aus dem Wert g erhält man so den Wert g'. Die Differenz $g' - g$ ist die Geländereduktion.

Damit nun die beobachteten Werte von g resp. g' verschiedener Stationen miteinander verglichen werden können, müssen sie alle auf das gleiche Niveau bezogen werden, als das man die Geoidfläche gewählt hat, die mit dem Meeresspiegel und seiner Fortsetzung unter den Kontinenten zusammenfällt.

Auf diese Höhe 0 denkt man sich den Beobachtungsort einschließlich seines über dem Meere gelegenen Gesteinssockels herabgedrückt. Die Ableitung dieser Reduktion auf den Meeresspiegel findet sich bei J. P. MESSERSCHMITT[1]). Der beobachtete Stationswert wird hierbei vermehrt um eine Größe[2]) $\varDelta g$, welche der Zunahme der Schwere in freier Luft von der Stationshöhe H bis zum Meeresspiegel entspricht. Es ist

$$\varDelta g = + \frac{2g}{R} \cdot H,$$

worin g den Schwerewert, R den mittleren Erdradius und H die Meereshöhe der Station bezeichnet. Es ist dann der neue Wert

$$g_o = g + \varDelta g.$$

Das ist die sog. FAYEsche Reduktion. Wir erhalten so infolge Kondensation auf das Meeresniveau den Wert (Abb. 2, c):

$$g_o \,(\text{resp. } g_o') = g \,(\text{resp. } g') + \frac{2g}{R} \cdot H.$$

Die Werte g_o und g_o' enthalten in sich noch die anziehende Wirkung der Gesteinsmasse zwischen dem Beobachtungsort und der Geoidoberfläche. Es ist für Vergleichszwecke von Bedeutung, die Schwere zu berechnen, die an der Geoidoberfläche nach völliger Beseitigung des Reliefs herrscht. Es ist daher nötig, die anziehende Wirkung der ebenerwähnten Gesteinsmasse zwischen Beobachtungsort und Meeresniveau

---

[1]) L. c. S. 117.

[2]) Der Wert wird mit $\varDelta g$ bezeichnet. Da aber der später abzuleitende Ausdruck für die Totalschwere ($g_o - \gamma_o$) ebenfalls unter dieser Bezeichnung geht, wäre es angebracht, für den obigen Wert der FAYEschen Reduktion einen anderen Ausdruck einzuführen.

auszuschalten. Es ist das das Bouguersche Reduktionsverfahren. Danach denkt man sich die Gesteinsmassen oberhalb des Meeresniveaus nicht auf dieses kondensiert, sondern ganz beseitigt. Bringt man den Wert, welcher der Anziehung einer unendlich ebenen Gesteinsplatte von der Höhe H im Meeresniveau entspricht — er ist gleich

$$- \frac{3}{2} \cdot \frac{D}{D_m} \cdot \frac{H}{R} \cdot g$$

— in Abzug, so erhält man den Wert:

$$g_o'' = g + (g' - g) + \frac{2g}{R} \cdot H - \frac{3}{2} \cdot \frac{D}{D_m} \cdot \frac{H}{R} \cdot g^1),$$

| beob. Stärke | Gelände- reduktion | Reduktion auf Meeresniveau | Ausschaltung der Gesteinsplatte |

der die Schwerebeschleunigung in der Geoidfläche unter dem Beobachtungspunkte bezeichnet und nur über die Schwereverhältnisse unter der Geoidfläche Auskunft gibt.

Die für g, g_o und g_o'' gefundenen Werte, reine Beobachtungswerte, sind wir in der Lage auszuwerten, wenn wir sie mit den entsprechenden theoretischen Werten vergleichen.

Alle theoretischen, errechneten Werte werden mit γ bezeichnet. γ_o ist die nach Faye auf das Meeresniveau reduzierte Normalschwere der betreffenden Beobachtungsstation entsprechend ihrer geographischen Breite. Vorausgesetzt ist dabei gleichmäßige Massenschichtung im Erdinneren und das Fehlen jeden Reliefs. Es muß betont werden, daß sich γ_o auf ein Rotationsellipsoid bezieht, wohingegen die Werte g, g_o, g_o'' auf die Geoidoberfläche Bezug nehmen, die sich infolge ungleichmäßiger Massenschichtung nicht ganz mit dem Rotationsellipsoid deckt. So beträgt z. B. in den Tiroler Alpen die Erhebung des Geoids über das Rotationsellipsoid 13 m, in Zentralasien ein Mehrfaches davon. Für Europa ist die Abweichung jedoch stets so klein, daß sie unberücksichtigt bleiben kann.

Setzt man diesen theoretischen Wert in Vergleich mit dem beobachteten, so ergeben sich zwei wichtige Differenzen:

1. Die Differenz $g_o - \gamma_o = \varDelta g$ ist die auf das Meeresniveau bezogene sog. totale Schwerestörung am Beobachtungsort. Sie sagt aus, um wieviel die nach Faye auf das Meeresniveau reduzierte Schwere g_o abweicht von dem normalen, theoretischen, nach Faye reduzierten Schwerewert γ_o. Ist der Wert $g_o - \gamma_o$ positiv, so ist die beobachtete Schwerebeschleunigung zu groß, es darf auf einen Massenüberschuß geschlossen werden. Doch ist damit über die Lage des Überschusses nichts gesagt. Ist der Wert gleich 0, so besteht keine Isostasiestörung. Dem sichtbaren Massenüberschuß muß unter der Geoidfläche ein äquivalenter Massendefekt entsprechen. Ist schließlich der Wert $g_o - \gamma_o$ negativ, so besteht die Störung in einem Massendefekt, das Gebiet ist unterkompensiert.

$^1)$ Es bedeutet g die beobachtete Schwere, H die Meereshöhe der Beobachtungsstation, R den mittleren Erdradius (6370,3 km), D die Gesteinsdichte der ausgeschalteten Gesteinsmasse, D_m das mittlere spezifische Gewicht der Erde (5,52).

Beobachtungsstationen, die über der mittleren Gebirgshöhe eines Gebietes liegen, müssen zu große, Beobachtungsstationen in Tälern unter der mittleren Höhe eines Gebietes müssen zu kleine totale Schwere aufweisen, wenn für das gesamte Gebiet Kompensation besteht.

Der Wert $g_o - \gamma_o$ ist also zur Darstellung von Kurven gleicher totaler Schwerestörung und zur Beurteilung des Stadiums der Kompensation nicht ohne weiteres geeignet. Er kommt höchstens für Flachlandsgebiete in Frage, wo die Höhendifferenzen gering, da die Anziehung einer ebenen Platte, deren Ausdehnung im Verhältnis zu ihrer Dicke sehr groß ist, in erster Linie von ihrer Dicke abhängt. Im Gebirge würde die graphische Darstellung durch Verbindung von Punkten gleicher totaler Schwerestörung infolge der Zufälligkeiten des Bodenreliefs ein wenig sagendes Bild ergeben, das höchstens als Gesamtheit gegenüber einem Vorland einige Bedeutung hätte.

Um eine Reduktion zur Prüfung des isostatischen Zustandes einer Station herbeizuführen, kann man verschiedene Wege einschlagen. Der Beobachtungswert g einer Station P kann auf die Basis des Meeresspiegels reduziert (g_o) und dann mit einem entsprechenden theoretischen Wert (γ_o) verglichen werden ($\varDelta g = g_o - \gamma_o$). Auf die Unzulänglichkeit dieser isostatischen Reduktion wurde bereits hingewiesen. Es kann aber auch umgekehrt der Wert γ_o durch Reduktion auf das Niveau der Beobachtungsstation P verschoben werden. Ein Verfahren dieser Art hat Hayford angewendet:

Die Hayford - Reduktion[1]). Hayford konstruiert den Ausdruck $g - g_c$, worin g der beobachtete Wert einer Schwerestation P ist, g_c dagegen der aus γ_o berechnete Wert für die Beobachtungsstation. Dieser letztere wird gewonnen unter Hinzuziehung verschiedener hypothetischer Annahmen.

Den Ausgangspunkt bildet die Schwere γ_o am Punkte senkrecht unter P, in Meereshöhe. Dieser Wert der normalen theoretischen Schwere im Meeresniveau wird vermittels der normalen Freiluftreduktion (nach Faye, nur umgekehrt angewendet) auf das Niveau der Beobachtungsstation P reduziert.

$$\gamma = \gamma_o - \varDelta g_a.$$

Die nun zu berücksichtigende attraktive Wirkung der Massen denkt sich Hayford zerlegt in die Wirkung der äußeren Massen ($\varDelta g_b$) und die des Massendefektes unter dem Meeresniveau ($\varDelta g_c$). Es ist ihre Resultante

$$\varDelta g_i = \varDelta g_b + \varDelta g_c.$$

Um diese Werte berechnen zu können, macht Hayford folgende Voraussetzungen: Wenn die äußeren, oberhalb des Meeresspiegels befindlichen Massen vertikal verschoben und unter den Meeresspiegel bis zur Ausgleichstiefe völlig gleichmäßig verteilt werden, wird eine homogene Erdkruste erzeugt. Ebenso, wenn der Massenüberschuß

---

[1]) Hayford and Bowie: The effect of topography and isostatic compensation upon the intensity of gravity. Coast and geodetic survey. Spec. publication. Washington 1912. Nr. 10.

unter dem Meere zum Ausgleich des Massendefektes des Meeres gleichmäßig bis zum Meeresspiegel verteilt wird, was nichts anderes bedeutet, als daß das Oberflächenrelief die alleinige und restlose Funktion der Dichteverteilung darunter sei. Und zwar soll die isostatische Theorie dabei für Gesteinssäulen von kleinstem Durchmesser Gültigkeit besitzen.

Diese auch nach HAYFORD völlig hypothetische Annahme ermöglicht es, die Resultante aus der attraktiven Wirkung der äußeren Massen und der der Anomalie (Schwereüberschuß resp. Defekt) zu berechnen. In der Annahme, daß die Ausgleichstiefe bekannt ist, erhält man zunächst Werte für die Dichte des Massenüberschusses unter dem Meere resp. des Defektes unter den Kontinenten, woraus Δg_b und Δg_c abgeleitet werden können[1]).

Die Normalschwere im Stationsniveau (g_c) erhält man, wenn man den Wert γ um Δg_i vermehrt, dann ist

$$g_c = \gamma + \Delta g_i = \gamma_0 - \Delta g_a + \Delta g_i.$$

Diese Normalschwere im Stationsniveau (g_c) wird mit der beobachteten Schwere g der Station verglichen:

$$g - g_c = g + \Delta g_a - \Delta g_i - \gamma_0.$$

Die rechte Seite der Gleichung enthält nur bekannte oder als bekannt angenommene Werte. Die so gewonnenen Zahlen sind der Karte der Schwereanomalien von HAYFORD und BOWIE zugrunde gelegt. Diese Werte sind keine isostatischen Beobachtungswerte, sondern beruhen auf der Voraussetzung verschiedener hypothetischer Annahmen.

TH. NIETHAMMER hat gezeigt[2]), daß die kartographische Darstellung der HAYFORDschen Werte gegenüber den BOUGUERschen eine deutliche Abhängigkeit von der Gebirgshöhe und von der mittleren Meereshöhe des Gebirges erkennen lassen. Er sieht das als eine Folge der nicht zutreffenden Voraussetzung HAYFORDS an, daß kleinste Gesteinssäulen der Erdkruste sich im Gleichgewicht befinden sollen. Jede Annahme, die der isostatischen Reduktion größere Flächen zugrunde legt, d. h. die voraussetzt, daß Gesteinssäulen von großem Querschnitt — deren Ausmaß allerdings noch völlig ungewiß ist — dem Prinzip der Isostasie gehorchen, wird auf jeden Fall für die isostatische Reduktion richtigere Werte erzielen als auf Grund der HAYFORDschen Voraussetzungen. Für diese Berechnungen ist es dann erforderlich, die mittlere Meereshöhe der betreffenden Fläche zu berechnen. Dann kann aber die isostatische Reduktion Δg_i nicht mehr nach dem HAYFORDschen Verfahren vorgenommen werden; es muß vielmehr die Komponente der äußeren Massen Δg_b an Hand der tatsächlichen Gestalt der Erdoberfläche und die Komponente Δg_c des Massendefektes resp. -überschusses auf Grund der mittleren Höhe des Gebietes gewonnen werden.

NIETHAMMER legte seinen Berechnungen der isostatischen Reduktion einen quadratischen Säulenquerschnitt von 8 km Seitenlänge zugrunde,

---

[1]) Vgl. NIETHAMMER, TH.: Zur Theorie der isostatischen Reduktion der Schwerebestimmung. Verhandl. d. Naturf. Ges. Basel Bd. 28, S. 208. 1917.

[2]) l. c. S. 211.

so daß dann die mittlere Meereshöhe eines Gebietes von 64 qkm Fläche zu berechnen war. Wäre die Kompensation innerhalb solcher Säulen von 64 qkm Querschnitt vollkommen, d. h. wären die oberirdischen Massen durch einen entsprechenden Defekt unter dem Meeresspiegel ausgeglichen, so müßte die isostatische Schwereanomalie $(g - g_c)$ sich innerhalb der durch Beobachtung und Reduktion bedingten Fehlergrenzen von $\pm\,0{,}005$ cm/sec halten. Abweichungen müßten als Zeichen störender Massen aufgefaßt werden.

Die Schweizerischen Schwerewerte hat NIETHAMMER[1]) in dieser Weise reduziert und kartographisch dargestellt. Das Resultat ist für die Schweiz ein großzügiger Wechsel von Defizit und Überschuß. Der hier eingeschlagene Weg scheint geeignet, den isostatischen Zustand eines Gebietes relativ einwandfrei zur Darstellung zu bringen. Doch darf man nicht außer acht lassen, daß dieses Verfahren in bezug auf seine Bewertung zur Beurteilung eines isostatischen Zustandes einen prinzipiellen Nachteil besitzt: es kombiniert beobachtete Faktoren mit solchen hypothetischer Natur.

F. KOSSMAT hat einen anderen, vereinfachten Weg vorgeschlagen[2]): Man ermittelt für besondere ausgewählte Gebiete, z. B. Harz, Alpen, aus der Höhenschichtenkarte die Durchschnittshöhe der Umgebung der Stationen[3]), ferner aus dem geologischen Aufbau seine mittlere Dichte, und berechnet daraus das wirkliche Gewicht. Ferner entnimmt man aus der Isanomalenkarte[4]) die mittlere Mächtigkeit und die Dichte der ideellen störenden Masse. Besteht volle Isostasie, so muß ein Massendefizit durch das Gewicht der errechneten Gesteinsmasse ausgeglichen werden. Die Methode ist gegenüber den vorhergehenden weniger genau, hat aber den großen Vorzug, frei von jeder hypothetischen Annahme zu sein.

Eine noch mehr vereinfachte Methode habe ich benutzt (vgl. Kap. VIII): Man rechnet die Höhe der Beobachtungsstation auf die mittlere Meereshöhe ihrer Umgebung in einem Umkreis von 25 km Radius um und bringt an dem Wert der totalen Schwerestörung $(g_o - \gamma_o)$ eine entsprechende Korrektur an, indem man berücksichtigt, daß eine Gesteinsplatte von 10 m Mächtigkeit und der Dichte von 2,4 in Meereshöhe eine Attraktionswirkung hat, die einer Einheit der dritten Dezimale von g in Zentimetern entspricht. Für Beobachtungsstationen über dem mittleren Niveau der Umgebung muß der Wert $\varDelta g$ um den Betrag der attraktiven Wirkung einer Gesteinsplatte von der Dicke (Meereshöhe der Station/mittleres Niveau) vermindert, bei Stationen unter dem mittleren Niveau des Gebietes um einen entsprechenden Betrag vergrößert werden. Der Nachteil dieser Methode liegt einmal in der Berücksichtigung eines zu kleinen Umkreises und zweitens in der Außer-

[1]) NIETHAMMER, TH.: Verhandl. d. Schweiz. naturf. Ges. Schaffhausen 1921, S. 2.

[2]) Abh. Sächs. Akad. d. Wiss. Bd. 37, S. 7.

[3]) Bei der Berechnung der mittleren Gebirgshöhe in der Umgebung der Stationen wurde in Nordamerika ein Umkreis von 100 engl. Meilen = 161 km berücksichtigt (HELMERT: Enzyklopädie S. 150).

[4]) Die Isanomalenkarte bringt die unter der Geoidfläche bestehenden Anomalien der Schwere zur Darstellung. Vgl. darüber weiter unten.

achtlassung aller Differenzierung der Umgebung. Die Methode gibt aber vermutlich recht günstige Annäherungswerte. Ein Vergleich ihrer Ergebnisse mit denen anderer Methoden wäre wünschenswert. —

2. Die zweite für die geologische Auswertung von Schweremessungen besonders wichtige Differenz ist die zwischen der Schwerebeschleunigung im Beobachtungspunkt unterhalb der Geoidfläche g_0'' und der normalen Schwere in Meereshöhe γ_0

$$\varDelta g'' = g_0'' - \gamma_0 \, .$$

Diese Differenz gibt die Schwerestörung an, die an der Oberfläche des festen Geoids an der Beobachtungsstation besteht, wenn man alle Unebenheiten der Erdoberfläche bis auf Meereshöhe beseitigt denkt. Man bekommt also hier ein Mittel zur Bewertung der Massenstörungen unterhalb der Geoidoberfläche in die Hand. Auf diese Weise ist man in die Lage versetzt, das Verhalten tieferer Teile der Erdkruste zu beurteilen.

Ein positiver Wert von $\varDelta g''$ kündet einen Massenüberschuß unterhalb der Geoidfläche am Beobachtungsort an, ein negativer Wert deutet auf Massendefizit, beides gegenüber der Normalschwere γ_0. Die Ziffern erhält man in Einheiten der dritten Dezimale von g in Zentimetern, also in tausendstel Zentimeter Beschleunigung pro Sekunde. Drückt man die Beschleunigung in ideeller störender Masse aus, so entspricht jedem 0,001 cm von $\varDelta g''$, also jeder Einheit der dritten Dezimale von g in Zentimetern die Attraktionswirkung einer auf Meeresniveau kondensierten, unendlich ausgedehnten Gesteinsplatte von 10 m Dicke bei einem spezifischen Gewicht von 2,4.

Diese Umsetzung in ideelle störende Masse ist nicht ganz korrekt. HELMERT[1]) wies darauf hin, daß die nachgewiesenen Überschüsse resp. Defizite an Gesteinsmasse sich auf eine sehr mächtige Zone der Erdkruste verteilen, die Zehner von Kilometern betragen kann, woraus zu schließen ist, daß das Defizit resp. der Überschuß an Gesteinsmasse in facto größer ist als die durch Kondensation auf Meeresniveau theoretisch errechneten Werte.

In kompensierten Gebieten muß an Beobachtungsstationen über dem Meeresspiegel (z. B. Gebirgsstationen) der Wert $\varDelta g''$ negativ sein, und zwar ansteigend mit der Meereshöhe der Station, da das Dichtedefizit unter der Geoidfläche seinen Ausgleich findet in den Massenüberschüssen der Oberfläche. Das Defizit in ideelle störende Masse umgesetzt muß die gleiche Mächtigkeit haben wie die über dem Meere befindlichen Gesteinsmassen.

Die Zusammenstellung von $\varDelta g''$-Werten zu einer Karte ist nicht neu. Geologisch von Bedeutung ist allein die Karte, die F. KOSSMAT als Unterlage seinen grundlegenden Betrachtungen über die Zusammenhänge zwischen Gebirgsbildung und Schwereanomalien beigegeben hat[2]). Die Kurven dieser Karte, die das mitteleuropäische Gebiet umfaßt, verbinden Punkte gleicher Schwereanomalien. Von F. STUDNICKA

---

[1]) HELMERT: Enzyklopädie der math. Wissensch. Bd. 4, 1. B., H. 2, S. 106.
[2]) KOSSMAT, F.: Abh. Sächs. Akad. d. Wiss., Math.-phys. Kl., Bd. 38. 1921.

unter dem Namen „Isogammen" eingeführt, werden diese Kurven richtiger, da sie nicht Orte mit gleichem γ verbinden, mit dem Namen Isanomalen belegt, da durch sie Punkte gleicher Dichteanomalie verbunden werden. Schon ein flüchtiger Blick auf die Karte zeigt die Bedeutung dieser Art von Zusammenstellung von Schwereanomalien zur Beurteilung des Untergrundes. Mit den Einzelheiten der Auswertung werden wir uns später (Kapitel IV) zu befassen haben.

Ich gebe zum Schluß eine Übersicht der erwähnten Werte:

$g =$ beobachtete Schwerebeschleunigung am Beobachtungsorte, gemessen in Zentimetern pro Sekunde, z. B. für Potsdam $g = 981{,}274$ cm/sec.

$g' = g +$ Geländekorrektur (stets positiv).

g_0 resp. $g_0' =$ Schwerebeschleunigung am Beobachtungsort, Gesteinsmasse über Meeresniveau in das Meeresniveau unter den Beobachtungsort kondensiert gedacht, sog. Faye-sche Reduktion.

$g_0'' = g_0$ resp. g_0', welches von der Attraktionswirkung der über Meeresniveau liegenden Gesteinsmasse befreit wird, sog. Bouguersche Reduktion.

$\gamma =$ theoretische Schwerebeschleunigung am Beobachtungsort.

$\gamma_0 =$ theoretisch abgeleiteter Normalwert der Schwerebeschleunigung, nach Faye aus γ reduziert auf Meereshöhe, entsprechend der geographischen Breitenlage.

$\Delta g = g_0 - \gamma_0$, totale Schwerestörung am Beobachtungsort, auf Meeresniveau bezogen.

$g - g_c =$ sog. Hayfordsche Schwerestörung.

$\Delta g'' = g_0'' - \gamma_0 =$ Schwerestörung, die im Meeresniveau am Beobachtungsort unter der Geoidfläche besteht.

g wird in Zentimetern angegeben, also in Dynen.

Δg und $\Delta g''$ in Einheiten der dritten Dezimale von g in Zentimetern, also tausendstel Zentimeter Beschleunigung pro Sekunde.

0,001 cm Beschleunigung entsprechen einer Gesteinsplatte in Meeresniveau von 10 m Dicke bei einer Dichte von 2,4.

Hayford berechnet, daß sich entsprechen:

$$0{,}003 \text{ Dynen } 100 \text{ Fuß Gestein von } 2{,}67 \text{ Dichte}$$
$$\text{oder } 0{,}001 \quad ,, \quad 10{,}15 \text{ m} \quad ,, \quad ,, \quad 2{,}67 \quad ,,$$
$$11{,}29 \text{ m} \quad ,, \quad ,, \quad 2{,}4 \quad ,,$$

Barrel hält den Betrag der Gesteinsmächtigkeit für zu niedrig und gelangt zu dem Resultat[1]), daß:

$$0{,}0024 \text{ Dynen } 100 \text{ Fuß von } 2{,}67 \text{ Dichte entsprechen,}$$
$$\text{also } 0{,}001 \quad ,, \quad 12{,}7 \text{ m } ,, \ 2{,}67 \quad ,,$$
$$\text{oder } 0{,}001 \quad ,, \quad 14{,}14 \text{ m } ,, \ 2{,}4 \quad ,,$$

---

[1]) Barrel, J.: Journ. of geology Bd. 22, S. 311. 1914.

Ein außerordentlich wichtiges, nach einheitlichen Prinzipien für die ganze Erde durchgerechnetes, gravimetrisches Zahlenmaterial enthalten die Berichte von E. Borras in den Verhandlungen der 14. allgemeinen Konferenz für internationale Erdmessung, Berlin 1912, 3. Teil, und die Verhandlungen der 17. allgemeinen Konferenz für intern. Erdmessung Bd. 9, 2. Teil. Berlin 1914.

Die Genauigkeit der Schweremessungen. Die Kenntnis des mittleren Fehlers bei den Schweremessungen ist in Hinsicht auf ihre Verwendbarkeit für geologische Betrachtungen von Bedeutung. Als mittleren Fehler einer relativen g-Bestimmung bei den Messungen des Preußischen geodätischen Instituts zu Potsdam gibt E. Borras $\pm$ 0,0018 cm an[1]).

Hayford und Bowie geben als wahrscheinlichen Beobachtungs- und Berechnungsfehler für ihre isostatischen Reduktionswerte 0,003 bis 0,004 cm an, der sich in seltenen Fällen bis zu 0,010 cm steigern kann[2]).

Bei den Messungen auf dem Meere ist die Genauigkeit etwas geringer. O. Hecker berechnete den mittleren Fehler einer Schwerkraftbestimmung auf dem Meere zu 0,030 cm[3]), was einem Betrage von 300 m Gestein von der Dichte 2,4 gleichkommt.

Eine Vergrößerung der Ungenauigkeit wird bei der Berechnung des Wertes $\Delta g''$ durch Schätzung der Dichte äußerer Erdkrustenteile über dem Meeresspiegel herbeigeführt. Diese Werte sind besonders bei älteren Messungen nicht immer mit einem von geologischem Gesichtspunkte einwandfreien Betrage in Rechnung gestellt worden.

Eine weitere Steigerung der Unsicherheit bringt die Reduktion der nichtdeutschen Stationen auf das Potsdamer System mit sich. Die für geologische Untersuchungen als Unterlage dienenden außerdeutschen Schweremessungswerte finden sich vorwiegend in den Berichten von E. Borras 1911 und 1914. Hier sind alle relativen Schweremessungen bis zum Jahre 1912 aufgenommen und auf das Potsdamer System reduziert worden. Die Methode der Reduktion ist von Borras im Bericht 1911, S. 3, eingehend dargelegt worden. Die Beziehung aller relativen Messungen auf die Potsdamer Fundamentalkonstante erfolgte durch eine Netzausgleichung. Durch diese Reduktion erfuhr die Genauigkeit der Werte eine geringe Minderung, die jedoch im allgemeinen nicht über eine mittlere Unsicherheit von $\pm$ 0,002 cm hinausgeht[4]). Nur für die indirekt gewonnenen, nicht direkt an einen Vertreter der Netzpunkte anschließende Reduktionen ist der Genauigkeitsgrad der Ausgleichungsergebnisse stärker herabgesetzt; hier beträgt die Unsicherheit, in Fällen, wo es sich um relative Messungen handelt, selten über $\pm$ 0,005 cm.

So ergibt sich für alle von Borras auf den Potsdamer Normalwert umgerechneten Stationen eine weitere Unsicherheit von $\pm$ 0,002 cm

---

[1]) 1911, S. 83.

[2]) Hayford and Bowie: The effect of topography and isostatic compensation upon the intensity of gravity 1912. S. 79.

[3]) Zentralbureau d. Intern. Erdmess., Veröff., N. F. 1908, Nr. 16, S. 225.

[4]) l. c. S. 26.

resp. 0,005 cm. Insgesamt würde sich also ein mittlerer Fehler von **mindestens** $\pm$ 0,0038 cm ergeben, was bedeutet, daß Gesteinsmassen, die in ihrer attraktiven Wirkung einer Gesteinsplatte von 38 m und einer Dichte von 2,4 entsprechen, sich der Beobachtung entziehen könnten. Voraussetzung ist dabei, daß die außerdeutschen Messungen von gleicher Genauigkeit sind wie die deutschen.

Es ist daher nicht zu erwarten, daß alle geologischen Vorgänge, wie z. B. solche der Sedimentation resp. Abtragung, soweit sie nicht sehr hohe Beträge erreichen, sich im Schwerezustand abbilden.

Es ist nun von nicht geringem Interesse, die g-, $\varDelta g$- und $\varDelta g''$-Werte der mehrfach gemessenen Stationen zusammenzustellen, um am Grade der Übereinstimmung den Genauigkeitsgrad der Messungen zu kontrollieren. Die Stationen 1. Ranges wurden zur Anknüpfung des Netzes mehrfach von verschiedenen geodätischen Kommissionen gemessen. Die Mehrzahl derartiger Fälle ist (nach E. BORRAS 1911 und 1914) in folgender Tabelle zusammengestellt:

Vermessendes Land	Station	Dichte	Höhe m	g cm	Jahr	$\varDelta g$ cm	$\varDelta g''$ cm
Österreich	Wien	2,5	183	980, 860	1894	— 9	+ 10
Deutschland	,,	2,5	183	861	—	— 8	+ 11
Schweiz	,,	2,5	183	875	1897	+ 6	+ 25
Preußen	Potsdam	2,0	87	981, 276	—	+ 19	+ 26
,,	,,	2,0	87	274	—	+ 17	+ 24
Dänemark	,,	2,0	87	275	1895—96	+ 18	+ 25
Schweden	,,	2,0	87	277	1895—96	+ 20	+ 27
Finnland	,,	2,0	87	272	1896	+ 15	+ 22
Schweiz	,,	2,0	87	288	1902	+ 31	+ 38+
Preußen	Kopenhagen	2,0	18	559	1898	+ 1	+ 3
Dänemark	,,	2,2	14	559	—	0	+ 1
Österreich	Rangun	2,4	12	978, 537	1897	+ 81	+ 82+
,,	,,	2,4	12	{ 644	1894	+188	+189+
,,	,,			{ 425	1896	— 31	— 30+
Deutschland	,,	2,4	34	474	1905	+ 20	+ 23
Rußland	Paris	2,3	60	980, 938	1893	— 11	— 5
Österreich	,,	2,3	60	947	1893	— 2	+ 4
Baden	,,	2,3	61	943	1900	— 6	0
Frankreich	,,	2,3	61	943	1909	— 6	0
Italien	,,	2,3	61	936	1892	— 13	— 7
U. S. A.	,,	2,3	74	969	1876	+ 23	+ 30+
,,	,,	2,3	62	942	1900	— 7	— 1
Österreich	Bangkok	2	7	978, 278	1895	— 42	— 41
Deutschland	,,	2,2	7	321	1904	+ 1	+ 2
Schweden	Stockholm	2,5	45	981, 843	—	— 10	— 5
Rußland	,,	2,5	45	845	1901	— 8	— 3
Schweiz	München	2,2	529	980, 739	1893	— 47	+ 2
Bayern	,,	2,15	525	733	—	— 52	— 5
Österreich	,,	2,2	529	719	1891	— 67	+ 18+

Hier zeigt sich die interessante Tatsache, daß in einer nicht geringen Zahl von Fällen das Maß der Abweichungen in den Messungen der gleichen Station überraschend groß ist. Einige besonders stark abweichende Werte wurden von BORRAS schon als unverwendbar bezeichnet (+). Ohne die Werte im einzelnen zu diskutieren, lehrt uns die Gesamtheit, daß schon diese wenigen Standartstationen mit relativ günstigen Meßbedingungen bei wiederholter Messung starke Differenzen aufweisen. Das läßt einen Schluß auf die Genauigkeit der großen Masse der nur einmal gemessenen Stationswerte zu. Mehr als die theoretischen Erörterungen ist diese Tatsache dazu angetan, über die Grenzen der Verwendbarkeit der Schweremessungswerte zu geologischen Zwecken zu orientieren.

Der provinzielle Schwerecharakter einer Station wird meist trotzdem zum Ausdruck kommen, denn im allgemeinen gehen ja die Abweichungen nicht über die dritte Dezimale von g in Zentimetern hinaus. Daher genügt im großen ganzen die Genauigkeit der Messungen den Anforderungen zur Feststellung des isostatischen Zustandes eines Gebietes.

Dagegen können die lokalen Schwerefeinheiten einer Gegend durch Übersehen von Gesteinsmassen mit der Attraktionswirkung von ca. 50 m Gestein (nach der Tabelle sogar bis zu mehreren hundert Meter Gestein) von der Dichte 2,4 unerkannt bleiben. Und darin liegt momentan die Grenze für die Verwendungsmöglichkeit der Schweremessungen auf Grund von Pendelbeobachtungen auf angewandt-geologischem Gebiet. Für diese Zwecke ist eine verfeinerte Methode von größerer Genauigkeit erforderlich.

IV. Der heutige Gleichgewichtszustand der Erdkruste.

Der gegenwärtige Schwerezustand der Erdoberfläche wird durch die Feststellung der totalen Schwere ($\Delta g = g_0 - \gamma_0$) ermittelt. Die beschränkte Verwendbarkeit dieses Ausdrucks für die Beurteilung des isostatischen Kompensationszustandes der Erdkruste wurde bereits erörtert (Kapitel III). Die bis heute vorliegenden Messungsergebnisse, wie sie in den Berichten von E. BORRAS (1911 und 1914) zusammengestellt sind, gestatten für große Teile der Erdoberfläche einen Schluß auf ihr isostatisches Verhalten.

Es gilt als lange bekannte Tatsache, daß die großen Flachländer der Kontinente sich mehr oder weniger nahe dem isostatischen, kompensierten Zustand befinden. Man darf jedoch die Kontinente sowohl wie die Meere nicht als Gesamtheit betrachten, sondern hat zu unterscheiden zwischen verschiedenen Arten von Erdkrustenanteilen, denen je nach ihrer geologischen Situation ein ganz verschiedenes gravimetrisches Verhalten eignet.

Die großen Gebiete der Kontinente weisen nach Ausschaltung der Faltengebirgszonen, der Zonen am Gebirgsfuß und der küstennahen Gebiete außerordentlich geringe Abweichungen vom theoretischen Wert γ_0 auf. HELMERT fand 1884 als mittlere Abweichung der Stationen $\pm$ 0,034 cm[1]). Dieser Wert entspricht auch neueren Ergeb-

---

[1]) HELMERT: Die mathematisch-physikalischen Theorien der höheren Geodäsie. Leipzig 1884. S. 244.

nissen[1]) auf Grund eines sehr reichen Materials, das zeigt, daß die Δg meist einen systematischen Charakter haben und in größeren Regionen besonders um einen positiven oder negativen Mittelwert herumliegen. Der Wert würde, in Gestein von 2,4 Dichte umgerechnet, einer Platte von 340 m Mächtigkeit entsprechen, ein Betrag, der in Hinsicht auf eine im Mittel 120 km starke Erdkruste sehr gering erscheint.

Die Gebirge nebst ihrer Randzone nehmen eine besondere Stellung auf den Kontinenten ein. Sie kommen gesondert im Kapitel VII, „Isostasie und Orogenese", zur Erörterung; doch soll soviel erwähnt werden, daß z. B. die Alpen nach Kossmat einen totalen Überschuß von etwa $+ 70$ Einheiten aufweisen, die von Kossmat als Folge junger orogenetischer Bewegung aufgefaßt werden und die sich als Ausgleich zum Defizi der Randsenken deuten lassen. Auf jeden Fall liegen in den jungen Kettengebirgen der Erdoberfläche Erscheinungen orogenetischer Isostasiestörungen vor, die einen Ausnahmefall im Bereich der Kontinentaltafeln darstellen.

Die gravimetrischen Verhältnisse an den Kontinentalrändern bedürfen ebenfalls einer besonderen Darstellung (Kapitel V. „Pseudoanisostasien").

A. Die Schwere über dem Meere.

Zunächst verschaffen wir uns durch Betrachtung der Schwere auf dem Meere einen weiteren Überblick über das Verhalten der Schwere auf der Erdoberfläche.

Bevor Hecker seine Messungen auf den Ozeanen anstellte, nahm man auf Grund der Messungen auf einigen ozeanischen Inseln an, daß über dem Meere ein gleichmäßiger Schwereüberschuß bestände. Diese Annahme wurde durch Heckers Messungen widerlegt.

Das Ergebnis der Heckerschen Messungen ist für die Frage der Isostasie als ein die gesamte Erdkruste beherrschendes Prinzip von entscheidender Bedeutung. O. Heckers Weltreisen ergaben auf Grund der Korrektur vom Jahre 1910 für die bereisten ozeanischen Gebiete folgende mittleren Werte für die Totalschwere Δg[2]):

$$\text{Stiller Ozean} \ldots + 0{,}005 \text{ cm/sec}^{-2}$$
$$\text{Indischer Ozean} \ldots + 0{,}031 \quad \text{,,}$$
$$\text{Atlantischer Ozean} + 0{,}011 \quad \text{,,} \quad [3]).$$

Aus den sehr wenig abweichenden älteren Berechnungsergebnissen Heckers hat Helmert als Mittelwert für alle Ozeane berechnet:

$$\Delta g \text{ Tiefsee der Ozeane} = + 0{,}003 \pm 0{,}013 \text{ cm}.$$

---

[1]) Helmert: Enzyklopädie d. math. Wiss. Bd. 6, 1. B., H. 2, S. 145. 1910.

[2]) Bestimmung der Schwerkraft auf dem Atlantischen Ozean usw. Berlin 1903; Bestimmung der Schwerkraft auf dem Indischen und Großen Ozean usw. Berlin 1908; Zentralbureau d. Intern. Erdmessung, N. F. d. Veröff. Nr. 16; Bestimmung der Schwerkraft auf dem Schwarzen Meere usw. Zentralbureau f. Intern. Erdmessung, N. F. d. Veröff. Berlin 1910, Nr. 20.

[3]) Dieser Wert auf Grund von Helmerts Berechnungen. Enzyklopädie d. math. Wiss. Bd. 6, 1. B, S. 125. 1910.

Durch diese Ergebnisse war der Beweis erbracht, daß die Schwerkraft über der ausgebreiteten Tiefsee im allgemeinen den
gleichen Betrag hat wie in den Flachländern der Kontinente
und daß im allgemeinen eine große Annäherung an den völligen Gleichgewichtszustand besteht[1]).

„Betrachtet man es nunmehr als eine Tatsache, daß die Schwerkraft über dem Meere denselben Betrag hat wie auf den Flachländern
der Kontinente, so liegt darin eine wesentliche Bestätigung der Lehre
von der Isostasie der Erdkruste. Das größere Volumen der Festländer
wird durch ihre geringere Dichtigkeit ausgeglichen[2]).“ Und die geringe
Dichte des Wassers der Ozeane wird kompensiert durch die größere
Dichte des Meeresbodens.

Diese mittleren Werte verschleiern allerdings den wahren Zustand
der Schwere über dem Meere, da sie nur die Durchschnittswerte von Δg
angeben und
die lokale Be-
deutung der
z. T. wesent-
lichen Abwei-
chungen nicht
zum Ausdruck
kommen kann.
Die Schwere
über dem Meere
kann keines-
wegs als kon-
stant bezeich-
net werden,
wenn u. a. Defi-

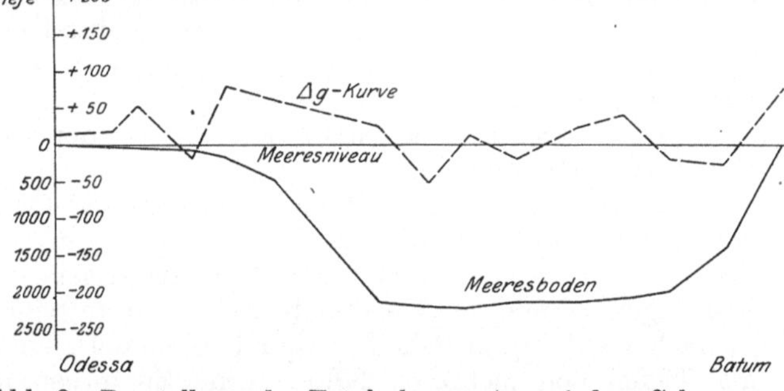

Abb. 3. Darstellung der Totalschwere Δg auf dem Schwarzen
Meere auf Grund der HECKERschen Messungen.

zite von 273 Einheiten (Tongarinne) und Überschüsse von 393 Einheiten
(nördl. Neuseeland) an Δg auftreten.

Nachdem der Nachweis erbracht war, daß die Größe der totalen
Schwere annähernd normal über den großen Ozeanen ist, daß also unter
dem Meeresspiegel isostatische Lagerung der Massen der Erdkruste
herrscht, trat man der Frage näher, wie sich die Schwere über den
kleinen Binnenmeeren verhielt. Die Untersuchungen von O. HECKER
über dem Schwarzen Meere[3]) ergaben, daß die Schwerkraft auch hier
annähernd normal ist. Abb. 3 zeigt die völlige Unabhängigkeit
der Schwere von der Meerestiefe. Die Reise Batum-Sewastopol-Odessa

---

[1]) Die Art der Darstellung der Schwereverhältnisse durch Angabe der mittleren Werte verschleiert den tatsächlichen Zustand bis zu einem gewissen Grade.
Die Methode ist daher hier wenig angebracht. Der mittlere Wert bei Plus-Minus-
Systemen sagt nichts aus über die Durchschnittslage der einzelnen Messungen.
Er kann ganz der gleiche sein sowohl im Falle, daß Plus- und Minuswerte sehr
stark vom Nullwert abweichen, als auch im anderen Falle, daß die Abweichung
nur sehr gering ist. Ich bevorzuge daher weiter unten eine graphische Methode,
welche die Einsicht in die Lage jeder einzelnen Messung zur 0-Linie und einen
Überblick über das gesamte negative Feld gewährt.

[2]) HELMERT, F. R.: Enzyklopädie d. Wiss. Bd. 6, 1. B., H. 2, S. 126. 1910.

[3]) Veröff. d. Intern. Erdmess., N. F. 1910, Nr. 20.

überquerte Tiefen von über 2000 m. Auf der ganzen Strecke ergab sich ein Wechsel von Plus- und Minus-Abweichungen, ein Pendeln um Normal und eine gänzliche Unabhängigkeit der Schwere vom Meeresbodenrelief.

Die geringe Dichte der Wassermassen des Schwarzen Meeres wird somit durch die größere Dichte des Meeresbodens kompensiert. Die Massenlagerung in der Erdkruste ist also auch hier eine isostatische und entspricht dem AIRYschen Gesetz.

Aus dem Gleichgewichtszustand des Schwarzen Meeres ergibt sich, daß diese Scholle, die eine Größe von 460 000 qkm hat, in bezug auf ihre Nachbarschaft sich selbständig verhalten hat.

Es ist eine unzulässige Schematisierung, wenn man die Schwere über dem Meere generell als mehr oder weniger normal hinstellt. In dieser Hinsicht bedarf es einer Differenzierung und zwar von geomorphologischen Gesichtspunkten aus. Denn der Untergrund des Meeres ist kein geomorphologisch einheitlicher Komplex, sondern ist ebenso verschiedenartig konstruiert, wie die kontinentalen Massen.

Es scheint vorerst folgende Gliederung hinreichend zu sein:

1. Die großen ausgebreiteten Ozeanböden von annähernd gleichförmiger Tiefe[1]) von 3000—5000 m.

2. Der Kontinentalabfall zur Tiefsee, der Übergang vom Kontinent zum Ozeanboden.

3. Ausgeprägt orogenetische Zonen der Ozeanböden. Hierher gehören vor allem die pazifischen Inselbögen mit den Saumtiefen, deren junger orogenetischer Charakter als gesichert gelten kann. Die Inselbögen schmiegen sich den Kontinenten an, sind jedoch mit ihnen vielfach nicht durch Schelf verbunden, sondern entsteigen selbständig aus Tiefen von mehreren Kilometern. Zu diesen mehr oder weniger submarinen Gebirgszonen gehört auch das große orogenetische Feld, das, östlich von Australien liegend, gegen den Pazifischen Ozean etwa durch die Linie Bismarckarchipel-Salomoninseln-Fidschiinseln-Samoa-Tongainseln-Kermandec-Neuseeland begrenzt wird, ebenso das Feld der großen und kleinen Antillen.

4. Die ausgesprochenen Schelfgebiete der Kontinente, die eine natürliche Fortsetzung der Kontinente unter den Meeresspiegel bilden und die nur bis zu einigen hundert Metern unter diesem liegen. Sie endigen gewöhnlich mit einem Steilabfall gegen die Tiefseeböden, in welchem Abfall man die natürliche Grenze der Kontinente zu sehen hat.

5. Die den weiten Ozeanböden entragenden Vulkaninseln, z. T. mit Korallenriffbildungen. Soweit wir uns heute ein Bild vom Untergrund der Ozeane machen können, scheinen diese Bildungen nicht an faltenorogenetische Inselbögen geknüpft, sondern mit sehr steiler Böschung einzeln oder in Reihen angeordnet dem weiten Ozeanboden aufgesetzt zu sein. Hierher sind unter anderen zu zählen: die Hawaianische Vulkaninselkette, die Marquesas, die Paumotuinseln, im Atlantik die Bermudasinseln. Dieser Anteil des Ozeanbodens erfährt im Kapitel X eine besondere Erörterung.

---

[1]) Vgl. hierzu die Tiefenkarten der Ozeane von GROLL, M.: Veröff. d. Inst. f. Meereskunde, N. F. 2, 1912, Heft 2, Taf. 1, 2, 3.

1. Die weiten Tiefseeböden.

Der von HECKER auf seinen transozeanischen Reisen zweimal zwischen Kanaren-Kapverden und Pernambuko gekreuzte Atlantik zeigt folgende Verteilung der Messungen:

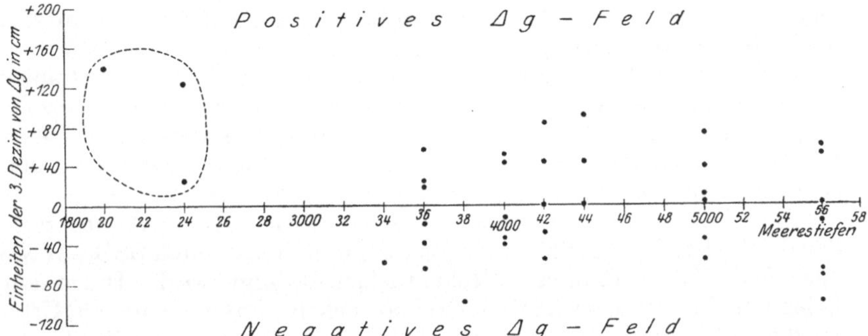

Abb. 4. Die Totalschwere auf dem Atlantik, auf Grund der HECKERschen Messungen.

Die Grenzen liegen sowohl im Plus- wie im Minusgebiet zwischen 90 und 100 Einheiten der dritten Dezimale von g in Zentimetern. Eine Ausnahme machen lediglich zwei von den drei über hohen Teilen der Atlantischen Schwelle gemessenen Werten mit $+$ 123 und $+$ 142 Einheiten. Im übrigen verteilen sich die Werte sehr regelmäßig um Null herum: 16 Pluswerten stehen 18 Minuswerte gegenüber. Unter Berücksichtigung der Werte der Atlantischen Schwelle liegt der Mittelwert bei $+$ 3,7 Einheiten.

Ein ähnliches Bild zeigt der zwischen Ceylon und der Südwestecke von Australien gekreuzte Indische Ozean; die Mehrzahl der Messungen

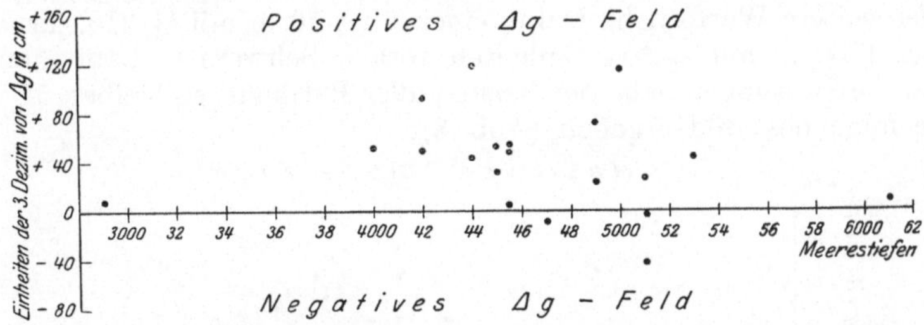

Abb. 5. Die Totalschwere (Δg) auf dem Indischen Ozean, auf Grund HECKERscher Messungen.

über Tiefen von 3400—5400 m liegt zwischen — 15 und $+$ 70. Wenige gehen nahe an $+$ 100, einige erreichen fast $+$ 120. Die Pluswerte überwiegen stark. (Abb. 5.)

Es ist sehr charakteristisch und ein Zeichen dafür, wie wenig Einfluß die vertikale abnorme Schichtung auf die Totalschwere hat, daß hier die Pluswerte überwiegen.

Bei Betrachtung des gravimetrischen Verhaltens des Pazifik ist vor allem das große Gebiet östlich Australiens außer Betracht zu lassen, das gegen den Ozeanboden durch die Linie Bismarckinseln-Samoa-Neuseeland begrenzt wird, ein großes mehr oder weniger submarines orogenetisches Feld, das nicht dem eigentlichen Kontinentalschelf Australiens, noch weniger jedoch dem relativ gleichmäßigen ozeanischen Tiefseeboden angehört.

Die hier in Frage kommenden gravimetrischen Untersuchungen HECKERS sind beschränkt auf eine Reise von Samoa bis St. Franzisko und von hier bis Yokohama. Aber auch diese Messungen sind, selbst wenn man von ganz küstennahen Meeresgebieten absieht, nicht über geologisch einheitlichem Meeresboden angestellt worden.

Ein Blick auf die GROLLsche Tiefenkarte des Stillen Ozeans zeigt, daß der Boden des Pazifik eine Gliederung besitzt, die durch OSO—WNW oder SO—NW verlaufende Höhenrücken bedingt wird. Deren auffallendster ist der Hawaiianische Vulkanrücken. Soweit heute ein Urteil möglich ist, sind auch die weiter südlich und südwestlich auftretenden Höhenzüge jungvulkanischer Natur.

Wie im Kapitel X über die ozeanischen Koralleninseln gezeigt wird, besitzt die Mehrzahl der dem Ozeanboden entsteigenden jungvulkanischen Inseln einen sehr bemerkenswerten Überschuß an Totalschwere. Man muß erwarten, daß auch submarine vulkanische Aufragungen durch einen entsprechenden Überschuß gekennzeichnet sind. Wo nun die gravimetrische Untersuchung ein hohes Plus ergeben hat und die Tiefenmessung eine Aufragung, darf man derartige vulkanische Sockel vermuten, die zunächst bei der Betrachtung der Tiefseeböden außer Betracht bleiben müssen.

So müssen ausgeschaltet werden: Der auf der Reede von Honolulu gemessene Wert von + 268 über 20 m Meerestiefe, also über dem Vulkansockel, gemessen. Ebenso die Beobachtung von + 159 nahe der Küste der Hawaiianischen Insel Oahu über nur 200 m Meerestiefe, desgleichen zwei weitere Werte nahe Oahu, einer über 70 m mit + 310, der andere über 1700 m mit + 304 Einheiten totaler Schwere[1]). Läßt man diese und die Messungen nahe der Küste außer Betracht, so bleiben 51 Werte, die folgendes Bild ergeben (Abb. 6):

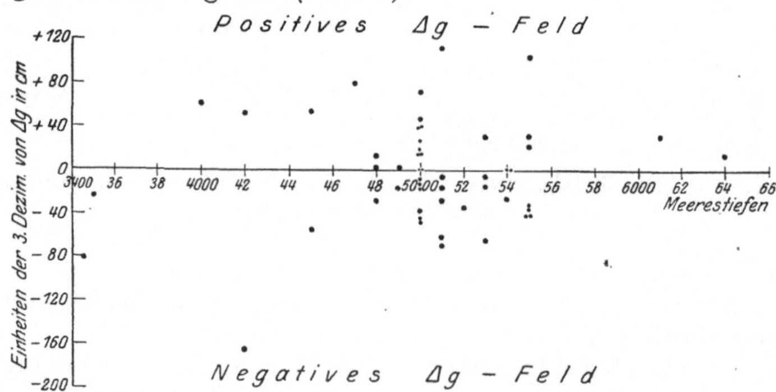

Abb. 6.   Die Totalschwere (Δg) über den $\pm$ gleichmäßigen Tiefen des Pazifik.

1) HECKER, O.: l. c. S. 158.

Im Minusfeld fällt lediglich ein Wert mit —165 Einheiten aus dem allgemeinen Rahmen heraus. Im positiven Feld bilden die beiden Werte +106 und +114 über 5500 resp. 5100 m Meerestiefe eine Ausnahme. Diese relativ hohen Werte von +114 bei 27° 31′ nördlicher Breite und 171° 28′ Länge und von +106 bei 20° 30′ nördlicher Breite und 177° 14′ Länge könnten durch die südliche Nachbarschaft des submarinen Hawaianischen Vulkanrückens bedingt sein. Sämtliche übrigen 28 Werte fallen in das Intervall +80 und —70.

Zieht man die zuletzt genannten Werte nicht in Betracht, so ergibt sich für den Pazifik aus 18 Messungen eine mittlere Totalschwere von + 0,001 Einheiten, bei Berücksichtigung dieser Werte dagegen eine Schwere von + 0,002 Einheiten. Dieses Ergebnis, das gegenüber der HELMERTschen Berechnung zu + 0,005 eine weit größere Annäherung des Pazifik an die Normalschwere erkennen läßt, ist bedingt durch die Ausscheidung wesensfremder Bestandteile bei der Berechnung. Da es sich um einen Mittelwert handelt, darf das Ergebnis nicht überschätzt werden. Einen besseren Überblick über den Schwerezustand gibt die graphische Darstellung.

Wir gewinnen als Endergebnis die Tatsache, daß die Schichtung der Massen unter dem Meeresspiegel der Ozeane eine fast völlig isostatische ist. Da die Schwere hier der über den Kontinentalflächen annähernd gleicht, sind wir genötigt, anzunehmen, daß die leichte Masse des Meerwassers in der Tiefe unter den Ozeanböden durch relativ schwere Materie kompensiert wird. Das gleiche gilt von den Binnenmeeren, wie Mittelmeer und Schwarzes Meer.

2. Der Kontinentalabfall zur Tiefsee.

Das Ergebnis der Messungen von g ist nicht ausschließlich von der Dichte und Anordnung der Massen senkrecht unter dem Beobachtungsorte abhängig, sondern auch von den Massenverhältnissen der Nachbarschaft. Am stärksten ausgeprägt müssen sich solche Störungen am Rande der Kontinentalblöcke, an ihrem Abfall zur Tiefsee, finden, ebenso am Rande von großen Inseln, die nicht dem Schelf, sondern dem Ozean entragen. Hier grenzen gemäß dem Prinzip der Isostasie die leichteren Massen der Kontinentalsockel und großen Inseln an die schweren Massen der Ozeanböden. Ist also die Voraussetzung isostatischer Lagerung der Massen richtig, dann muß sich in Küstennähe auf Kontinenten eine positive, in Küstennähe auf dem Meere eine negative Beeinflussung der Schwere bemerkbar machen. Die Tatsachen bestätigen die theoretische Forderung des isostatischen Prinzips.

Die prinzipielle Bedeutung dieser Tatsache wird im nächsten Kapitel V gewürdigt.

F. R. HELMERT[1] fand, daß der Betrag der Störung von der Tiefe des Meeresbodens in der Umgebung abhängt, und daß größere $\varDelta g$ sich nicht nur an der Küste des Meeres, sondern auch bei Binnenmeeren

---

[1] HELMERT, F. R.: Enzyklopädie d. math. Wissensch. Bd. 6, 1. B., H. 2, S. 134. 1910.

mit tiefem Wasser finden, die isostatisch selbständige Krustenteile darstellen, wie z. B. das Mittelländische Meer.

Im Gegensatz hierzu stellten sich die Δg an den Küsten von Schelfmeeren als nicht abnorm groß heraus, so an der Nordsee, Ostsee, Japansee, Ostküste von China und Nordamerika. Wo also der Kontinentalsockel sich weit submarin fortsetzt, ist die Kontinentalrandstörung auf dem Meere über dem Abfall zu erwarten. Auch diese theoretische Forderung isostatischer Lagerung wird durch die Schweremessung befriedigend erfüllt.

Sehr klar liegen die Verhältnisse im Bereich des westeuropäischen Schelfes (Abb. 7). Die Messungen sind die folgenden[1]:

Meerestiefe m	Örtlichkeit	Δg cm	
a $\{$ 90	Kanal	+ 0,090 $\}$	Schelf
80	„	− 0,067	
b 1000	Tiefe Senkung im	− 0,086 $\}$	Tiefsee
c 1500	Biskaya	− 0,052	
d $\{$ 150	Spanische Küste von	+ 0,105 $\}$	Schelf
150	Coruña	+ 0,010	
e 200	Mündung des Tajo	+ 0,076	
f $\{$ 1200	Nähe der portugies.	− 0,009	Übergang z. Tiefsee
3500	Küste	− 0,012	Tiefsee

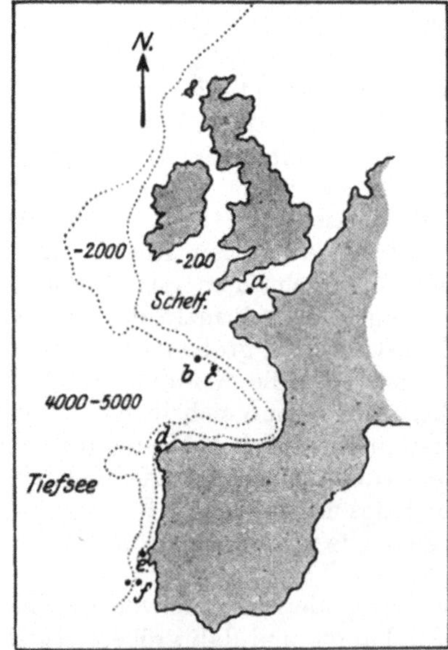

Abb. 7. Die Totalschwere (Δg) am westeuropäischen Schelfrand.

Die Δg-Werte entsprechen der Forderung und sind im allgemeinen über dem Schelf positiv, über der Tiefsee dagegen negativ.

Auch über dem Schelf des Schwarzen Meeres südlich von Odessa ist der Einfluß des Kontinentalrandes klar ersichtlich (vgl. Abb. 3), wo positive Werte bis + 80 vorherrschen, die im Bereich der Tiefsee in vorwiegend negative Werte bis − 50 übergehen[2].

Es darf nicht unerwähnt bleiben, daß sich die Messungen über dem Meere im Bereich des Kontinentalrandes keineswegs immer diesem Prinzip fügen. An der Küste von Viktoria, Australien, widersprechen sie ihm geradezu[3]. Ebensowenig kommen die Kontinentalrandstörungen zum Ausdruck an den mediterranen Küsten und den

[1] HECKER, O.: Veröff. d. Intern. Erdmess., N. F., 1910, Nr. 20, S. 151.
[2] Ebenda S. 191.   [3] Ebenda S. 155.

beiderseitigen Küsten des Pazifik, soweit man hier nach den wenigen Messungen urteilen darf. Es scheint, als ob an den Küsten pazifischen Typs die jungen orogenetischen Bewegungen die Kontinentalrandstörungen übertönen.

3. Die orogenetischen Zonen.

Das orogenetische Feld des südwestlichen Pazifik wurde von HECKER auf seiner Reise von Sydney-Auckland (Neuseeland)-Samoainseln durchquert und gravimetrisch vermessen[1]). Die 1910 veröffentlichten korrigierten Messungen sind der Abb. 8 zugrunde gelegt.

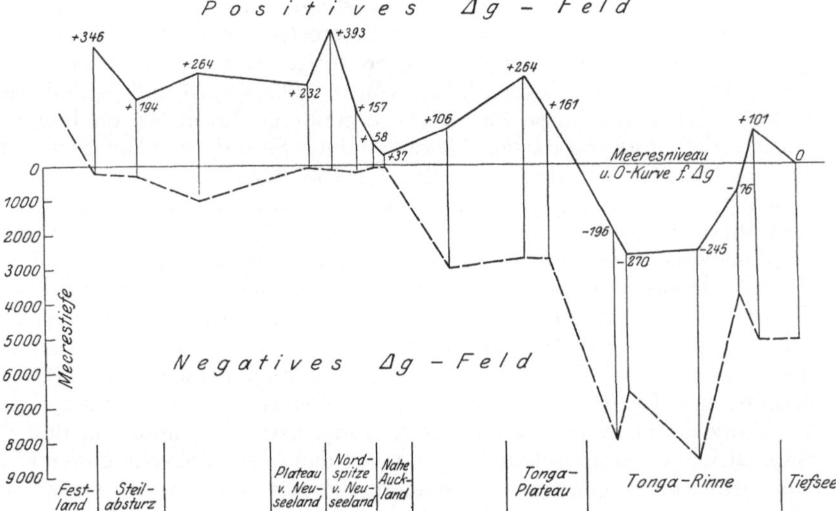

Abb. 8. Die Totalschwere (Δg) im orogenen Feld des Pazifik.

Wie ein Vergleich mit der GROLLschen Tiefenkarte des Pazifik zeigt, ist das Relief ungleich mannigfaltiger, als im HECKERschen Schwereprofil zum Ausdruck kommt. In diesem Gebiete fällt das Auftreten sehr hoher Plus- und Minuswerte von Δg auf, die mit zu den höchstbekannten gehören. Die in den weiten Ozeanböden auftretenden Maxima und Minima von ca. $\pm$ 120 Einheiten werden weit überschritten. Daß bei Sydney und in der Nähe von Neuseeland hohe Pluswerte wie 346 resp. 393 vorkommen, kann wenigstens z. T. seine Erklärung durch die Nähe des Kontinentalrandes finden. Wichtig ist, daß fern vom Kontinentalsockel hohe Plus- und Minuswerte auftreten, wie z. B. + 264 Einheiten zwischen Sydney und Neuseeland, ebensoviele über dem Tongaplateau, — 270 Einheiten über der Tongarinne. Irgendeine konstante Beziehung zwischen Meerestiefe und gravimetrischem Wert läßt sich nicht ermitteln. Der Wechsel der hohen Plus- und Minuswerte in Unabhängigkeit vom Bodenrelief scheinen dafür zu sprechen, daß hier junge orogenetische Bewegungen das Feld noch nicht haben ins

---

[1]) HECKER, O.: Veröff. d. Intern. Erdmess., N. F., 1910. Nr. 20, S. 156.

Gleichgewicht kommen lassen. In seiner Gesamtheit zeigt dieses Gebiet völlige Kompensation[1]). Gleicht man Höhen und Tiefen auf die Meerestiefe von 5,2 km aus und korrigiert die $\varDelta g$-Werte dementsprechend, so sind fast alle großen Abweichungen vom Normalwert verschwunden. Der Rest der verbleibenden Abweichungen erklärt sich aus Fehlern in den Tiefenangaben. Darin liegt ein Beweis für den kompensierten Zustand des Gesamtgebietes. In den Einzelheiten bestehen natürlich außerordentlich starke Abweichungen vom Normalzustand.

Eine einzige sehr ausgeprägte Beziehung ist ersichtlich: in Tongaplateau und Tongarinne sinken und steigen die $\varDelta g$-Werte mit der Meerestiefe. Dem Plateau mit einer Meerestiefe von nur 2700 m entspricht ein Überschuß von $+ 264$, der Tongarinne mit einer Tiefe von mehr als 8000 m das Riesendefizit von $- 196$, $- 273$ und $- 245$ Einheiten. Die Verhältnisse haben ein besonderes Interesse, da hier der einzige Fall gravimetrischer Messung einer Saumtiefe (Tiefseegraben) mit zugehörigen Inselbogen vorliegt[2]). Die Beziehungen sind hier die gleichen, wie sie F. KOSSMAT zwischen den mediterranen Kettengebirgen und ihren Saumtiefen resp. ihrem Vorland feststellen konnte: Das Gebirge weist einen Überschuß an Totalschwere auf, das Vorland ein Defizit. Dieses Vorland ist ein mit dem Gebirgskörper elastisch verbundener Teil, der durch die Überschwere des Gebirges in ein gravimetrisch zu tiefes Niveau gedrückt wurde. Im Kapitel „Isostasie und Orogenese" wird gezeigt, daß diese Verknüpfung von allgemeiner Gültigkeit ist, weswegen auf näheres Eingehen hier verzichtet werden kann.

Trotz dieser einen Korrelation gewinnt man den Eindruck, daß die submarinen orogenetischen Felder durch das Auftreten sehr hoher Plus- und Minuswerte gekennzeichnet sind, die fast ohne Beziehungen zum Bodenrelief wechseln.

Die Beziehungen zwischen Tongarinne und Tongaplateau dürften wohl z. T. durch Steilrandwirkung zu erklären sein. E. KOHLSCHÜTTER hat für die Tongawerte die Steilrandwirkung nach der HELMERTschen Methode in Anrechnung gebracht, woraus sich die korrigierten Schwerewerte $g_o^{is} - \gamma_o$ etwas kleiner als $g_o - \gamma_o$ ergeben[3]):

1904	Zahl der Messungen	Oberhalb des	Meerestiefe km	$\varDelta g = g_o - \gamma_o$ cm	$g_o^{is} - \gamma_o$ cm
2. Juli	2	Plateaus	6,3	0,212	0,162
3. „	2	Grabens	8,0	0,234	0,134
4. „	1	„	5,5	0,245	0,155

Auch so wären von der totalen Störung nur ein Drittel bis ein Halb erklärt.

---

[1]) KOHLSCHÜTTER, E.: Nachr. d. Kgl. Ges. d. Wiss., Göttingen, Math.-physik. Klasse 1911, S. 29—30.

[2]) Bei HECKERS Reise von S. Franzisko nach Yokohama wurde der Japangraben leider bei Taifun gequert, so daß Messungen unmöglich waren.

[3]) Nachr. v. d. Kgl. Ges. d. Wiss., Göttingen, Math.-physik. Klasse 1911, S. 26.

4. Schelf und Schelfinseln.

Der Schelf, soweit er nicht zu nahe dem Kontinentalrand liegt und durch Kontinentalrandstörungen charakterisiert ist, muß gravimetrisch die Anzeichen des Kontinentes tragen. Orogenetische Schelfgebiete nehmen eine hier nicht zu berücksichtigende Sonderstellung ein, die gravimetrisch durch häufigen Wechsel der Δg-Werte gekennzeichnet ist.

Ähnlich wie der normale Schelf müssen sich große und kleine Inseln des Schelfs verhalten. Gravimetrische Beobachtungen liegen sehr wenige vor, und diese wenigen liegen so nahe dem Kontinentalabfall, daß sie kein einwandfreies Bild liefern. Dagegen sind Beobachtungen auf Inseln des Schelfs in großer Zahl vorhanden. Sie zeigen durchweg keine beträchtlichen Störungen von Δg. So weisen auf[1]:

	Δg in cm
Seeland im Mittel aus 20 Messungen ca.	+ 0,015
Fünen im Mittel aus 40 Messungen .	+ 0,030
Bornholm im Mittel	+ 0,040
Rügen (Arkona)	+ 0,018
Helgoland	− 0,007
Wright (Shanklin)	+ 0,013
Hebriden (Stornoway)	+ 0,056
Orkney (Kirkwall)	+ 0,048
Shetlandinseln	+ 0,044
Sabineinsel (Grönland)	− 0,002
Falklandinseln	{ 0,000 / − 0,050
Trinidad	{ − 0,006 / + 0,008
Key West	+ 0,048

Die Beträge kommen nicht annähernd an die hohen Werte der ozeanischen Vulkaninseln heran. Sie halten sich ganz in der Variationsbreite kontinentaler Schwankungen der Totalschwere. Im übrigen ist die Mehrzahl dieser Werte beeinflußt durch junge epirogenetische Bewegungen, wie z. B. die Werte der Stationen im Bereich der diluvialen nordeuropäischen Vereisung, die durch Hebung und Senkung infolge Eisentlastung Abweichungen von völliger Isostasie zeigen müssen.

5. Die vulkanischen Inseln und die submarinen Vulkansockel der Ozeane.

Es wurde bereits darauf hingewiesen, daß die Vulkaninseln, soweit sie der Tiefsee entsteigen, eine Sonderstellung einnehmen. Sie sind durch auffallend hohe Totalschwere gekennzeichnet ebenso wie die submarinen Sockel, wie die Messungen auf der Reede von Honolulu mit + 268, die nahe der Küste der Hawaianischen Insel Oahu mit + 159, + 310 und + 304 Einheiten von Δg erweisen[2]. Schon die Annäherung an solche Sockel scheint die Totalschwere ansteigen zu lassen, wie die obenerwähnten Werte von + 106 und + 114 andeuten. Weitere Messungen über submarinen Vulkansockeln liegen bisher nicht vor.

---

[1] Borras, E.: 1911 und 1914.   [2] Hecker: l. c. S. 157.

Ähnlich hohe Überschußwerte weisen die kleinen Vulkaninseln selbst
auf, die sich von den submarinen Sockeln ja nur quantitativ unterscheiden. Die hierfür wichtigen Daten sind im Kapitel X („Ozeanische
Vulkaninseln") zusammengestellt. Auch hat HELMERT bereits hierüber
Wesentliches gesagt.

Für diese auffallende Tatsache der großen Überschwere hat FAYE[1])
1880 schon die richtige Erklärung gegeben, indem er die vulkanischen
Inseln als Massenstörung auffaßte, während die Kontinente keine
solchen darstellen sollten. Die Anhäufung vulkanischen Materials
erfolgt submarin sehr schnell, Abtragung findet so gut wie gar keine
statt. Mit der schnelleren Massenanhäufung hat das Sinken nicht
Schritt halten können, so daß sich der Massenüberschuß als Schwereüberschuß bemerkbar macht. Das spezifische Gewicht der vulkanischen
Gesteine scheint dabei eine untergeordnete Rolle zu spielen. Zu bedenken
ist jedoch, daß die Steilrandstörung mit für die Höhe des Überschusses
verantwortlich ist. Die Tendenz isostatischer Einstellung muß auf
Grund des Überschusses noch heute bestehen, was in dem Sinken dieser
Inseln vielfach zum Ausdruck kommt. Die Folge ist die häufige Krönung
dieser Vulkansockel mit Korallenriffen, deren große Mächtigkeit die
Dauer des Sinkens anzeigt.

Diese Gruppe der kleinen Inseln im tiefen Wasser ist somit sehr
scharf durch ihren hohen Überschuß an Totalschwere von den übrigen
geschieden. Die hier gemessenen Werte sind die höchsten an Totalschwere.

Eine ähnliche Erscheinung wird nur noch bei gewissen Aufragungen
der orogenetischen Zonen angetroffen ($+$ 264 Einheiten über dem
Tongaplateau), doch ermöglicht die ganze Morphologie, vor allem die
Verknüpfung mit Saumtiefen, stets die Unterscheidung von den vulkanischen Gebilden.

B. Der isostatische Zustand der Kontinente.

Ebenso wie im Bereich der Ozeane muß auch hier nach der geologischen Struktur unterschieden werden. Dann ist anzunehmen, daß
sich die einzelnen Typen sehr verschiedenartig verhalten. Doch reichen
die vorliegenden Schweremessungen keineswegs aus, alle Typen von
Strukturelementen verständlich zu machen. Es erweist sich vom gravimetrischen Gesichtspunkte aus folgende Gliederung als ausreichend:

1. Junge Faltengebirgskörper nebst Rand- und Innensenken.
2. Diluviale Vereisungsgebiete.
3. Kontinentalrandnahe Zonen.
4. Alte Tafelländer.
5. Schollenländer.
6. Als Rest ein Mosaik heterogener Erdkrustenteile.

Die jungen Faltengebirge, soweit sie gravimetrisch untersucht
sind, erfuhren mit den dazugehörigen Rand- und Innensenken eingehende
Behandlung durch F. KOSSMAT. Hier verweise ich auf meine Darstellung

---

[1]) FAYE: Cpt. rend. des séances de l'acad. des sciences Paris Bd. 90, S. 1444. 1880.

im Kapitel VII, „Orogenese und Isostasie“. Auch die diluvialen Vereisungsgebiete erfahren eine gesonderte Besprechung im Kapitel VIII, „Isostasie und diluviale Vereisung“. Die kontinentalrandnahen Zonen wurden bereits mit den küstennahen Zonen des Meeres diskutiert und werden im übrigen im Kapitel V, „Pseudo-Anisostasien“, einer generellen Erörterung unterzogen.

Alte Tafelländer.

Große Erdkrustenteile, die in nicht zu großer Tiefe mit einem starren, krystallinen Untergrund versehen und die sich oft während langer Zeit in einer Art Pendelbewegung teils als Sedimentations-, teils als Hochgebiet betätigt haben, scheinen, wenn auch nicht völlig anorogenetisch, so doch eine gewisse Faltungsfeindlichkeit zu erwerben. Als Typ dieser Gebiete bespreche ich die Russische Tafel.

Die folgenden Betrachtungen stützen sich auf 66 Messungen, die den erwähnten Berichten von E. Borras 1911 und 1914 entnommen sind. Ausgenommen wurden alle Werte aus dem Bereich der orogenetischen Umrandung: Timan Ural, Ergeni, Kaukasus, Krim. Die Zahlen für Δg können ohne weiteres verwendet werden, da die Höhenlage der Stationen der mittleren Meereshöhe der Umgebung entspricht.

Von den 66 Messungen haben drei negativen Wert: -19, -6, -4[1]). Alle übrigen sind positiv, und zwar wird der maximale Wert $+55$ einmal, $+45$ viermal erreicht. Die Mehrzahl der Werte liegt um $+30$. Der mittlere Wert der positiven Ergebnisse beträgt $+28$ Einheiten. Das ist das Bild einer vollständiger Kompensation sehr nahekommenden Scholle. Der provinzielle Charakter des Gebietes ist schwach positiv und äußert sich weiter in der Konstanz der ersten Dezimale bei allen Messungen und in der geringen Variationsbreite der zweiten Dezimalen. Worin diese durchgehend feststellbare Abweichung begründet ist, läßt sich schwer sagen. Zum Teil wäre sie durch zur Zeit der letzten großen Vereisung diesem Gebiet aufgezwungene subkrustale Masse verständlich. Wie im Kapitel VIII gezeigt wird, saugt das fennoskandische Gebiet noch heute dauernd subkrustale Masse an, um sich unter Hebung isostatisch einzustellen. Im übrigen darf nicht angenommen werden, daß etwa die gesamte russische Tafel als einheitliche Scholle isostatisch reagiert. Dagegen sprechen schon die großen tektonischen Linien, an denen sich Vertikalbewegungen vollzogen haben. Das Mindestmaß an Größe der isostatisch sich selbständig einstellenden Erdkrustenteile ist hier sicher weit überschritten.

Über den isostatischen Zustand der alten afrikanischen Scholle orientieren eine Anzahl von Küstenstationen[2]). Die folgende Tabelle zeigt in Vertikalspalte 4 die Δg $(g_o - \gamma_o)$ aller afrikanischen Stationen, ausgenommen der im orogenen Bereich liegenden Station Tanger und aller Stationen des ostafrikanischen Schollenlandes:

---

[1]) Einheiten der dritten Dezimale von g in Zentimetern.

[2]) Meissner, O.: Isostatische Reduktionen von 39 Stationen, ausgeführt im Geodätischen Institut von Dr. E. Hübner und O. Meissner. Astronom. Nachrichten Bd. 207, S. 272. 1918.

	1	2	3	4	5	6
Nr.	Station	Breite	Länge	Schwerestör. in 0,001 cm beob. $(= \Delta g)$	berechn.	Differenz
1	Dakar	$+14°\ 40'$	$17°\ 25'$ W	$+116$	$+72$	$+44$
2	Bathurst	$+13°\ 27'$	$16°\ 34'$ W	$+122$	$+36$	$+86$
3	Freetown	$+\ 8°\ 29'$	$13°\ 14'$ W	$+\ 85$	$+33$	$+52$
4	Monrovia	$+\ 6°\ 19'$	$10°\ 49'$ W	$+\ 86$	$+55$	$+31$
5	Lagos.	$+\ 6°\ 28'$	$3°\ 26'$ E	$+\ 59$	$+35$	$+24$
6	Libreville . . .	$+\ 0°\ 22'$	$9°\ 27'$ E	$(-\ 30)$	$(+16)$	(-46)
7	Kap Lopez . . .	$-\ 0°\ 42'$	$8°\ 48'$ E	$+\ 51$	$+43$	$+\ 8$
8	Banana	$-\ 6°\ \ 1'$	$12°\ 23'$ E	$+\ 40$	$+16$	$+24$
9	Loanda	$-\ 8°\ 49'$	$13°\ 14'$ E	$+\ 62$	$+26$	$+36$
10	Lobitobucht . .	$-12°\ 20'$	$13°\ 35'$ E	$+\ 59$	$+\ 2$	$+57$
11	Gr. Fischbucht .	$-16°\ 24'$	$11°\ 43'$ E	$+\ 49$	$+34$	$+15$
12	Walfischbai . . .	$-22°\ 58'$	$14°\ 29'$ E	$+\ 42$	$-\ 6$	$+48$
13	Lüderitzbucht . .	$-26°\ 39'$	$15°\ 10'$ E	$+\ 36$	$+\ 2$	$+34$
14	Nolloth	$-29°\ 15'$	$16°\ 52'$ E	$+\ 46$	$-\ 4$	$+50$
15	Kapstadt	$-33°\ 56'$	$18°\ 29'$ E	$+\ 21$	$+36$	-15

Mit Ausnahme der Station Libreville, die MEISSNER als von unkontrollierbaren starken Fehlerquellen beeinflußt ansah, zeigen alle beobachteten Δg-Werte eine einheitliche Orientierung. Der mittlere Wert beträgt 62,4. MEISSNER hat auf Grund der HELMERTschen Methode für diese Stationen die isostatische Reduktion durchgeführt. Die in der Voraussetzung einer Ausgleichstiefe von 120 km gewonnenen theoretischen Werte finden sich in Spalte 5, ihr mittlerer Wert ist 27,2. Die Werte sind also um 35 Einheiten niedriger als die beobachteten. Gegenüber der Theorie macht sich an der ganzen westafrikanischen Küste ein Massenüberschuß bemerkbar, der auch bei den einzelnen Stationen annähernd der gleiche ist (Spalte 6). Doch darf daraus nicht der Schluß auf Mangel an Kompensation gezogen werden. Vielmehr sind die Voraussetzungen der theoretischen Berechnung unzutreffend. Die Annahme einer Ausgleichstiefe von 150—200 km unter dem afrikanischen Kontinent statt 120 km würde die Differenzen zwischen Beobachtung und Berechnung verschwinden lassen. Im großen ganzen befindet sich also die afrikanische Scholle im Gleichgewicht.

Schollenländer.

Es handelt sich hier um Gebiete, die eine ausgeprägte Vertikal-Orogenese, evtl. im Zusammenhang mit vulkanischen Vorgängen, erfahren haben.

Das ostafrikanische Grabensystem ist sowohl geologisch als auch gravimetrisch so weit untersucht, daß ein gewisser Einblick in den Ablauf der geologischen Vorgänge möglich ist. Das Stadium der Erforschung erfordert getrennte Besprechung der beiden Gebiete: 1. Rote-Meer-Graben, 2. Ostafrikanisches Grabensystem i. e. S.

Der Charakter des Roten Meeres[1]) als Graben ist unbestritten, weniger sicher seine Deutung als Zerrungsgraben. Zum Verständnis des Schwerezustandes sind einige tektonische Bemerkungen von-

---

[1]) Zur Orientierung diene die Karte des Roten Meeres im ANDREEschen Handatlas.

nöten. Im großen ganzen stellt das Rote Meer einen Grabenbruch von jetzt 2200 m Tiefe dar mit staffelförmigen Brüchen von beiden Seiten zur Mitte der Sohle[1]). Der nördliche Teil des Grabens zeigt bis zur Höhe von Suakir eine viel weitere Raumanlage als der südliche, wo eigentlich nur ein wenige hundert Meter tiefes Plateau mit einer schmalen, etwa 800 m tiefen Rinne vorliegt. In noch stärkerem Gegensatz zu dem nördlichen, im Mittel 1000 m tiefen Teil des Roten Meeres stehen die beiden Gabelungsstücke: Golf von Suez und Golf von Akaba, ersterer an Tiefe 82 m, letzterer 200 m nicht überschreitend. Beide sind durch Verwerfungen, die einen submarinen Steilabfall von ca. 900 m bedingen, vom Roten Meer getrennt.

Gravimetrisch sind diese beiden Äste in gleich ausgeprägter Weise vom Roten Meer unterschieden[2]). Alle vier Stationen im Golf von Akaba weisen ein starkes Defizit an Totalschwere ($\varDelta g$) auf, das stets zwischen -60 und -80 Einheiten gelegen ist. Etwas abweichend liegen die Verhältnisse im Suezgolf. Von den 8 Messungen sind 5 negativ, doch viel schwächer negativ als die im Golf von Akaba (-2, -14, -17, -16, -27). Daneben treten drei positive Werte von $\varDelta g$ auf: $+18$, $+18$, $+53$. Hier liegt also kein einheitliches Defizit vor.

Der gesamte übrige Graben zeigt positives Verhalten, mit Ausnahme von drei Stationen im südlichen Drittel, die alle im Bereich der hier hoch liegenden randlichen Staffelbrüche gelegen sind, im Bereich der westlichen Staffelbrüche: Sahate -17, Dahalak -20, im Bereich der östlichen: Insel Kamaran -15. Die Verteilung der totalen Schwerüberschüsse ist im großen ganzen folgende: Die Küstenstationen zeigen meist Werte in niedrigen Grenzen, zwischen ± 0 und $+40$, gehen selten über $+40$ hinaus. Die höheren Werte von $+40$ bis $+100$ finden sich vorwiegend über den größeren Tiefen und küstenferner. Eine Ausnahme bildet die sehr küstennahe Insel St. Johns mit $+171$. Im Golf von Aden finden sich keine Werte mehr unter $+50$, sie steigen hier an bis $+196$. Der Graben zeigt somit in randlichen Teilen mehr oder weniger Kompensation, in zentralen Teilen einen gewissen Überschuß, der sich in den südlichen Gebieten und im Golf von Aden, also dort, wo mit der Grabenbildung synchrone basische Ergüsse sich häufen, steigert.

Die Zustände im Bereich des ostafrikanischen Grabensystems sind etwas abweichend. Eine klare Darstellung der tektonischen Verhältnisse verdanken wir E. KRENKELS neuem Werk: Die Bruchzonen Ostafrikas[3]). Hier findet sich auch bereits eine Verknüpfung der tektonischen und der gravimetrischen Zustände, welch letztere E. KOHLSCHÜTTER in den Jahren 1898—1900 feststellte[4]).

In diesem Schollenland, in dem schmale Krustenstreifen zwischen breiten Feldern versenkt sind, zeigen sich enge Beziehungen zwischen

---

[1]) BLANKENHORN, M.: Syrien, Arabien, Mesopotamien. Handbuch d. Reg. Geologie Bd. 5, Abt. 4, S. 55. 1914.

[2]) BORRAS 1911 und HECKER 1908.

[3]) Berlin: Gebrüder Bornträger 1922.

[4]) Nachr. d. Kgl. Ges. d. Wiss., Göttingen, Math.-Physik. Klasse 1911, S. 1.

den tektonischen Einheiten und dem gravimetrischen Verhalten, was KOHLSCHÜTTER bereits erkannte und diskutierte.

Es erweist sich hier (vgl. Tabelle) bei einer Gruppierung in Grabenstationen und Plateaustationen sofort ein großer Gegensatz:

Störungswerte und Kompensationen der ostafrikanischen Schwerenstationen (nach F. KOHLSCHÜTTER 1911).

1	2	3	4	5	6	7	8
Station	Meereshöhe H	Totale Störung $g_o-\gamma_o$	Schwereanomalie $g_o''-\gamma_o$	Störungsreste nach Anbringung der Steilrandkorrektion bei isostatischer Massenlagerung $g_o^{is}-\gamma_o$	Abstand vom Kontinentalrand a	Steilrandkorrektion für Kontinentalabfall $\delta\gamma$	Störungsreste $g_o^{is}-(\gamma_o+\delta\gamma)$
	m	0,001 cm/sec²	0,001 cm/sec²	0,001 cm/sec²	km	0,001 cm/sec²	0,001 cm/sec²

Küstenferne Stationen auf höheren Plateaus

Ssurae	2195	$+94$	-159	$+41$	480	$+\ 9$	$+32$
Umburru . . .	1823	$+61$	-149	$+\ 8$	430	$+10$	$-\ 2$
Isimia	1733	$+74$	-125	$+19$	880	$+\ 5$	$+14$
Donjo Ndorobba	1715	$+32$	-166	$+\ 9$	510	$+\ 9$	0
Masaürua . . .	1701	$+90$	-107	$+60$	540	$+\ 8$	$+52$
Matabatu . . .	1688	$+58$	-136	$+23$	890	$+11$	$+12$
Kwera-See . .	1601	$+84$	-100	$+37$	830	$+\ 5$	$+32$
Mittel	1780	$+70$	-135	$+27$			

Küstenferne Stationen auf mittelhohen Plateaus

Ipuani	1419	$+20$	-143	$+\ 9$	550	$+8$	$+\ 1$
Kakoma . . .	1270	$+\ 3$	-143	-16	990	$+5$	-21
Ndjilla	1242	$+\ 8$	-135	$-\ 4$	750	$+6$	-10
Tambarala . .	1229	$-\ 7$	-148	-14	620	$+7$	-21
Tabora	1214	-21	-161	-21	730	$+6$	-27
Massonso . . .	1094	$+37$	$-\ 89$	$+37$	830	$+5$	$+32$
Ugaga	1075	$+13$	-111	$+\ 7$	900	$+5$	$+\ 2$
Kondsi	1053	$+\ 1$	-120	$-\ 7$	970	$+5$	-12
Mittel	1199	$+\ 7$	-131	$-\ 1$			

Küstenferne Graben-Stationen

Niarasa	1066	$-\ 36$	-159	$+15$	480	$+\ 9$	$+\ 6$
Wembäre . . .	1062	$-\ 38$	-160	-17	590	$+\ 7$	-24
Umbugwe . . .	978	$-\ 23$	-135	$+11$	400	$+11$	0
Kamsamba . .	864	$-\ 72$	-172	-22	790	$+\ 5$	-27
Bangwe	829	$-\ 33$	-128	$-\ 9$	1030	$+\ 4$	-13
Bismarckburg .	807	$-\ 78$	-170	-35	900	$+\ 5$	-40
Moliro	792	$-\ 57$	-148	-30	960	$+\ 5$	-35
Guassonjiro . .	676	$-\ 89$	-167	$-\ 4$	440	$+10$	-14
Alt-Langenburg	477	-119	-174	$-\ 2$	580	$+\ 8$	-10
Mittel	839	$-\ 61$	-157	-10			

Stationen am Fuß des Kilimandscharo

Moschi	1141	$+16$	-115	$+16$	270	$+15$	$+1$
Ssigirari. . . .	1139	$+\ 9$	-122	$+\ 9$	330	$+13$	-4

1	2	3	4	5	6	7	8
Station	Meeres-höhe H	Totale Störung $g_0-\gamma_0$	Schwere-anomalie $g_0''-\gamma_0$	Störungsreste nach Anbringung der Steilrand-korrektion bei isostatischer Massenlagerung $g_0^{is}-\gamma_0$	Abstand vom Kontinentalrand a	Steilrand-korrektion für Kontinentalabfall $\delta\gamma$	Störungsreste $g_0^{is}-(\gamma_0+\delta\gamma)$
	m	0,001 cm/sec²	0,001 cm/sec²	0,001 cm/sec²	km	0,001 cm/sec²	0,001 cm/sec²

Küstennahe Plateau-Stationen

Station	H	Totale	Anomalie	Rest	a	δγ	Rest
Wilhelmstal . .	1378	+101	− 57	+23	140	+22	+ 1
Donjo Benne .	1146	+ 29	−103	+10	270	+15	− 5
Kwamkoro . .	925	+ 92	− 14	+42	130	+25	+17
Maji ja njuu .	891	+ 23	− 80	+11	210	+18	− 7

Küstennahe Graben-Stationen

Station	H	Totale	Anomalie	Rest	a	δγ	Rest
Bufu	656	−22	−99	+13	240	+17	−4
Kihuiro . . .	504	− 5	−63	+25	180	+21	+4

Küsten-Stationen

Station	H	Totale	Anomalie	Rest	a	δγ	Rest
Daressalam . .	7	+18	+17	+18	40	+41	−23
Pangani. . . .	7	−35	−36	−26	90	+29	−55
Mosambique .	3	+75	+75	+75	9	+54	+21

Die Totalschwere der Grabenstationen ist stets stark negativ, im Mittel $\varDelta g - 61$, die der Plateaustationen mit zwei Ausnahmen positiv (Spalte 3).

Dieses Bild ändert sich, wenn man mit KOHLSCHÜTTER die Steilrandkorrektur berücksichtigt, d. h. wenn man von vornherein annimmt, daß die Massenlagerung isostatisch und man an den $\varDelta g$-Werten eine entsprechende Korrektur anbringt, welche die Nachbarschaft leichterer resp. schwererer Massen für die Graben- resp. für die Plateaustationen in Rechnung bringt. Es ergeben sich dann die mit $g_0^{is} - \gamma_0$ in Spalte 5 der Tabelle angegebenen Werte. Die Berechtigung der Anwendung dieses Verfahrens kann in Frage gestellt werden, da die isostatische resp. anisostatische Lagerung der Schollen ja erst zu erweisen ist und daher nicht zur Voraussetzung genommen werden kann. Da durch dieses Verfahren die Anomalien ja auch keineswegs verschwinden, so scheint darin ein Hinweis zu liegen, daß isostatische Lagerung nicht vorliegt.

Ferner hat KOHLSCHÜTTER auch für die weiter landeinwärts liegenden Stationen den Einfluß des Kontinentalabfalls zur Tiefsee berücksichtigt. Es wurde ein Faktor $\delta\gamma$ (Spalte 7) von $(g_0^{is} - \gamma_0)$ in Abzug gebracht. Die verbleibenden Störungsreste zeigt Spalte 8. Da nach den bisherigen Messungen das Gesamtverhältnis von Kontinent zu Ozean ein isostatisches ist, so muß die Berechtigung dieser Korrektur anerkannt werden. Berücksichtigt man diese Korrektur allein, so bleiben die anisostatischen Verhältnisse der Gräben und Plateaus bestehen. Nach Prüfung aller zu berücksichtigenden Momente, deren Wiedergabe hier zu weit führen würde, kommt KOHLSCHÜTTER zu dem

Ergebnis, daß die ostafrikanischen Gräben teils völlig, teils fast völlig unkompensiert sind (l. c. S. 26).

Soweit die Tatsachen im ostafrikanischen Bruchsystem. Es ergibt sich die bereits bekannte Tatsache, daß in den Gräben von Suez und Akaba ebenso wie in Ostafrika Defizit, im südlichen Roten Meer und im Golf von Aden Überschuß an Totalschwere herrscht.

Wie sind diese Tatsachen zu deuten? Die Mehrzahl der Kenner dieses Gebietes bevorzugt für die Genese besonders des ostafrikanischen Systems die Theorie der Zerrung. Die Richtigkeit dieser Anschauung, für deren Zurechtbestehen E. Krenkel wesentliche Tatsachen anzuführen vermochte, vorausgesetzt, ergeben sich daraus folgende Möglichkeiten des Mechanismus der Schollenbewegung:

Ein Spaltensystem in O- und NO-Afrika ermöglicht es, daß östlich davon gelegene Krustenteile nach O resp. NO bewegt werden, so daß theoretisch klaffende Spalten entstehen müßten. Durchsetzt dieses Spaltensystem die im Mittel etwa 120 km mächtige Kruste und reicht es bis in Tiefen, die ein Material enthalten, das durch Druckentlastung eruptionsfähig wird, so sind zwei Möglichkeiten gegeben: 1. entweder gleiten bei Beginn des Klaffens Streifenschollen infolge der Schwere von oben in die Spalte, oder 2. Tiefenmaterialien wandern eruptionsfähig nach oben, die Spalte füllend. Daß die zweite Lösung, in sehr großen Teilen des Gebietes wenigstens, nicht ausschließlich eingeschlagen wurde, zeigt das völlige oder fast völlige Fehlen von mit der Tektonik synchronen Magmen in vielen Grabenteilen. So zeigt die östliche Störungszone Ostafrikas einen sehr geringen Vulkanismus, die westliche Zone nur am Kivusee und am Nordende des Njassagrabens. Der Tanganjikagraben ist völlig frei davon, ebenso die größten, besonders nördlichen Teile des Roten-Meer-Systems[1]).

Dieser Umstand scheint dafür zu sprechen, daß die Spalten nicht sofort in eruptionsfähige Tiefen fortsetzten. Es scheint also durch Zerrung eine Kluft mit nach unten konvergierenden Wänden entstanden zu sein, in die von oben her Streifenschollen einheitlich oder gestaffelt einsanken. Als Folge ergibt sich über diesen Gräben ein totaler Schweredefekt, gleichgültig, ob die Spalte ganz oder teilweise von der absackenden Materie erfüllt wurde. Diese Vorstellung würde den Tatsachen entsprechen.

Es lassen sich hieraus leicht bei weiterem Fortgang der Zerrung größere Einbruchsformen wie der Rote-Meer-Graben ableiten. Dabei müssen durch den Fortgang der Zerreißung der Kruste Tiefenmaterialien durch Druckentlastung eruptionsfähig werden, die aufsteigend lückenausfüllend und extrusiv, besonders wenn basisch, zu einer Kompensation evtl. zu einer Überkompensation, d. h. zu einem Überschuß an Totalschwere führen. Das würde dem Zustand im südlichen Teil des Roten-Meer-Grabens entsprechen.

Es bestehen aber gegen diese Deutung im Bereich des ostafrikanischen Bruchsystems Bedenken. Es zeigt sich, daß das totale Schweredefizit der Gräben an Größe etwa den negativen Formen der

---

[1]) Krenkel, E.: l. c. S. 57—58.

Erdoberfläche entspricht, d. h. der den Gräben gegenüber den Plateaus fehlende Masse (vgl. Tabelle Spalte 2 für Grabenstationen). Die Schwereanomalie unter dem Meeresniveau ist (Spalte 4) im Mittel — 157, der ein Massendefekt von ca. 1570 m Gestein (von der Dichte 2,4) entspräche, während zur Kompensation im Mittel (Spalte 2) nur 839 m Gestein von 2,7 Dichte zur Verfügung stehen. Das totale Defizit $(g_0 - \gamma_0)$ von im Mittel — 61 Einheiten (Spalte 3) entspricht annähernd dem topographischen Defekt.

Aus dieser Tatsache ergibt sich die Alternative, daß entweder die absinkenden Streifenschollen die Spalten nur locker zu füllen vermochten — wofür vom geologischen Standpunkt aus keine Veranlassung vorliegt, auch müßte bei der Breite der Gräben im Verhältnis zur Krustendicke (Rotes Meer ca. 250 : 120 km; Ostafrika 80—100 : 120 km) Kompensation eingetreten sein — oder aber die geologischen Lagerungsverhältnisse sind andere als die von Zerrungsgräben. Unter Meeresniveau liegende totale Defekte entstehen nun stets dann, wenn Krustenteile passiv in größere Tiefe gedrängt werden und hier schwereres subkrustales Material verdrängen, wie z. B. bei den Randsenken der Faltengebirge.

Aus diesen Überlegungen heraus scheint mir der Typ der Zerrungsgräben den gravimetrischen Tatsachen nicht ganz gerecht zu werden. Doch liegt es mir fern, den von E. KRENKEL u. a. geäußerten guten Gründen für diesen Typ ihre Berechtigung und Bedeutung absprechen zu wollen. — Die Korrelationen zwischen tektonischem Verhalten und gravimetrischem Zustand in anderen Grabensystemen sind noch weniger geklärt. —

Diejenigen Teile der Erdkruste, die nicht wie junge Faltengebirge, große Tafelländer, große alte Massive oder Schollenländer einen mehr oder weniger einheitlichen geologischen Charakter und daher eine gleichsinnige gravimetrische Orientierung tragen, sind tektonisch komplizierterer Art. Als Typ dieser Gebilde betrachten wir das mitteldeutsche Schollenmosaik.

In dem Gebiete Mitteleuropas nördlich der Alpen mit ihrer einheitlichen tektonischen und gravimetrischen Charakterisierung liegt ein Komplex von kleineren tektonischen Einheiten, die, sehr verschiedenen Aufbaues und Alters, zu einem Schollenmosaik zusammengeschweißt worden sind.

Daß in diesem Bereich der Verlauf der Isanomalen, also das Verhalten von $\Delta g''$, ein höchst wechselndes und wirres Bild bietet, hat KOSSMAT gezeigt. Wieweit aber die einzelnen Teile des Gebietes im isostatischen Gleichgewicht sind, darüber geben allein die Δg-Werte Auskunft. Und zwar ist es nicht unbedingt erforderlich, für die isostatische Beurteilung der Gebiete die Δg-Werte auf die mittlere Meereshöhe der einzelnen Stationen umzurechnen, da es sich hier zumeist nicht um derart stark zertalte Gebiete handelt, als daß ihr provinzieller isostatischer Charakter nicht doch zum Ausdruck käme.

Das Gebiet ist gravimetrisch verschieden weitgehend untersucht. Die meisten Messungen liegen über den Harz und seine Umgebung vor[1]).

---

[1]) HAASEMANN, L.: Bestimmung der Intensität der Schwerkraft auf 66 Stationen im Harz und seiner weiteren Umgebung. Veröff. Preuß. Geodät. Inst., N. F., Berlin 1905, Nr. 19.

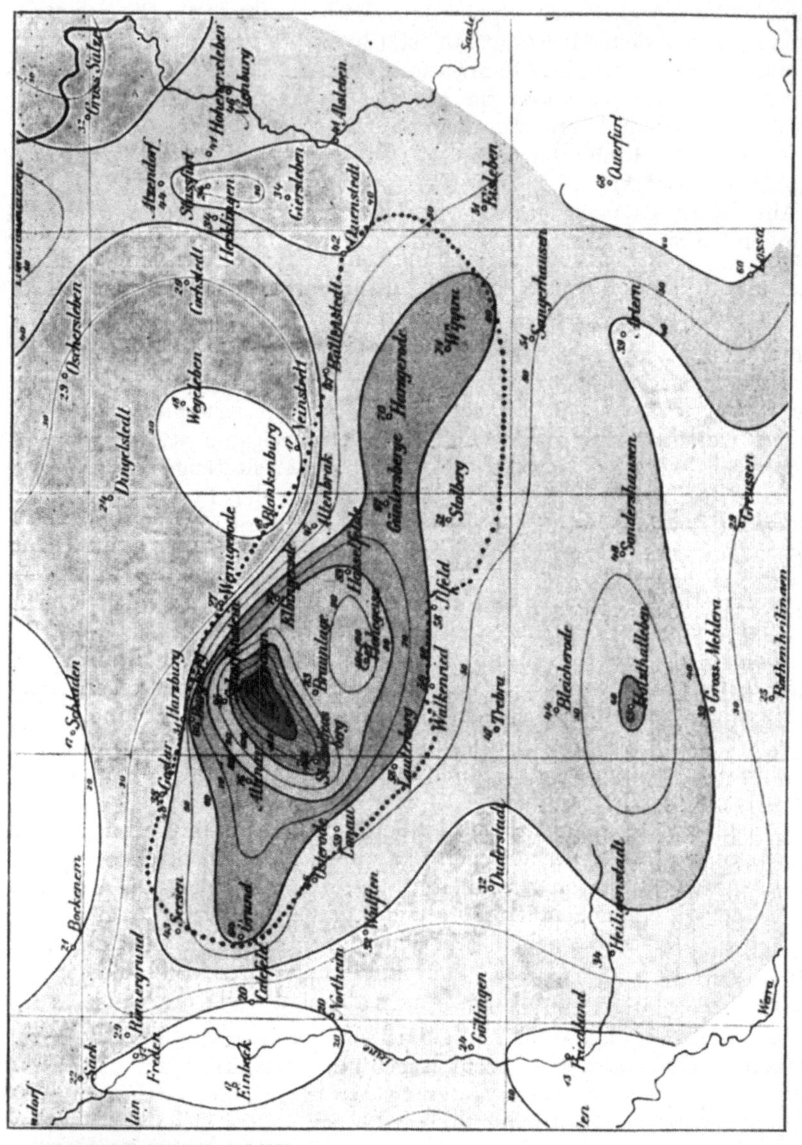

Abb. 9a. Störungen der Totalschwere (Δg) im Bereich des Harzes (nach E. Haasemann, 1905).

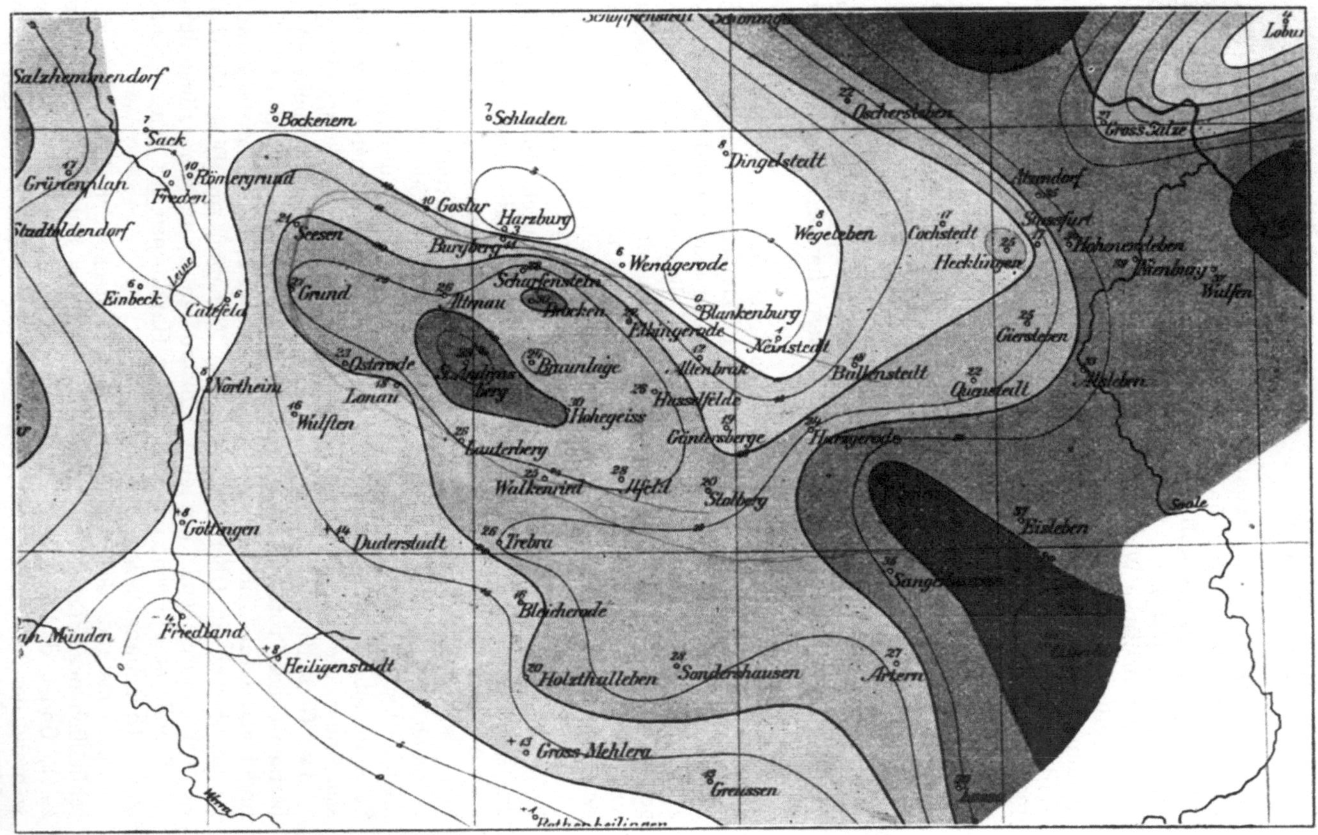

Abb. 9b. Schwereanomalien ($\Delta g''$) im Bereich des Harzes (nach E. HAASEMANN, 1905).

Der Harz erweist sich als ein ausgesprochenes Überschußgebiet an Totalschwere (vgl. Karte Abb. 9 a). Er entsteigt einer Umgebung, die einen
totalen Schwereüberschuß von im allgemeinen nicht mehr als 40 Einheiten zeigt. Der Harz selbst weist dagegen in seiner ganzen Länge
von Grund bis über Wippra hinaus Werte von mehr als 60 Einheiten
auf, allerdings nicht auf der ganzen Breite seiner geologischen Ausdehnung. Von besonderem Interesse ist das Brockengebiet. Hier
werden Überschüsse von über 140 Einheiten erreicht. Überschüsse über
100 Einheiten umfassen das ganze Brockengranitgebiet und erstrecken
sich auffallend in südwestlicher Richtung bis über St. Andreasberg
hinaus. Hierin macht sich ein Zug erzgebirgischen Streichens bemerkbar. Der Granit der Viktorshöhe des Unterharzes bildet sich merk-
würdigerweise gar nicht ab. Die Karte enthält die unkorrigierten $\varDelta g$-
Werte, bringt also den Kompensationszustand des Harzgebietes nicht
einwandfrei zum Ausdruck. Eine isostatische Reduktion würde dazu
führen, die hohen Werte an Totalschwere im Brockengebiet abzu-
schwächen.

Vergleicht man mit der Darstellung der Anisostasien die Karte
der Schwereanomalien (vgl. Abb. 9 b), so ist zunächst der erzgebirgische
Zug der Schwerestörung aus dem Bilde völlig verschwunden. Zwar ist
auch jetzt noch ein Schwereüberschuß — bemerkenswerterweise im
ganzen Gebiet — vorhanden, aber der Verlauf der Isanomalen ist ein
ausgesprochen hercynischer, und das Maximum mit 39 Einheiten hat
sich vom Brocken nach St. Andreasberg verschoben.

Diese Tatsachen führen zu der Auffassung, daß die erzgebirgische
Erstreckung des totalen Schwereüberschusses durch die Verteilung
der Gesteinsmassen oberhalb des Meeresspiegels bedingt ist. Ein Versuch der Übertragung in das Geologische würde lauten: Der Brocken-
granit ist ein Lakkolith, dessen Massen mehr oder weniger konkordant
zwischen Acker-Bruchberg-Sattel im NW und Elbingröder Sattel im SO
intrudiert sind. Die Verteilung der Schwereanomalien deutet an, daß bei
St. Andreasberg und evtl. am Brocken, wo ein zweites kleineres Maximum
sich findet, die Durchbrüche aus der Tiefe, also die Stiele liegen[1]).

Der Gesamtharz ist also nicht kompensiert, zeigt vielmehr einen
beträchtlichen totalen Schwereüberschuß. Die Scholle „Harz“ befindet sich somit nicht im isostatischen Gleichgewicht. Im Mittel kommt
ihr annähernd ein Übergewicht von 65 Einheiten zu. Diese Überlast
ist nicht hinreichend, um eine selbständige isostatische Einstellung
der Scholle auszulösen, indem sich der Harzkörper aus dem Verband
seiner Umgebung loslöst.

Der Umstand, daß das ganze mitteldeutsche Schollenmosaik einschließlich des Harzes ein, wenn auch geringes Plus an Totalschwere
zeigt, findet dadurch seine Erklärung, daß die durch Eisbelastung
während der Diluvialzeit aus fennoskandischen Gebieten fortgepreßten
subkrustalen Massen nach erfolgter Entlastung noch nicht wieder

---

[1]) Diese Auffassung von der Natur der Brockengranit-Intrusion findet,
wie H. CLOOS jüngst mitteilte (Was liegt unter dem Granit? Naturwissenschaften
Jg. 11, S. 9. 1923), auch in geologischen Umständen eine Stütze.

völlig dorthin zurückgekehrt sind, wie die Schweremessungen in Skandinavien ergeben haben (vgl. Kapitel VIII).

Geologisch ergibt sich annähernd folgende Vorstellung: Im Bereich des Harzes ist die Erdkruste wie ein Blech nach oben ausgebeult. Die höchste Aufwölbung der Beule ist im Harz angeschnitten. In einiger Tiefe verläuft in der Umgebung des Harzes die Aufbeulung etwas anders, wie die Karte der Isanomalen zeigt. Unter der Aufwölbung stehen die schwereren subkrustalen Massen etwas höher als sonst. Es ist jedoch bemerkenswert, daß, wie die Isanomalenkarte zeigt, auch in der Umgebung des Harzes sehr große $\Delta g''$-Überschußgebiete auftreten, z. T. mit höheren Überschüssen (+ 40 bis + 50 Einheiten) als unter dem Harz selbst, so im Querfurter Sattel und im Magdeburger Horst. Die Abbildung der Tiefentektonik ist hier eine sehr klare, geeignet, über den Verlauf der bedeckten Teile des variscischen Bogens Aufschluß zu geben.

Die übrigen Reste des variscischen Bogens scheinen sich ähnlich zu verhalten wie der Harz. Wenigstens zeigen Schwarzwald und Vogesen starke totale Überschüsse (Δg), denen auch Dichteantiklinalen der Unterlage ($\Delta g''$) entsprechen. Über die rheinische Masse fehlen bisher Untersuchungen.

Eine etwas andere Stellung nimmt die böhmische Masse ein. Der totale Schwereüberschuß dieses Gebietes ist weniger groß als der der übrigen alten Kerne, er bewegt sich im Mittel um + 30 bis + 40. Auch fehlt, wie F. Kossmat schon betonte, im Untergrunde die Schwereantiklinale ($\Delta g''$). Das Gebiet ist also seiner Kompensation näher als die übrigen Hochgebiete. Kossmat möchte in dem annähernd kompensierten Zustand der böhmischen Masse ein Relikt aus der Zeit der varistischen Gebirgsbildung sehen.

Die zwischen diesen Hochgebieten liegenden Felder Mitteldeutschlands weisen fast durchgehend isostatisch einen gewissen Überschuß auf, etwa 10—40 Einheiten, selten in einer Abhängigkeit vom geologischen Bau, wie z. B. das Gebiet der hercynischen Mulde nördlich des Harzes mit einem auffallend geringen Δg-Überschuß gegenüber seiner Umgebung.

Im N, in der Norddeutschen Tiefebene, nahe der Ostsee und Nordsee liegen Gebiete fast völliger Kompensation. Die Werte sind ohne weiteres verwendbar, da die Beobachtungsstationen in der mittleren Meereshöhe ihrer Umgebung liegen (E. Borras 1911, S. 94ff.):

Station	Meereshöhe m	$\Delta g''$ $(=g_0''-\gamma_0)$ 0,001 cm	Δg $(=g_0-\gamma_0)$ 0,001 cm
Hoya	21	−1	+1
Bremen	0	+2	+2
Worpswede.	22	+3	+5
Lüneburg	21	+7	+9
Wilhelmshaven . . .	4	+5	+5
Hamburg	24	+1	+3
Lehe	2	0	0
Hohenkirchen . . .	0	+2	+2
Wangeroog	6	+3	+4
Otterndorf	3	+2	+2
Neuwerk	4	0	0

Auch kleine **Defizitgebiete** an Δg kommen vor:

Station	Meereshöhe m	$\Delta g''$ $(=g_o''-\gamma_o)$ 0,001 cm	Δg $(=g_o-\gamma_o)$ 0,001 cm
Sehlsgrund	109	-18	-9
Arnswalde	60	-11	-6
Langwedel	13	-4	-3
Oevelgönne.	2	-1	-1
Beverstedt	12	-3	-2
Oldesloe	10	-2	-1
Helgoland	51	-12	-7
Itzehoe	16,5	-3	-1
Eddelack, nördlich Brunsbüttel . . .	1,1	-4	-4

Diese Defizitgebiete liegen noch im Einflußbereich des Skandinavischen Schildes, das sich zur Zeit noch an Masse sättigt, indem es seiner Umgebung solche entzieht. Wir haben es hier mit einem Teil des sog. Absaugungsgürtels zu tun (vgl. Kapitel VIII, ,,Diluviale Vereisung und Isostasie'').

Das sind lediglich die ganz großen Züge im isostatischen Zustand des mitteldeutschen Gebietes. In den Einzelheiten sind noch engere Beziehungen zwischen Schwereverhalten und geologischer Struktur feststellbar, besonders hinsichtlich der Grabenbildung, doch können Untersuchungen darüber hier noch nicht verwertet werden.

Im großen ganzen erweist sich Mitteldeutschland als eine verbogene und verbeulte Platte, die in ihrer Gesamtheit einen gewissen Schwereüberschuß aufweist, der sich in besonders aufgetriebenen Teilen bis zu 139 Einheiten steigern kann. Die aufgebogenen Teile tragen sich infolge der Gesteinselastizität. In keinem der einzelnen Elemente, aus denen sich die Platte zusammensetzt, ist die Überlast so groß, daß sie bisher selbständige Kompensation eingeleitet hätte. Das wirft ein gewisses Licht auf die Größe der Last resp. die Ausdehnung der selbständig kompensierenden Schollen, Fragen, die weiter unten der Erörterung unterliegen. Auf jeden Fall ist der anisostatische Zustand der einzelnen tektonischen Elemente Mitteldeutschlands ein Beweis gegen die sog. lokale Kompensation amerikanischer Geodäten (HAYFORD, BOWIE u. a.) und ein Zeugnis für eine Kompensation regionaler Art.

Isostasieuntersuchungen liegen ferner für das **Gebiet der Vereinigten Staaten** vor, und es ist der Ort, hier kurz ihre Bedeutung zu erörtern. — BOWIE hat auf Grund seiner und HAYFORDS Untersuchungen eine Karte der Schwerestörungen zusammengestellt[1]). Diese in Abb. 10 wiedergegebene Karte bringt den isostatischen Zustand der U. S. A. zum Ausdruck und ist bereits das Objekt vielfacher Diskussionen gewesen. Der Karte liegen nur 124 Beobachtungen zugrunde. Bemerkenswert ist, daß die Messungen positiven und negativen Er-

---

[1]) BOWIE, W.: Effect to topography and isostatic compensation upon the intensity of gravity. U. S. coast and geodetic survey. Special publ. Washington 1912, Nr. 12. Abb. 2.

gebnisses nicht etwa wahllos gemischt liegen, sondern zu größeren Gruppen vereinigt sind. Die Verteilung dieser Provinzen gleicher Art weist nun, wie ein Vergleich mit einer geologischen Karte zeigt, außerordent-

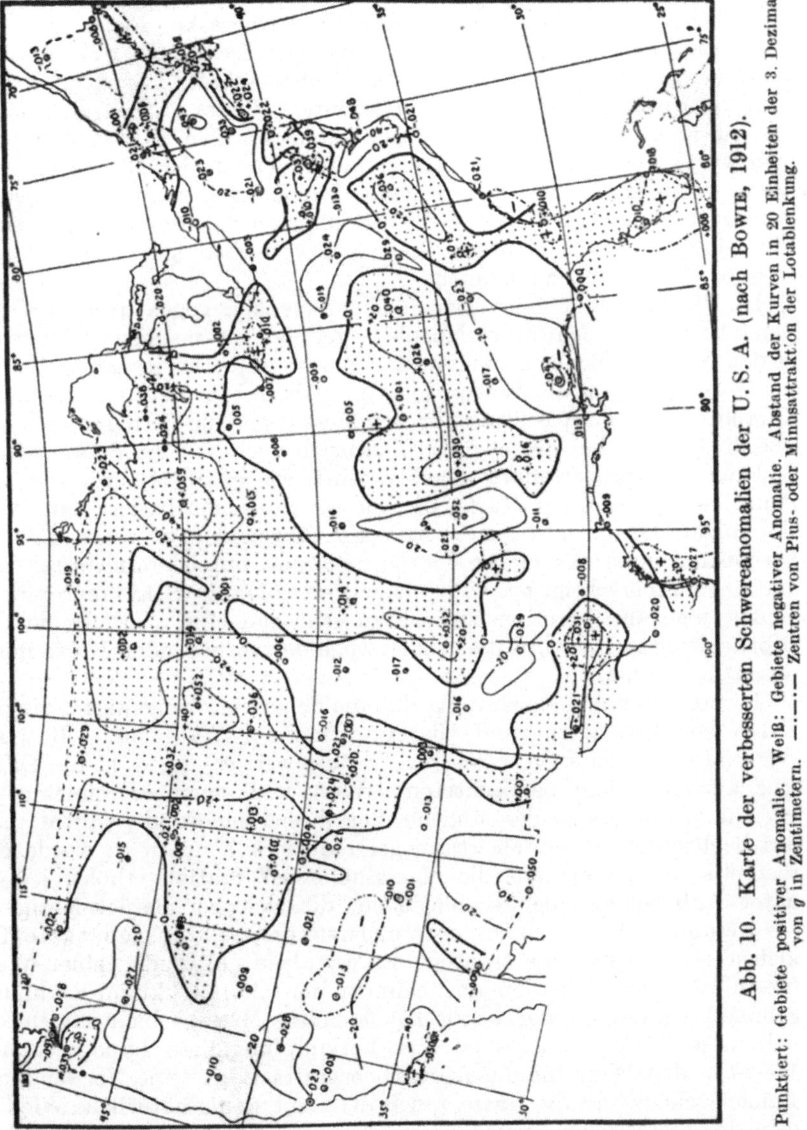

Abb. 10. Karte der verbesserten Schwereanomalien der U. S. A. (nach Bowie, 1912).

Punktiert: Gebiete positiver Anomalie. Weiß: Gebiete negativer Anomalie. Abstand der Kurven in 20 Einheiten der 3. Dezimale von g in Zentimetern. — · · · — Zentren von Plus- oder Minusattraktion der Lotablenkung.

lich geringe Beziehungen zur geologischen Struktur der U. S. A. auf, wie das schon vielerseits, besonders von K. Gilbert[1]), erörtert wurde.

---

[1]) Gilbert, K.: Interpretations of anomalies of gravity. U. S. geolog. surv. Prof. paper 85 C, Washington 1913.

Die wenigen Beziehungen, die bestehen, deutete F. Kossmat an[1]). Das pazifische Randgebiet (Sierra Nevada-System) und Teile des atlantischen Saumes zeigen beträchtliche Defizite (bis 52 Einheiten). Die Rocky Mountains weisen größtenteils einen Schwereüberschuß auf, ihr östliches Vorland (von Minnesota über Nebraska, Neumexiko bis Texas) bildet einen Defizitgürtel, was also dem Defizit einer Randsenke entsprechen würde, resp. durch die Nachbarschaft des tiefgehenden Gebirgskörpers hervorgerufen sein könnte. Weiter östlich folgt eine Schwelle von Überschwere, die vom Oberen See über St. Paul, Lincoln nach Texas verläuft. Eine Defizitzone im Bereich des Mississippi löst dieses Überschußgebiet ab. Engere Beziehungen zum geologischen Untergrund sind in diesen N-S verlaufenden Dichteschwellen nicht erkennbar. Kossmat glaubt in ihnen evtl. vom Faltengürtel ausgehende Massenwellen sehen zu können.

Im übrigen sind einige prinzipielle Bedenken gegen diese Art der Darstellung der Schwereverhältnisse geltend zu machen: Zunächst ist das Netz der Beobachtungsstationen sehr weit, für das ganze Gebiet der U. S. liegen nur 124 Messungen vor, während für den weit kleineren Komplex Mitteleuropas Tausende von Messungen zur Verfügung stehen. Allerdings ist es unwahrscheinlich, daß sich auch hier ein derart wirres Bild der Schwereverteilung ergeben wird, wie es Mitteleuropa bietet. Denn ein Vergleich der Karte, die auf 124 Stationen basiert, mit einer älteren, auf Grund von nur 84 Stationen konstruierten, zeigt, daß die Vermutung einer Änderung der Gruppierung durch Vermehrung der Stationen unberechtigt ist. Die jetzige Verteilung der Schwereprovinzen scheint eine annähernd natürliche zu sein und eine Verdichtung des Beobachtungsnetzes wird die großen Züge der vorliegenden Karte nicht wesentlich ändern.

Ferner ist es von Bedeutung, daß die Schwerestörungswerte, die der Karte von Bowie zugrunde liegen, keine Δg-Werte sind. Bowie[2]) verwandte hier einen verbesserten Isostasiewert $g - g_c$, d. h. die Differenz zwischen dem beobachteten g-Wert und einem errechneten g_c. Hierfür wurde nicht das übliche Verfahren angewandt, indem man das beobachtete g auf Meeresspiegel reduziert, sondern es wurde der theoretische γ_0-Wert auf die Meereshöhe der Station erhöht, jedoch unter Anbringung aller Reduktionen, die sich bei Berücksichtigung des gesamten Erdreliefs unter Voraussetzung der Isostasie für kleinste Erdkrustenteile ergeben. Es war dazu notwendig, einen Wert für die Kompensationstiefe anzunehmen, der mit 113,7 km in Rechnung gebracht wurde. Ferner wurde gleichmäßige Massenschichtung unterhalb dieser Tiefe vorausgesetzt. Die Verknüpfung dieser hypothetischen Werte in den Wert für die Isostasie beeinträchtigt seine Verwendung. Danach scheint mir die Karte von Bowie eine wenig natürliche Wiedergabe der isostatischen Zustände der U. S. A. zu sein, und es wäre verfehlt, voreilig aus dieser Darstellung auf einen gänzlichen Mangel an Beziehungen zwischen Schwere und geologischer Struktur zu schließen.

---

[1]) Kossmat, F.: Geolog. Rundschau Bd. 12, S. 183. 1921.
[2]) Bowie, W.: l. c. S. 8; Kossmat, F.: l. c. S. 182.

Der Schwerezustand der U. S. A. ist von amerikanischer Seite weitgehend zur Beurteilung der Frage nach der Berechtigung des isostatischen Prinzips herangezogen worden, besonders von Bowie und Hayford. Ihre Ausführungen sind nicht in allen Punkten ohne Widerspruch geblieben. Die Anwendung der obenerwähnten isostatischen Reduktionsmethode auf die Ergebnisse der 124 Schweremessungen der U. S. A. zeigte das interessante Ergebnis, daß der mittlere Wert der dann verbleibenden Störungen nicht mehr als 20 Einheiten der dritten Dezimale von g in Zentimetern beträgt. Die Schwankung des Schwerewertes ist somit eine außerordentlich geringe. Sie läßt sich durch eine Gesteinsplatte von der Mächtigkeit 200 m und von der Dichte 2,4 zum Ausdruck bringen.

Ein gleiches Resultat ergab die Anwendung der Reduktionsmethode auf die 383 Beobachtungen der Lotablenkungen in den U. S. A. Man könnte, wie es von amerikanischer Seite weitgehend geschieht, in diesen Parallelergebnissen eine wesentliche Bestätigung des isostatischen Gedankens sehen. Der Gedankengang ist der, daß die Voraussetzung der Isostasie die Abweichungen von dieser auf ein Minimum beschränkt.

Zeitliche Änderungen der Schwere

sind bisher nur selten konstatiert worden, zweifellos weil die Zeitspanne seit Beginn exakter Messungen bis zur Gegenwart zu gering ist.

Das Gebiet, das hinsichtlich der Schwereforschung als klassisch bezeichnet werden kann, Indien, liefert in dieser Beziehung einen interessanten Fall: Auf Grund von Publikationen Burrards aus dem Jahre 1905 teilt Osmond Fisher[1]) mit, daß die neuen Schweremessungen in Indien durch Lenox Conyngham aus den Jahren 1903—1904 gegenüber den alten Beobachtungen von Basevi und Heaveside aus den Jahren 1865—1873 erstaunliche Differenzen geliefert hätten:

Station	1865—1873 cm	1903—1904 cm	Differenz cm
Dehra Dun . . .	978,962	979,065	+ 0,103
Madras	978,237	978,281	+ 0,044
Bombag	978,605	978,632	+ 0,027
Mupooner	978,751	978,795	+ 0,044

Burrard und Fisher halten sämtliche Beobachtungen für völlig einwandfrei. Man muß also annehmen, daß im Laufe von 30 Jahren sehr intensive Dichteveränderungen im Untergrunde stattgefunden haben. Erdbeben sprechen im übrigen für die Labilität des Gebietes. Nimmt man 978 cm als mittlere Schwere an, so würde nach Fisher eine Dichteänderung von $1^1/_2\%$ in der Tiefe von 50 Meilen geeignet sein, die Schwereänderung zu erklären. Wenn diese Schwereänderungen nicht als Beobachtungsfehler erklärt werden können, so sind sie ein Beweis, daß Dichteveränderungen in der Tiefe stattfinden.

---

[1]) Fisher, O.: A suggested cause of changes of level in the earth's crust. Amer. journ. of sciences 4. ser. vol. 21, S. 216. 1906.

Einen anderen erwähnenswerten Fall von Schwereänderung hat K. R. Koch[1]) mitgeteilt. Er beobachtete für Stuttgart im Juni 1900 eine Schwere von 980,914 (98) cm, im März 1904 dagegen 980, 917 (96) cm. Die sich ergebende Differenz von 3 Einheiten der dritten Dezimale von g in Zentimetern beträgt fast das Fünffache des mittleren Fehlers. Helmerts Beurteilung dieser Feststellung ist insofern von Interesse, weil trotz der Anerkennung der Exaktheit der Beobachtung Zweifel allein deswegen ausgesprochen wurden, als derartige Schwereveränderungen für ausgeschlossen erachtet wurden: Er betrachtet sie als Ergebnisse, „die man angesichts der Schärfe der Beobachtung für reell halten möchte, wenn es nicht zur Zeit kaum denkbar erschiene, diese Schwereveränderungen durch Massentransporte im Erdkörper oder sonstwie zu erklären. Bei neueren Schweremessungen fand Koch übrigens seine Pendel weniger stabil, so daß es sich bei den früheren Wahrnehmungen wohl doch nur um instrumentelle Einflüsse handelte[2]).“ Vom geologischen Gesichtspunkte aus können diese Zweifel nicht geteilt werden, wenigstens nicht prinzipiell. Bedenken könnte die starke Veränderung bei der Kürze der Zeit erregen. In geologischer Hinsicht wäre es von größtem Interesse, ob mit diesen Veränderungen der Schwere auch solche des Niveaus verbunden sind. Irgendwelche Daten liegen bisher nicht vor.

Soweit der Tatsachenbestand über den Schwerezustand der Erdkruste nach dem augenblicklichen Stand der Erforschung. Es zeigt sich vor allem, daß sehr große Gebiete, wie die weiten Ozeanböden und sehr große Kontinentanteile, in ihrem gravimetrischen Verhalten geringe Abweichungen vom theoretisch zu fordernden Schwerezustand aufweisen. Es sind das vorwiegend solche Gebiete, die seit geologisch längerer Zeit ungestört geblieben sind, sowohl hinsichtlich orogenetischer Vorgänge als auch in bezug auf Entlastung und Belastung.

Neben diesen Gebieten der Normalschwere finden sich zahlreiche Ausnahmen, wo starke Abweichungen vom theoretischen Normalzustand bestehen. Aber die Verteilung dieser Isostasiestörungen ist nicht regellos. Es hat sich gezeigt, daß die davon betroffenen Gebiete im Antlitz der Erde eine Sonderstellung einnehmen, welche die Abweichungen von der Normalschwere rechtfertigt. Es handelt sich dabei um Gebiete, die entweder einer jungen Orogenese unterlagen (Alpen) oder eine intensive Entlastung oder Belastung in jüngerer Zeit erfuhren (Fennoskandia), oder um Gebiete, die als Teil einer größeren geotektonischen Einheit passiv in ein zu hohes (Harz) resp. ein zu tiefes Niveau (Randsenken) gedrängt wurden, oder um Störungserscheinungen des Bruchschollenlandes.

Das Wesentliche ist, daß, wo Ausnahmen von der Norm bestehen, wir in der Lage sind, die Ausnahme fast stets aus der geologischen Sonderstellung des Gebietes verständlich zu machen. Es

---

[1]) Koch, K. R.: Über Beobachtungen, welche eine zeitliche Änderung der Größe der Schwerkraft wahrscheinlich machen. Annalen d. Physik 4. Folge, Bd. 15, S. 146. 1904.

[2]) Helmert, F. R.: Enzyklopädie d. math. Wiss. Bd. VI., 1. B., Heft 2, S. 177. 1910.

darf nicht unerwähnt bleiben, daß wir von einer restlosen Aufklärung aller Schwerestörungen weit entfernt sind. Aber im allgemeinen sind die Forderungen des isostatischen Prinzips im Schwerezustand der Erdkruste erfüllt. Und es ist für die Berechtigung der Anwendung des hydrostatischen Prinzips auf die Erdoberfläche von Bedeutung, daß auch die Abweichungen von der Normalschwere in fast jedem Falle derartige sind, daß sie durch Anwendung des hydrostatischen Prinzips ihre Erklärung finden. Die Art der Abweichungen hätte ebensogut gegen die Richtigkeit dieses Prinzips sprechen können.

Das ist zwar kein mathematischer Beweis für die Richtigkeit der Lehre von der Isostasie; ein solcher ist aber auch selbstverständlich gar nicht zu erbringen. Die Tatsachen finden durch die Annahme des hydrostatischen Prinzips eine so weitgehende Erklärung, wie sie bisher durch keine andere Hypothese gegeben werden konnte. Und es ist nur logisch, anzunehmen, daß die einzige Hypothese, die in der Lage ist, die Verteilung der Dichte in der Erdkruste zu erklären, von allgemeiner Anwendbarkeit und Gültigkeit ist.

Man könnte die Annahme machen, daß die Erdkruste auf einer ehemals plastischen, in der Gegenwart nur noch elastischen Unterlage ruht, daß der isostastische Zustand der Erdkruste nicht Folge gegenwärtiger hydrostatischer, sondern früherer entsprechender Vorgänge ist, und daß dieser Zustand durch Erstarrung des Untergrundes zu einem konstanten geworden sei.

Dagegen aber spricht der Umstand, daß Krustenbewegungen, und zwar keineswegs rein elastische, wie sie ja dann nur noch möglich wären, sich in der jüngsten geologischen Vergangenheit und in der Gegenwart dauernd abspielten und abspielen. Die Erdkruste zeigt noch heute eine Beweglichkeit und Reaktionsfähigkeit, wie sie bei gänzlicher Stillegung ihrer subkrustalen Bewegungsmöglichkeit unverständlich wäre. Das wird sich durch exakte Messungen immer mehr erweisen.

Es bleibt aber stets zu bedenken, daß die normale Massenanordnung nach der Lehre der Isostasie lediglich ein Schema ist, das, wie gezeigt wurde, nicht immer seine Erfüllung findet. Das Auftreten von Störungen ist gelegentlich an Gebiete geknüpft, wo die Deutung auf Grund geologischer Struktur oder geologischer Vorgänge versagt. Man wird nicht nur mit vertikalen Dichtestörungen, sondern auch mit horizontalen Dichteverschiebungen rechnen müssen. Und man darf evtl. auch die Voraussetzung einer gleichmäßigen Massenschichtung unter der Kompensationstiefe nicht zu streng aufrecht erhalten wollen. K. Gilbert hat schon versucht, diesen Gesichtspunkt zur Deutung der Störungen mit heran zu ziehen. Wie weit dazu eine Berechtigung vorliegt, wird im Kapitel V erörtert werden.

V. Pseudo-Anisostasien.

Im vorhergehenden wurde bereits angedeutet, daß die Feststellung einer Störung totaler Schwere (Δg) nicht ohne weiteres mit einem anisostatischen Zustand identisch zu sein braucht. Es gibt Einflüsse, welche in völlig kompensierten Erdkrustenteilen die Schwerkraft anormal gestalten. Ebenso ist es theoretisch denkbar, daß in nichtkompensierten Gebieten die Schwere infolge sekundärer Einflüsse normal erscheint.

Der erste Fall, daß der isostatische Zustand, also Kompensation durch sekundäre Einflüsse, verschleiert wird und die Schweremessung eine Störung aufweist, kann durch verschiedene Faktoren bedingt sein, deren quantitativer Einfluß sich allerdings nicht immer ermitteln läßt. Die Ursachen sind stets Heterogenitäten der Dichte der Erdkruste, teils solche horizontaler, teils vertikaler Anordnung.

Horizontale Heterogenitäten.

Verschieden dichte Massen, nebeneinander gelagert, müssen die Schwere über den beiden Gebieten gegenseitig beeinflussen. Jede dieser Massen kann im Gleichgewicht sein und doch wird die Schwere nicht normal erscheinen, weil eine Seitenbeeinflussung besteht. Denn die Schwere an einer Station ist nicht nur abhängig von der Dichte und Lagerung der Massen direkt unter ihr, sondern es kommt bis zu einem gewissen Grade auch die attraktive Wirkung der Nachbarschaft in Frage.

Besteht nun das Prinzip der Isostasie zurecht, so verlangt die Theorie, daß sich überall dort auf der Erdoberfläche Störungen der Totalschwere vorfinden, wo Massen verschiedener Dichte aneinander stoßen. So muß sich an den Küsten der Kontinentalblöcke und der großen Inseln, letztere, soweit sie nicht auf dem Schelf liegen, eine Störung finden und eine entgegengesetzt gerichtete auf dem Ozean nahe dem Kontinentalrand.

Man könnte vermuten, daß die Totalschwere über dem Kontinentalrand durch die Nachbarschaft des spezifisch leichten Wassers negativ, die über den Ozeanen in Kontinentalnähe durch die Nachbarschaft des relativ schweren Kontinentalmaterials positiv beeinflußt wird. Es zeigt sich jedoch, daß die Störungen entgegengesetzt sind. Darin kommt zum Ausdruck, daß nicht so sehr der Dichtezustand der alleroberesten, wenige Kilometer mächtigen Materialien der Lithosphäre und der Hydrosphäre ausschlaggebend sind, als vielmehr der der großen Tiefe. Mag auch der Einfluß der ersteren eine Rolle spielen, er wird übertönt und die Störung in das Gegenteil verändert durch den Einfluß der tieferen Massen.

Entsprechend dem im vorhergehenden Kapitel nachgewiesenen isostatischen Zustand der Erdkruste wirken daher die relativ hoch liegenden schweren Massen der Ozeanböden auf die Kontinenrandschwere (Δg) positiv anomalierend, dagegen die weit in die Tiefe reichenden, relativ leichten Massen der Kontinentalsockel auf die Schwere über dem Ozean in Kontinentalrandnähe negativ störend.

F. R. Helmert[1]) hat diese Verhältnisse untersucht und auf Grund von 51 Schwerestationen an ozeanischen Küsten den Betrag der positiven

---

[1]) Helmert, F. R.: Enzyklopädie d. math. Wissenschaften Bd. 6, 1. B., Heft 2, S. 134. 1910, und: Die Tiefe der Ausgleichsfläche bei der Prattschen Hypothese für das Gleichgewicht der Erdkruste und der Verlauf der Schwerestörung vom Inneren der Kontinente und Ozeane nach den Küsten. Sitzungsber. d. Preuß. Akad. d. Wiss. Bd. 2, S. 1192. 1909.

Störung auf dem Festlande in Küstennähe auf + 36 Einheiten berechnet. Dabei zeigte sich, daß der Betrag offenbar von der Tiefe des Meeresbodens in der Umgebung abhängig ist. Im übrigen finden sich größere Δg nicht nur an ozeanischen, sondern auch an Binnenmeerküsten, soweit diese Meere tief genug sind, wie Mittelmeer und Schwarzes Meer. Es ist eine Erfüllung der Forderung der Isostasie, daß an Schelfmeerküsten Δg mehr oder weniger normal ist. In solchen Fällen treffen wir, wie im vorhergehenden Kapitel (S. 29) gezeigt wurde, die Kontinentalrandstörung erst am Rande des Schelfmeeres gegen den Ozean nahe dem Kontinentalabfall.

Die Berechnungen HELMERTS basierten auf der Beobachtung der Störungen an den Küstenstationen. Theoretisch hat O. E. SCHIÖTZ zuerst die Frage der Kontinentalrandstörung behandelt[1]), und zwar für den Fall eines Kontinentalblocks mit senkrecht abfallender Küste. Die Störung von Δg in der Mitte des Kontinentes fand er bei einem Radius von 2200 km gleich 0,007 cm, bei 1000 km Abstand von der Küste gleich 0,0085 cm, bei 330 km Abstand 0,020 cm, bei 55 km Abstand 0,065 cm. Bis etwa 20 km Küstenabstand wächst die Störung Δg, sinkt aber dann bis zur Küste selbst annähernd auf Null.

Entsprechend der positiven Störung auf den Kontinenten muß sich eine solche negativer Art über dem Meere in

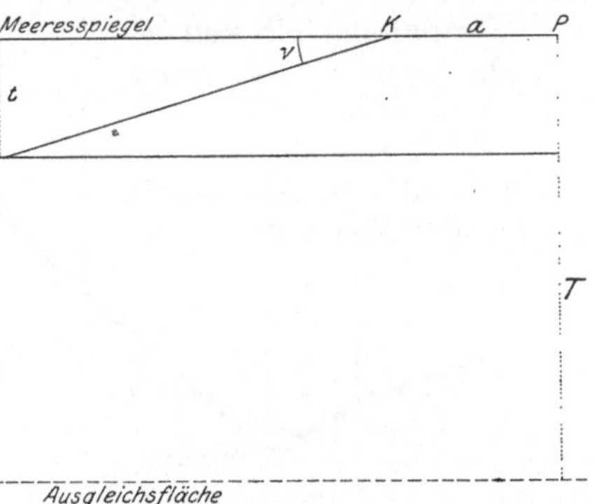

Abb. 11. (Nach F. R. HELMERT, 1909.)

Küstennähe finden. Sie wurde zuerst von O. E. SCHIÖTZ (l. c. S. 78) gefordert und später auf Grund von HECKERschen Messungen über dem Ozean über dem Küstenfuß zu − 0,060 cm ± 0,014 cm abgeleitet[2]).

HELMERT hat weitergehende Berechnungen angestellt, die auf dem Umstand basieren, daß er aus den bestehenden Kontinentalrandstörungen und in Voraussetzung isostatischer Massenlagerung die Ausgleichstiefe T zu 118 ± 22 km feststellen konnte[3]). Dieses Ergebnis ermöglichte es nun seinerseits wieder, den Gang der Schwerestörung δg in der Nähe der Küste sowohl auf dem Festlande als auf dem Meere zu errechnen.

Im Falle, daß $t = 4000$ m, cot. $v = 50$, $T = 100$ km, die Dichte der Kruste $= 2,83$, ergibt sich für

---

[1]) SCHIÖTZ, O. E.: Results of the pendulum observations and some remarks on the constitution of the earth's crust. The norwegian North polar expedition 1893—1896 by Fridjof Nansen. London 1900, S. 63.

[2]) SCHIÖTZ, O. E.: Über die Schwerkraft auf dem Meere längs dem Abfall der Kontinente gegen die Tiefe. Videnskabselskap. Skrifter, Kristiania, Mathem.-naturw. Kl. 1907, Nr. 6, S. 28.

[3]) Sitzungsber. d. Preuß. Akad. d. Wiss. Bd. 2, S. 1192. 1909.

δg an der Küste.

Küstenabstand a in km	δg in 0,001 cm	Küstenabstand a in km	δg in 0,001 cm
+1000	+ 4	− 150	−23
+ 400	+10	− 190	−43
+ 200	+17	− 195	−46
+ 150	+20	− 200	−47,4
+ 100	+25	− 201	−47,4
+ 50	+34	− 205	−46,7
+ 25	+41	− 210	−45
0	+53	− 250	−33
− 5	+49	− 300	−24
− 25	+34	− 350	−19
− 50	+21	− 400	−16
− 100	− 2	− 600	−10
− 150	−23	−1000	− 5

Graphisch stellt sich der Verlauf von δg für einen Küstenabstand von $a = + 150$ bis $− 350$ km in bezug auf a als Abszisse in folgender Weise dar:

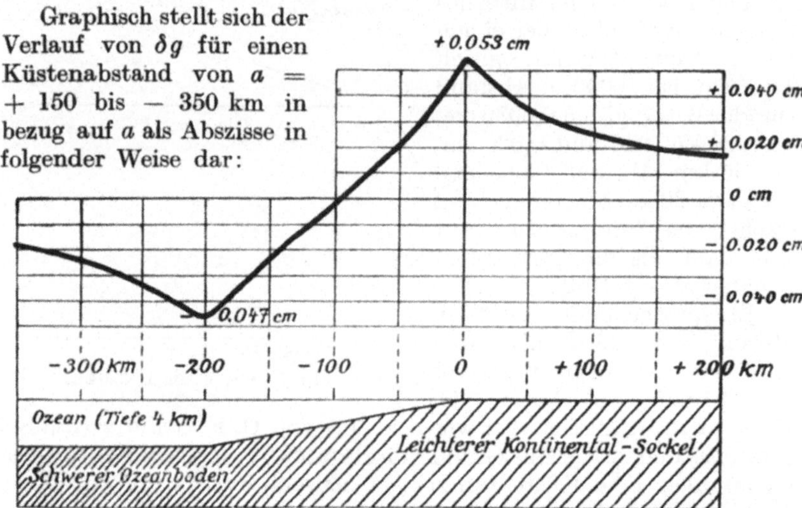

Abb. 12. Graphische Darstellung der Kontinentalrandstörung (δg) (nach KOSSMAT-HELMERT).

Es zeigt sich, daß δg vom Inneren des Kontinentes bis zur Küste ($a = 0$) zunimmt, von hier an bis $a = − 201$ km abnimmt, wo ein negatives Maximum liegt. Dann verkleinern sich die negativen δg-Werte wieder.

Um auch den wahrscheinlicheren Wert von $T = 120$ km zu berücksichtigen, hat HELMERT für diesen einige Daten für δg berechnet:

a in km	$T = 100$ km δg in 0,001 cm	$T = 120$ km δg in 0,001 cm
+400	+0,010	+0,011
+200	+0,012	+0,019
0	+0,053	+0,058
−200	−0,047	−0,053
−400	−0,016	−0,019

Nach der Tabelle von δg können die auf dem Festland in Küstennähe beobachteten Werte im Höchstfalle um 53 Einheiten zu groß, die auf dem Meere gemessenen im Maximum um 47,4 Einheiten zu niedrig sein. Es darf jedoch nicht außer acht gelassen werden, daß die Feststellung der δg-Werte isostatische Massenlagerung und eine Ausgleichstiefe von 120 km zur Voraussetzung hat.

Die HECKERschen Messungen über dem Meere stützen allerdings diese theoretischen Ergebnisse nicht restlos, doch sind diese Abweichungen vom Schema infolge des Vorherrschens lokaler Verhältnisse verständlich. KOSSMAT zeigte, wie im Bereich der Adria die Kontinentalrandstörungen durch örtliche Störungen völlig unterdrückt werden[1]).

Die gleichen kompensationsverschleiernden Störungen der Totalschwere müssen natürlich auch am Gebirgsfuß wie in allen entsprechenden Situationen in der Erdkruste zum Ausdruck kommen. Die großen Δg-Defizitgebiete am Saum der jungen Gebirge sind seit langem bekannt (vgl. Randsenken, Kapitel VII, S. 76). Weniger ausgeprägt ist der Totalüberschuß der Gebirge in der Nähe des Gebirgsrandes. Hier bedürfen die Werte von Δg meist einer besonderen Reduktion auf die mittlere Meereshöhe der Umgebung der Beobachtungsstationen.

Bezüglich der großen Defizitgürtel der Außensenken der Faltengebirge hat F. KOSSMAT die Deutung als Störung infolge passiver Niederdrückung des Außensaumes der Gebirge wahrscheinlich gemacht. Etwaige Gebirgsrandstörungen würden dann durch diese mehr lokalen Verhältnisse verschleiert sein.

Neben solchen Störungen der Normalschwere durch Dichtedifferenzen ruhender, stabiler Art treten sicher in großer Tiefe, unterhalb des Kompensationsniveaus horizontale Dichteheterogenitäten labiler Art im subkrustalen Material auf. Wir begeben uns damit in ein hypothetisches Gebiet, doch ist das Bestehen derartiger Zustände kaum zu leugnen. Wir anerkennen intensive vertikale Verschiebungen in geologischen Zeiträumen, deren Ergebnis, wenn abwärts gerichtet, die Überführung krustalen Materials in subkrustales mehr oder weniger labiles Material ist. Was dabei in diese Tiefen gerät, kann verschiedene Dichte besitzen trotz der dichteausgleichenden Wirkung der Tiefenmetamorphose. Dieselben Vertikalbewegungen der Kruste sind aber wieder nur denkbar, wenn unter der Kruste Masse zu- oder abgeführt wird, gleichgültig, ob als Ursache oder Wirkung, d. h. wenn Masse horizontal bewegt wird. Wir müssen also anerkennen, daß Massen verschiedener Dichte horizontal und subkrustal verschoben werden. Das ist in gewissem Sinne das, was O. AMPFERER einen schlecht gemischten Erdkörper nennt. Trotz solcher Dichtedifferenzen kann die krustale Masse darüber im Gleichgewicht sein. Die Schweremessung aber wird Störungen der Totalschwere feststellen können.

So gefährlich es ist, derartige hypothetische Vorgänge für die Deutung von sonst nicht verständlichen Störungen der Totalschwere heranzuziehen, so unrichtig wäre es, derartige prinzipiell anzuerkennende Möglichkeiten aus dem Auge zu lassen.

[1]) Geol. Rundschau Bd. 12, S. 169. 1921.

Vertikale Heterogenitäten.

Daß die Messung von Δg auch durch vertikale Heterogenitäten der Dichte trotz bestehender Kompensation beeinflußt werden kann, ist theoretisch zuzugeben. Das zeigt folgende Überlegung: Zwei gleich große Gesteinsprismen gehen bis auf das Kompensationsniveau herunter. Im Prisma 1 liegt in der unteren Hälfte Material von der Dichte 3, in der oberen solches von der Dichte 2,7; im Prisma 2 sei die Lagerung umgekehrt. Dann ruhen beide gleich schweren Gesteinsprismen mit gleichem Druck auf dem Kompensationsniveau, beide sind im Gleichgewichtszustand. Dagegen werden die Messungen von Δg in den Mittelpunkten P_1 und P_2 der beiden Prismenoberflächen verschiedene Ergebnisse liefern. Dieser extreme und in der Natur unmögliche Fall zeigt, daß die Schweremessung nicht restlos eine Funktion des Kompensationsstadiums ist.

Wenn auch die Dichteschichtung in der Erdkruste niemals derart abnorm ist wie in obigem Falle, so sind doch Abweichungen von der Norm sehr verbreitet. Derartige Fälle sind: Wasser über schwerem ozeanischen Boden; lockeres Sediment in jungen Geosynklinalen über dichter Unterlage; alte krystalline Massive mit schwerem Material bis an die Oberfläche. Neben diesen Fällen, wo im allgemeinen ein Dichtegefälle nach unten besteht, können durch gehäufte Ergüsse oder Intrusionen lakkolithartiger Natur Möglichkeiten auftreten, wo nach dem Erdinneren zu schweres Material durch leichteres ersetzt wird.

HAYFORD und BOWIE haben den Einfluß störender Massen in der Kruste auf die Entstehung von Schwereanomalien an der Oberfläche berechnet[1]). In der folgenden Tabelle zeigt jede Zahl den Wert der Vertikalattraktion in der 3. Dezimale von g in cm, der an einer Station durch eine Gesteinsmasse von 100 Fuß Dicke und 2,67 Dichte (die sog. Einheitsmasse) und von linear in der linken Spalte angegebenen Horizontalausdehnung hervorgebracht wird, in der Voraussetzung, daß diese Masse sich gleichmäßig vom Stationsniveau bis zur angegebenen Tiefe (2. Horizontalspalte) auf die Gesteinssäule verteilt:

Radius der Masse	Tiefe in Fuß				
	1000	5000	10 000	15 000	113,7 km
1,28 km	29	18	11	08	0
166,7 „	37	34	34	34	24
1190 „	40	37	37	37	34

Die Tabelle zeigt, was theoretisch zu erwarten war, daß die gleiche Schwerewirkung durch sehr verschiedene Arten der Dichteverteilung hervorgerufen werden kann. So wird die Anomalie von $+ 30$ bedingt 1. durch die Verteilung der Masse von 100 Fuß bis zu Tiefen von ca. 113,7 km und bei einer horizontalen Ausdehnung von mehr als 166,7 km und weniger als 1190 km von der Beobachtungsstation, 2. durch Ver-

[1]) The effect of topography and isostatic compensation etc. U. S. coast and geodetic survey. Special publication No. 10. Washington 1912, S. 108—111.

teilung in der Horizontalen bis zu 166,7 km und in die Tiefe bis zu
mehr als 15 000 Fuß und weniger als 113,7 km, und 3. durch Verteilung der Masse auf eine Fläche von 1280 km und etwa 1000 Fuß
Tiefe. Jede Schwere kann durch unendlich viele Arten der Dichteverteilung bedingt sein, das ist eines der Grundprinzipien der Gravi-
tationslehre.

Zunächst ist zu bedenken, daß die Dichte eines Gesteins an der
Oberfläche, besonders von Sedimenten in Geosynklinalen, keine Konstante, sondern beim Wandern in größere Tiefen vorwiegend eine Funktion von Temperatur und Druck ist und weniger eine solche der chemischen
Zusammensetzung. Die Uniformierung der Dichte ist etwas, was sich
relativ schnell in geringen Tiefen vollzieht, spätestens in der Grubemann-
schen Katazone. Die Dichtedifferenzen, die ursprünglich zwischen
verschieden dichten Materialien in einer Tiefe von 10 km noch bestehen,
sind etwa solche zwischen 2,7 und 3,4, das sind $^7/_{10}$ Einheiten. Die richtige Einschätzung von deren Einfluß auf die Δg-Messung ergibt sich,
wenn man sich klar macht, daß z. B. die Schichtung Ozeanboden-Wasser
der Ozeane, wo die Differenz der Dichten weit größer ist und wo das
leichtere Material (Wasser) in Mächtigkeiten bis zu 6 km (in den weiten
Ozeanböden) und im übrigen sehr oberflächennahe vorliegt, nicht die
geringste bisher meßbare Minusstörung an Totalschwere hervorruft.
Denn Δg über den weiten Ozeanböden ist annähernd normal (vgl. Kapitel IV).

Diese Tatsache widerlegt auch Betrachtungen, die W. Bowie[1])
und andere an die Existenz des großen Δg-Defizits im Vorland der
Faltengebirge geknüpft haben: die hier aufgefüllten Randsenken
seien der obere Teil einer Säule, die bis zu einigen Kilometern Tiefe
unter NN aus relativ leichtem Gestein aufgebaut ist. Und dieses Material
soll in seiner oberflächennahen Lage eine geringere attraktive Wirkung
ausüben als normales[2]).

Gilbert, der zuerst auf vertikale Heterogenitäten aufmerksam
machte[3]), hat Dichteabnormitäten, die im Bereich der Möglichkeiten
liegen, rechnerisch berücksichtigt, mit dem Ergebnis, daß solche Heterogenitäten nicht geeignet sind, die bestehenden Anomalien von Δg zu
erklären[4]).

---

[1]) Bowie, W.: The relation of isostasy to uplift and subsidence. Americ. journ.
of sciences ser. 5, Bd. 2, S. 1. 1921.

[2]) Diese Hypothese ist von W. Burrard für die Gangesebene angewendet
worden (Investigations of isostacy in Himalayan and neighbouringh regions.
Prof. pap. No. 17, Survey of India, Dehra Dun, India, 1918).

[3]) U. S. geol. survey, prof. paper, 85 C. Washington 1912, S. 31.

[4]) Es soll hiermit nicht gesagt sein, daß das Pendel zur Feststellung von
Dichteabnormitäten in der Erdkruste ungeeignet sei. Die erste und vielleicht
die zweite Dezimale von g in cm geben den provinziellen Charakter eines Gebietes
an, die dritte Dezimale könnte lokale Anomalien zum Ausdruck bringen. Doch
scheint das übliche Verfahren nicht genau genug, um derartige Schlüsse zuzulassen.
Selbstverständlich können auch bei starken lokalen Störungen die zweite und evtl.
die erste Dezimale in Mitleidenschaft gezogen werden. Einem verfeinerten Verfahren dürfte für die Erforschung der lokalen Verhältnisse wahrscheinlich eine
sehr große Bedeutung zukommen.

Immerhin hat man mit ihrer Existenz zu rechnen. Sie werden sich in einer Weise auf der Karte der totalen Schwerestörungen äußern, daß meist ein gewisser Zusammenhang mit der geologischen Struktur zum Ausdruck kommt. Gilbert sagt richtig, daß wenn die vertikalen Dichteverschiedenheiten die alleinige Ursache der totale Schwerestörungen sind, die Karte der Schwerestörungen eine Karte der Dichteanomalien sein würde, da jedes Minusgebiet ein Gebiet darstellen würde, in dem die Abweichungen vom normalen Dichtegradienten oben minus und unten plus wären und umgekehrt.

Die Tatsache, daß die Bowiesche Karte der Schwereanomalien der U. S. A. ebenso wie die Darstellung der Verteilung der Maxima und Minima der Lotabweichungen wenig oder gar keine Beziehungen zur geologischen Struktur aufweist, hat in den U. S. A. immer wieder dazu geführt, die Ursachen der bestehenden Anomalien in größeren Tiefen zu suchen und zur Erfassung derartiger Möglichkeiten die rechnerischen Unterlagen zu schaffen. Vor allem ist, nächst Hayford und Bowie, J. Barrell in dieser Hinsicht außerordentlich viel zu verdanken, der Hayfords und Bowies Anschauungen vom geologischen Gesichtspunkt aus einer Kritik unterzog und sie für geologische Betrachtungen korrigierte und nutzbar machte[1]). Man muß sich aber bei allen Ergebnissen von Barrell bewußt bleiben, daß seinen Berechnungen ein außerordentlich weitmaschiges, unzureichendes Beobachtungsnetz zugrunde lag.

Barrell suchte u. a. die Frage nach der Tiefe und Form der störenden Masse rechnerisch zu lösen[2]). Die störenden Massen werden der Einfachheit halber kugelförmig angenommen. Das erste Problem ist, das Epizentrum einer störenden Masse und ihre Tiefe zu bestimmen, auf Grund der Natur der Schwereanomalien und der Fehlerrückstände der Lotabweichungen. Er weist nach, daß für eine Kugel unter einer ebenen Oberfläche der maximale Wert der Schwerestörung an der Oberfläche 2,6 mal so groß ist, als der Wert der Lotablenkung, wenn beide in gleichen Einheiten gemessen werden. Der erste Wert liegt vertikal über der störenden sphärischen Masse, im Epizentrum; der letztere tritt in seitlichen Abstand vom Epizentrum auf, und zwar in einem Abstand von 70% der vertikalen Tiefe des störenden Massenzentrums. Diese Tatsache erklärt im übrigen den Umstand, daß bei Darstellungen beider Störungen, Schwereanomalie und Lotablenkung, Maxima resp. Minima sich nicht decken.

Ist dagegen die störende Masse in gleicher Tiefe von der Form einer ausgedehnten flachen Zylinderscheibe mit vertikaler Achse, so liegt die maximale Lotablenkung in größerer Entfernung vom Epizentrum.

Liegt nun in Wirklichkeit eine störende Masse von großer horizontaler Ausdehnung vor, so würde die Deutung als sphärische Masse das Zentrum der Masse in eine zu große Tiefe verlegen; hat die Masse da-

---

[1]) Vgl. seine Artikelserie: The strength of the earth's crust. Journ. of geol. Bd. 22. 1914 und Bd. 23. 1915 und J. Barrell: The status of theorie of isostasy. Americ. journ. of science 4. ser. Bd. 48, S. 309 u. f. 1919.

[2]) Ebenda, Bd. 22, S. 441. 1914.

gegen die Form eines vertikal stehenden hohen Zylinders, würde die Auffassung als Kugel eine zu geringe Tiefe für dessen Zentrum ergeben.

Das Verhältnis von Maximum der Schwerestörung zu dem der Lotablenkung, gleich 2,6, gibt ein Mittel in die Hand zur Feststellung, ob die störende Masse von der Form der Kugel abweicht und entweder mehr breite horizontale Gestalt oder mehr Erstreckung in vertikaler Achse besitzt.

Dieses kombinierte Verfahren der Verwendung von Schweremessung und Lotabweichung kann in Gebieten, wo genügend Messungen beider Art vorliegen, sehr fruchtbar sein. Für die U. S. A. ist das Beobachtungsnetz jedoch noch viel zu wenig dicht.

BARRELL hat ferner Berechnungen angestellt, um eine quantitative Vorstellung von der Wirkung störender Massen zu geben[1]). Eine Beobachtungsstation soll in der Mitte des oberen Endes eines Vertikalzylinders liegen, der bis zur Ausgleichsfläche (114 km) fortsetzt. Der Radius wird nacheinander zu 58,8, 166,7 und 1190 km angenommen. Durch Horizontalebenen wird der Zylinder in fünf gleiche Teile geteilt. Jeder dieser fünf Teilzylinder soll an Masse einem Zylinder vom gleichen Radius, jedoch nur 100 Fuß Tiefe und einer Dichte von 2,67, der von HAYFORD und BOWIE verwandten Einheitsmasse gleich sein. Welches wird die attraktive Wirkung jedes Teilzylinders auf die Station sein? Das Ergebnis zeigt folgende Tabelle[2]):

Nr. des Zylinders	Abstand der Station von der Oberfläche des Zylinders in km	Attraktive Wirkung in Dynen bei einem Radius von km		
		58,8	166,7	1190
I.	0,0	0,0031	0,0032	0,0036
II.	22,8	0,0017	0,0028	0,0035
III.	45,6	0,0010	0,0024	0,0035
IV.	68,4	0,0007	0,0020	0,0035
V.	91,2	0,0005	0,0017	0,0034

Die drei rechten Vertikalspalten geben die attraktive Wirkung auf die Station in Dynen pro Zylinder von 22,8 km Höhe und 0,00357 Dichte an, der einer Masse in Höhe von nur 100 Fuß und 2,67 äquivalent ist.

Das Ergebnis ist sehr interessant. Es zeigt sich, daß bei einem Radius von 58,8 km die Massen nahe der Ausgleichstiefe nur einen Bruchteil der

---

[1]) BARRELL, J. F.: The strength of the earth's crust. 3. Journ. of geol. Bd. 22, S. 219. 1914.

[2]) Die Berechnung erfolgte nach einer von Prof. H. S. UHLER zu diesem Zwecke ausgearbeiteten Formel:

$$F = 2\,\pi\varrho\gamma \left[\sqrt{a^2 + c^2} - \sqrt{a^2 + (c + h)^2} + h\right],$$

worin: F = Anziehungskraft in Dynen (cm/sec^{-2}),
ϱ = Dichte = 0,00357,
γ = Gravitationskonstante = 0,000 000 066 58,
a = Radius des Zylinders,
c = axiale Entfernung der Station von der Oberfläche des betreffenden Zylinders,
h = Höhe des Zylinders = 22,8 km.

attraktiven Wirkung auf die Station ausüben, wie die gleiche Masse nahe der Oberfläche. Beim Radius 166,7 km ist der Einfluß der Tiefe schon weniger groß, bei dem von 1190 km völlig irrelevant. —

Von größerem Interesse ist der Fall, daß die Dichte des obersten und des untersten Zylinders verschieden, erstere 2% geringer als die mittlere von 2,67, letztere 2% größer. Daraus ergibt sich für die Station folgende attraktive Wirkung:

Nr. des Zylinders	Dichtigkeitsabweichung vom Mittel 2,67	Anomalien der Station in Dynen bei einem Radius in km		
		58,8	166,7	1190
I	2,616	−0,047	−0,048	−0,054
V	2,724	+0,008	+0,026	+0,051
Resultierende Anomalie. .		—	−0,039	−0,022	−0,003

Ausschlaggebend ist hier natürlich die Defizitwirkung der oberen Masse, da die attraktive Wirkung der Massen mit dem Quadrat der Entfernung abnimmt. Es treten daher bei diesem Zustand völliger Isostasie nur Minuswerte auf. Das Ergebnis zeigt weiter, daß vertikal unregelmäßig gelagerte, jedoch in sich ausbalancierte Dichteverteilungen bei kleinen Radien große, mit zunehmendem Radius kleiner werdende Anomalien bedingen. Bei Unkenntnis der Sachlage bliebe die Möglichkeit, die Anomalie durch tatsächlich gestörtes Gleichgewicht zu erklären.

Es werden jedoch durch solche bei isostatischem Zustand bestehende Dichteheterogenitäten nicht nur die direkt darüber befindlichen Teile der Erdoberfläche beeinflußt, sondern auch seitlich verschobene, eine Tatsache, die sich in der sog. Steilrandstörung u. a. äußert. Auch diese Angelegenheit hat BARRELL rechnerisch erörtert[1]). Er berechnete die Wirkung von Dichteheterogenitäten einer Gesteinssäule auf einen Punkt an der Oberfläche außerhalb der Säule:

	Attraktion durch die Einheitsmasse (100 Fuß, 2,67 Dichte)		Attraktion[2]) an Stationen für verschiedene Werte von R				
Nr.	Tiefe (114 km = 1)	Winkel unter R, wenn $R = 1$	$R = 0$	$R = 0,25$	$R = 0,5$	$R = 1,00$	$R = 2,00$
0	0	0	0	0	0	0	0
I	0,25	14° 2′	16,00	5,60	1,44	0,23	0,03
II	0,50	26° 24′	4,00	2,88	1,40	0,36	0,06
III	0,75	36° 52′	1,78	1,52	1,04	0,38	0,08
IV	1,00	45° 00′	1,00	0,91	0,72	0,35	0,09

[1]) l. c. S. 228.
[2]) Relative Attraktion, nicht in Dynen.

Die Massen, deren Wirkung ermittelt werden soll, liegen auf einer vertikalen Linie (Abb. 13), die Stationen auf einer Horizontalen. Wird die Tiefe von 114 km gleich 1 gesetzt und die verschiedenen Tiefenpunkte auf der Vertikalen gleich 0,25, 0,50, 0,75 und 1,00, so lassen sich die attraktiven Wirkungen durch Rechnung auf die in der Tabelle angegebenen Werte ermitteln.

Um eine bessere Anschauung von der Wirkung kompensierter im Gegensatz zu nicht kompensierten Dichteabweichungen zu geben, die vertikal über größere Entfernung verteilt sind, berechnete BARRELL die attraktive Wirkung von Dichteüberschuß resp. Defizit, die äquivalent einer Masse von 100 Fuß Dicke und 2,67 Dichte in Tiefen von

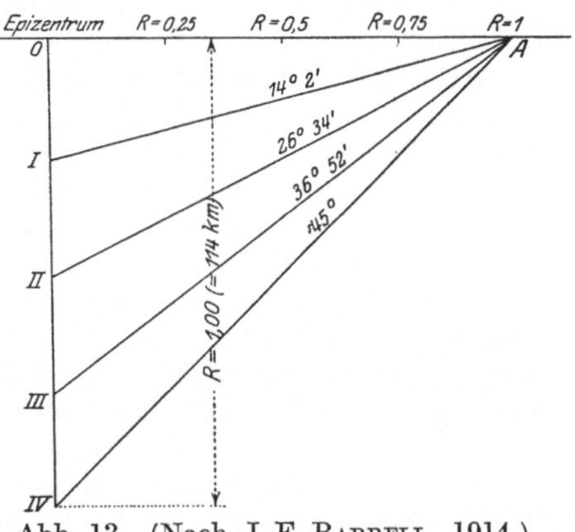

Abb. 13. (Nach J. F. BARRELL, 1914.)

0,25 und 0,75 ($R = 114$ km $= 1$) auftreten. Die folgende Tabelle zeigt deren Einfluß auf die Erdoberfläche für Stationen mit verschiedenem horizontalen Abstand vom Epizentrum:

Vorzeichen	Horizontale Entfernung vom Epizentrum auf der Erdoberfläche ($R = 114$ km $= 1$)					
	0	0,25	0,50	1,00	2,00	4,00
Anisostasie ($=$ Nicht-$\left\{\begin{array}{l}-\text{I}\\-\text{III}\end{array}\right\}$ kompensation)	$-17,78$	$-7,12$	$-2,48$	$-0,61$	$-0,11$	$-0,015$
Isostasie ($=$ Kom-$\left\{\begin{array}{l}-\text{I}\\+\text{III}\end{array}\right\}$ pensation)	$-14,22$	$-4,08$	$-0,40$	$+0,15$	$+0,05$	$+0,007$

Es zeigt sich, daß die Einwirkung der Massen in der horizontalen Entfernung größer als 0,25 auffallend schnell abnimmt. Bei entgegengesetztem Vorzeichen der Massen geht die attraktive Wirkung bei etwa 0,6 R in eine solche mit entgegengesetztem Vorzeichen über, d. h. bei großen Entfernungen überwiegt der attraktive Einfluß der Tiefenanomalien, während das Vorzeichen der attraktiven Wirkung bei gleichen Vorzeichen der Massen unverändert bleibt. Der Unterschied in der Wirkung bei gleichen und bei verschiedenartigen Massen nimmt mit wachsendem Horizontalabstand zu, obgleich die absoluten Größen der Kräfte abnehmen.

Dieses Ergebnis läßt sich verallgemeinern. Wenn die beiden Massen ein Dichtedefizit resp. Plus besitzen, wird das Resultat eine zunehmende negative resp. positive Anomalie sein. Besitzt dagegen die untere Masse Dichteüberschuß, wird das Resultat bei normal ausgedehnten Massen auf der Horizontalentfernung 0—0,50 R ein Wechsel von großer negativer zu kleiner positiver Anomalie sein. Hiermit können die Wirkungen von anderen Möglichkeiten der Verteilung von Massen auf die Schwereanomalie verglichen werden.

Der Umschlag von einer großen Anomalie eines Vorzeichens zu einer großen des entgegengesetzten Vorzeichens kennzeichnet dann im allgemeinen den Übergang von einem Gebiete positiver oder negativer Art zu einem entgegengesetzten Charakters. Ein allmählicher Übergang der Anomalien dagegen ist das Anzeichen für einen ähnlich allmählichen Wechsel der Dichteanomalien der Tiefe. Ein seltener Wechsel in der arealen Verteilung der Anomalien in das entgegengesetzte Vorzeichen deutet darauf hin, daß beträchtliche Dichteanomalien entgegengesetzten Vorzeichens in der Tiefe selten sind.

So glaubt BARRELL Kriterien gewonnen zu haben, die es ermöglichen, kompensierte Dichteheterogenitäten innerhalb der Kruste von nicht-kompensierten, anisostatischen Zuständen zu unterscheiden. Eine Anwendung auf die kartographische Darstellung der Schwereanomalien von HAYFORD und BOWIE — bewußt, daß es sich bei der geringen Netzdichte nur um einen Versuch handeln kann — zeigt (Karte Abb. 10, S. 47), daß die Schwereanomalien in so breiten Arealen auftreten, daß die Wirkung von kompensierten Dichteheterogenitäten der Tiefe unwesentlich sein muß[1]). Die maximalen Abweichungen liegen fast stets in der Mitte der Areale, und es treten wenige ausgeprägte Umkehrungen des Vorzeichens der Anomalien auf, mit Ausnahme der Gebirgsregionen, wo regionale Kompensation herrscht.

Trotzdem nun im großen ganzen zweifellos Kompensation besteht, ist eine allgemeine und kritische Beurteilung der Anomalien nicht möglich. Diese wird durch eine Verteilung der Massen verschleiert, die auf regionale Abweichungen von der Isostasie infolge regionaler Dichteüberschüsse resp. -defekte hindeutet.

Die entwickelte Methode zur Ermittlung der Pseudoanisostasien erweist sich daher als wenig geeignet. BARRELL konstatiert vielmehr, daß die großen Areale durch die Starrheit der Kruste in anisostatischem Zustand getragen werden können. Gebiete von 200—250 englischen Meilen Breite können um 800—1600 Fuß das allgemeine Niveau überragen, das dem der Kompensation entspricht. Diese Gebiete, das zeigt die Karte, sind weit größeren von 1000 und mehr Meilen linearer Erstreckung aufgelagert, die 400—800 Fuß an Höhe vom isostatischen Niveau abweichen.

Die Erkenntnis, daß die Karte der totalen Schwerestörungen der Vereinigten Staaten (vgl. Abb. 10) Beziehungen zur geologischen Struktur nicht zum Ausdruck bringt, vielmehr gewisse, nicht erklärbare Anomalien aufweist, hat GILBERT zu der Annahme geführt daß sehr tiefe, unter der Ausgleichszone gelegene Heterogenitäten des Erdmaterials vorliegen. Wohl können Unterströmungen in der Zone der Mobilität einen Ausgleich der Dichtedifferenzen darüber in

----

[1]) BARRELL: l. c. S. 235.

der starren Erdkruste bewirken und doch die Dichtedifferenzen des Kernes unter der Zone des Ausgleichs und der Mobilität unberührt lassen. Gerade der Umstand, daß es für viele Schwerestörungen keine andere Erklärung gibt, macht nach GILBERT die Existenz nuclealer Heterogenitäten wahrscheinlich.

Gegen diese Auffassung läßt sich ein Grund geltend machen. BARRELL stellte fest, daß bei Heterogenitäten der Zentrosphäre die Resultanten der Lotablenkungsresiduen für große Gebiete in der Richtung des Schwereanomalie-Epizentrums der störenden Masse zeigen müßten[1]). Die Betrachtung der Karte von BOWIE zeigt aber, daß diese Forderung keineswegs erfüllt ist.

Das Verfahren von GILBERT ist der Griff zum Deus ex machina. Alle Schwierigkeiten sind behoben. Was sonst nicht erklärt werden kann, ist Heterogenität des Materials unter der Ausgleichszone. Man kann das Gegenteil nicht immer beweisen, aber wir haben auch nicht den geringsten Anhalt dafür, GILBERTS Auffassung für richtig zu halten, um so weniger, als, wie in Kapitel IV nachgewiesen wurde, die BOWIE-sche Karte der totalen Schwerestörungen, die GILBERT seinen Betrachtungen zugrunde legt, eine dafür wenig geeignete unzureichende Konstruktion darstellt.

VI. Theoretische Erörterungen zum Ablauf isostatischer Vorgänge.

Es handelt sich hier um die rein theoretische Erörterung der Frage, auf welche Weise der Ablauf isostatischer Vorgänge eingeleitet wird und wie diese verlaufen.

Denkt man sich einen Teil einer großen Kontinentalscholle belastet und nehmen wir diesen Schollenteil der Einfachheit halber zunächst kreisförmig an, so wirkt die Belastung, also die Gravitation, dahin, den darunter befindlichen Teil der Lithosphäre hydrostatisch ins Gleichgewicht zu bringen, indem sie ihn abwärts zu pressen sucht. Da sich aber der belastete Gesteinszylinder im Zusammenhang mit seiner Umgebung befindet, ist hierbei die molekulare Kraft der Kohäsion in der Mantelfläche des Zylinders zu überwinden (Abb. 14).

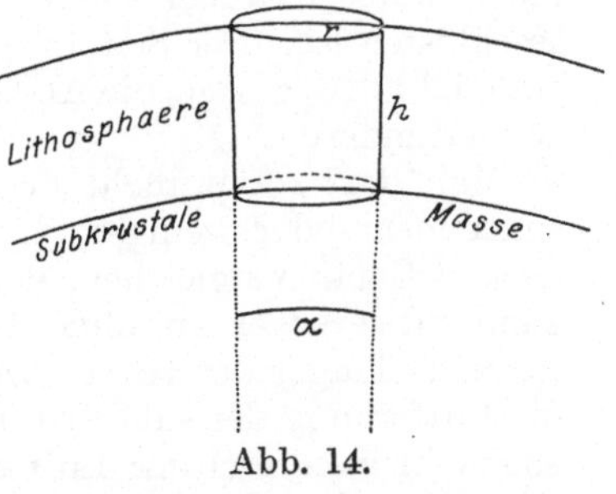

Abb. 14.

Bei derartigen Abwärtsbewegungen von Lithosphärenteilen erhebt sich die Frage, wieweit diese Bewegungen etwa durch Seitendruck verhindert werden in der Art, daß die Schollen sich wie im Gewölbebogen in Schwebe befinden. Ich folge hier den Ausführungen von J. LOU-

---

[1]) BARRELL: Journ. of geol. Bd. 22, S. 550. 1914.

KASCHEWITSCH[1]), der die Frage rechnerisch erledigt hat. Ein Zylinder von 1 km Durchmesser, der infolge Belastung eine Tendenz zum Sinken bekommt, hat das Gewicht

$$P = \pi r^2 h \cdot d \,,$$

wobei r der Radius der Grundfläche des Zylinders, h die Dicke der Lithosphäre, d ihre Dichte bedeutet. Der Spitzenwinkel dieses etwas kegelförmigen Zylinders sei α. Dann ist die Summe aller Kräfte, die das Gewicht P im Gleichgewicht halten:

$$Z = \frac{P}{\sin \dfrac{\alpha}{2}} = \frac{\pi r^2 h \cdot d}{\sin \dfrac{\alpha}{2}} \,.$$

Ist nun die Mantelfläche des Zylinders $2 \pi r \cdot h$, so erhält man für den Druck pro Quadratzentimeter der Mantelfläche:

$$Y = \frac{\pi r^2 h \cdot d}{\sin \dfrac{\alpha}{2} \cdot 2 \pi r \cdot h} = \frac{r \cdot d}{2 \cdot \sin \dfrac{\alpha}{2}} \,.$$

Für einen Zylinder von 1 km Durchmesser wäre der Spitzenwinkel $\alpha = 32{,}4''$, also

$$Y = \frac{r \cdot d}{2 \cdot \sin \dfrac{\alpha}{2}} = \frac{50\,000 \cdot 2{,}5}{0{,}000\,157} = 800\,000\,000 \text{ g} = 800\,000 \text{ kg/cm}^2 .$$

Für die Annahme, daß der Durchmesser des Zylinders 111 km und somit sein Spitzenwinkel $1°$ beträgt, würde auf die Seitenfläche pro Quadratzentimeter ein Druck von 795000 kg ausgeübt werden.

Die so entstehenden Drucke sind derart hoch, daß sie die Druckfestigkeit der widerstandsfähigsten Gesteine weit übersteigen. Die Folge wäre, daß bei so hohen Drucken eine Gewölbespannung ausgeschlossen ist. Der Seitendruck an der Außenseite des Zylinders wäre also nicht in der Lage, die Abwärtsbewegung eines Prismas oder Zylinders zu verhindern.

Man darf somit nicht den Erdkörper, bei dem eine starre Kruste einen mehr oder weniger plastischen Inhalt umhüllt, mit einem sphärischen Gefäß vergleichen, das mit einer Flüssigkeit gefüllt ist. Dieses kann entleert werden, ohne daß es seine Form verliert. Die Flüssigkeit ist nicht Träger der Hülle. Die Hülle trägt sich selbst. Dagegen würde die Entfernung der subkrustalen Schicht im Erdkörper, selbst nur unter einem kleinen Teil der Lithosphäre, deren Einbruch zur Folge haben. Die Lithosphäre hat keine Eigenform. Träger der Form ist ihr subkrustaler Inhalt. Die Lithosphäre ist ein völlig passiver Körper. Die einzelnen Teile der Lithosphäre bleiben also lediglich durch den hydrostatischen Druck unter ihnen in ihrer Gleichgewichtslage.

---

[1]) LOUKASCHEWITSCH, J.: Le mécanisme de l'écorce terrestre et l'origine des continents. St. Petersburg 1911, S. 14.

Die gewonnene Erkenntnis ist also die, daß der Druck der Belastung dem Zerreißungswiderstand der Mantelfläche des belasteten Zylinders gleich werden muß, damit der Grenzfall, das Maximum der Belastung vorliegt (Abb. 15).

Das Gewicht der Belastung ist

$$P = \pi r^2 h_s \cdot d_s ,$$

worin r der Radius des kreisförmig gedachten belasteten Areals, h_s die gesuchte Durchschnittshöhe der Sedimentbelastung, $d_s = 2{,}4$ deren spezifisches Gewicht ist.

Der Zerreißungswiderstand in der Mantelfläche ist

$$W = 2\,\pi r \cdot h_l \cdot \varphi ,$$

worin h_l die Dicke der Lithosphäre (120 km) und φ den Zerreißungswiderstand oder die Schub- oder Scherfestigkeit des die Lithosphäre aufbauenden Gesteins bedeutet.

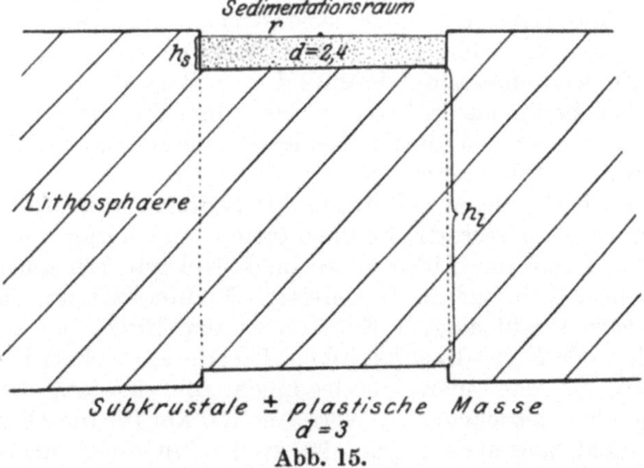

Abb. 15.

Die hier für den Zerreißungswiderstand verwendeten Werte sind J. HIRSCHWALDS Handbuch der bautechnischen Gesteinsprüfung (Bd. 1, S. 65ff. 1911) entnommen. Die Schub- und Scherfestigkeit oder der Widerstand gegen Abscherung wirkt den Kräften entgegen, welche die gegenseitige Verschiebung der Teile eines Körpers zu bewirken streben. Die Angaben von HIRSCHWALD gehen auf experimentelle Messungen von BAUSCHINGER und HANISCH zurück. Aus ihren Messungen entnehme ich folgende Mittelwerte für die Scherfestigkeit:

Granit	(35 Messungen)	. . . . .	104,88 kg/cm²
Porphyr	(2 „)	. . . . . .	120,00 „
Dolomit	(9 „)	. . . . .	71,5 „
Kalk	(51 „)	. . . . .	61,1 „
Sandstein	(89 „)	. . . . .	51,3 „

In der Voraussetzung, daß der Grenzfall vorliegt, daß das Maximum der Belastung erreicht ist, ist das Gewicht der Belastung gleich dem Zerreißungswiderstand in der Mantelfläche des belasteten Erdkrustenteils, der hier der Einfachheit halber zylinderförmig angenommen wird. Dann ist

$$\pi r^2 h_s \cdot d_s = 2\,\pi r \cdot h_l \cdot \varphi\,.$$

Hieraus läßt sich für verschieden große kreisförmige Gebiete das Maximum der Belastungsmächtigkeit (h_s) berechnen.

Setzt man für d_s 2,4, φ 104 kg/cm², so ergibt sich für einen Kreis vom

Durchmesser	eine Maximalbelastung von [1]
10 km	20 800 m
20 „	10 400 „
40 „	5 200 „
50 „	4 160 „
100 „	2 080 „
200 „	1 040 „
500 „	416 „
1000 „	208 „
2000 „	104 „

Die so erhaltenen Werte für h_s geben das Maximum der Belastung an, das ohne Einleitung eines isostatischen Ausgleichs auf dem Areal der betreffenden Größe infolge der Wirkung der molekularen Kräfte angehäuft werden kann. Während der Zeit der Anhäufung dieser maximalen Sedimentmächtigkeit bis zum Eintritt des isostatischen Ausgleichs besteht in diesen Gebieten ein kontinuierlich wachsender Überschuß an totaler Schwere.

Diese Überlegungen gelten nur für Sedimentanhäufungen auf Kontinenten, also für terrestre Sedimentation, und ferner nur für eine Zeit, in der die Dicke der Lithosphäre im Mittel mit 120 km angenommen werden darf, d. h. für die Gegenwart. Nimmt man an, daß trotz aller Zerfallswärme radioaktiver Substanzen der Erdkörper sich nach den Prinzipien der KANT-LAPLACEschen Theorie entwickelt hat und weiter entwickelt, so darf man Überlegungen, die sich auf die geologische Vergangenheit beziehen, den Wert von 120 km für die Dicke der Lithosphäre nicht zugrunde legen. Es sind dann mit zunehmendem zeitlichen Abstand von der Gegenwart kontinuierlich kleiner werdende Werte für die Krustendicke anzunehmen.

Der Wert der oben gewonnenen Zahlen für das mögliche Belastungsmaximum ist selbstverständlich nur ein relativer. Wir gewinnen damit

---

[1] Die hier gewonnenen Werte weichen stark von den von J. LOUKASCHEWITSCH (l. c. S. 43) errechneten ab, und zwar sind meine Werte etwa um das Dreifache größer. Es ist somit nach meinen Berechnungen eine dreifach größere Sedimentmasse zur Erreichung der maximalen, nicht ausgeglichenen Belastung nötig. Diese Abweichung gegenüber LOUKASCHEWITSCH erklärt sich aus dem Umstand, daß ich für die Dicke der Lithosphäre nicht 68 km, sondern den nach neueren Berechnungen wahrscheinlicheren Wert von 120 km, und für den Zerreißungswiderstand φ statt des von LOUKASCHEWITSCH gewählten Wertes für Granit = 60 kg/cm² den Wert 104 kg verwendet habe. Über die wahrscheinliche Dicke der Lithosphäre habe ich mich an anderer Stelle geäußert. Eine Quelle für den Wert $\varphi = 60$ kg gibt LOUKASCHEWITSCH nicht an. J. HIRSCHWALD kennt lediglich die Messungen von HANISCH und BAUSCHINGER, woraus sich das Mittel von 104 kg für Granit ergibt. BARRELL legt seinen Berechnungen sogar eine Scherfestigkeit von 700 bis 1000 kg/cm² für festes Gestein an der Erdoberfläche zugrunde (Journ. of geol. Bd. 22, S. 669. 1914).

lediglich eine Vorstellung von der Größenordnung der zur Einleitung isostatischer Vorgänge notwendigen Sedimentmassen.

Von den bei der Berechnung verwendeten Werten sind drei Faktoren mit nur unzureichender Sicherheit bestimmbar. 1. Der Wert d_s, das spezifische Gewicht des Sedimentes, wurde mit 2,4 angenommen. Für die oberste Zone der noch nicht verfestigten Sedimente ist der Betrag zu hoch. Die diagenetisch verfestigten Sedimente jedoch überschreiten diesen Wert teilweise. Aber selbst wenn man für d_s den Wert 2,5 einsetzt, wird an der Größenordnung nichts geändert. Für ein Areal von 50 km Durchmesser würde sich in diesem Falle statt 3840 m eine maximale Sedimentmächtigkeit von 3990 ergeben. Innerhalb des Bereiches 2,4—2,5 liegt aber das spezifische Gewicht der Sedimentgesteine zumeist. 2. Weit größere Unsicherheit besteht bezüglich der Beurteilung der Erdkrustendicke. Den Wert 100 km statt 120 angenommen, würde sich für eine Fläche von wiederum 50 km Durchmesser eine maximale Sedimentmächtigkeit von 3460 statt 4160 m ergeben. Die Differenz ist trotz stark veränderter Voraussetzungen relativ gering. Die Größenordnung wird vollkommen innegehalten. 3. Schließlich besteht große Unsicherheit in der Bewertung des Zerreißungswiderstandes der Gesteine. Den Ergebnissen der experimentellen Untersuchungen kommt ja zweifellos eine gewisse Sicherheit zu. Eine vage Annahme ist es aber zunächst einmal, für die Zone der starren Erdkruste die physikalischen Eigenschaften des Granites zugrunde zu legen, wenn man auch mit dieser Annahme der Wirklichkeit am nächsten kommt. Es ist aber weiterhin eine vage Annahme, für die ganze Dicke der Lithosphäre den Zerreißungswiderstand als gleich vorauszusetzen. Da Druck und Temperatur nach der Tiefe kontinuierlich zunehmen, findet ein kontinuierlicher Übergang von der starren Kruste zur mehr oder weniger plastischen, subkrustalen Masse statt. Somit besitzen tiefere Teile der Lithosphäre vielleicht Eigenschaften, die eher als in höheren Teilen eine Abscherung, eine Zerreißung ermöglichen.

Gegenüber dieser Bewertung deuten die Ergebnisse amerikanischer experimenteller Untersuchungen darauf hin, daß gerade das Gegenteil der Fall, daß die physikalischen Bedingungen größerer Tiefen geradezu eine Abscherung erschweren. Untersuchungen von F. D. Adams und J. Austen Bancroft[1] ergaben, daß mit ansteigendem, allseitigem Druck der Widerstand des Gesteins gegen tangential gerichteten, überhaupt einseitigen Druck stets wächst. Allerdings wurde bei diesen Untersuchungen der Einfluß der Temperatur wie das langsame Ansteigen des Druckes außer Betracht gelassen. Doch besagt die Feststellung für die Erdkruste, daß der Druck, der nötig ist, ein Gesteinsmaterial unter den Bedingungen des in der Tiefe bestehenden allseitigen Druckes zu zerbrechen, mit der Tiefe ständig zunimmt. So scheint der Zerreißungswiderstand zum mindesten nicht ab-, evtl. sogar zuzunehmen. Die Ergebnisse von Adams und Bancroft sind

---

[1] Journal of geology Bd. 25, S. 597. 1917.

jedoch für geologische Verhältnisse nicht ohne weiteres verwertbar, da der Temperatureinfluß unberücksichtigt blieb. Es ist nicht unwahrscheinlich, daß die steigende Temperatur auf den Zerreißungswiderstand verringernd gewirkt hat.

Der oben angenommene Fall, daß die belastete Fläche der Erdkruste kreisförmig sei, entspricht nicht den Tatsachen. Die natürlichen Verhältnisse lassen sich allgemeiner formulieren. Der Druck der Belastung auf die Unterlage ist

$$D = \text{belastete Fläche (Basis)} \cdot \text{Höhe der Belastung } (h_s) \cdot \text{spez. Gewicht } (d_s).$$

Der Zerreißungswiderstand des irregulär prismatischen Körpers ist

$$Z = \text{Basisumfang} \cdot \text{Höhe der Lithosphäre } (h_l) \cdot \text{Zerreißungswiderstand des Gesteins pro cm}^2 \ (\varphi).$$

Es ist somit

$$\text{Basis} \cdot h_s \cdot d_s = \text{Basisumfang} \cdot h_l \cdot \varphi,$$

$$h_s = \frac{\text{Basisumfang}}{\text{Basis}} \cdot \frac{h_l \cdot \varphi}{d_s}.$$

Basisumfang und Basisinhalt stehen in keinerlei Korrelation zueinander wie beim Kreis. Geometrische Figuren von gleichem Inhalt können die größten Differenzen im Umfang aufweisen und ebenso Flächen von gleichem Umfang sehr verschiedenen Inhalt. Der Fall einer kreisförmigen belasteten Fläche stellt das Maximum an Fläche dar, die bei gleichbleibendem Umfang belastet werden kann. Bei allen andersartig gestalteten Flächen ist bei gleichem Inhalt der Umfang und dementsprechend auch die Höhe des Belastungsmaterials größer.

Es ergibt sich also, daß bei gleichem Flächeninhalt der Basis die Sedimenthöhe direkt proportional dem Basisumfang wachsen muß, d. h. also, je größer der Umfang der belasteten Fläche, um so größere Sedimentmächtigkeit ist erforderlich, den Grenzfall herbeizuführen, bzw. das Gebiet isostatisch zum Sinken zu bringen. Andererseits, je größer die belastete Fläche (Basis), um so geringer kann die Sedimentmächtigkeit sein. Bei der Anwendung dieser Prinzipien müssen im Einzelfall Basis und Basisumfang bestimmt werden. Der Faktor $h_l \cdot \varphi$ stellt eine Konstante dar.

Wie oben erwähnt, müssen für marine Gebiete die maximalen Werte der totalen Schwerestörung etwas abweichende sein.

Setzt man voraus, daß sich ein marines Sedimentationsgebiet im isostatischen Zustand befindet, so kann man die Belastung an Sediment, die notwendig ist, um die Unterlage zum Sinken zu bringen, in der üblichen Weise (s. oben) berechnen; doch ist statt des Wertes 2,4 für die Dichte des Sedimentes der Betrag 2,4 — 1,03 zu setzen, da in diesem Falle das Sediment an die Stelle von Meerwasser tritt.

Für ein kreisförmiges Meeressedimentationsgebiet von 100 km Durchmesser wäre eine Sedimentmasse von ca. 3560 m Mächtigkeit nötig, um ein isostatisches Sinken der Unterlage auszulösen, während bei gleichem Sedimentationsgebiet kontinentaler Art schon ca.

2080 m Sediment die gleiche Wirkung erzielen würden. Es ergibt sich also, daß unter sonst gleichen Verhältnissen die zur Auslösung isostatischen Sinkens notwendige Sedimentmasse in Gebieten mit Wasserbedeckung fast doppelt so mächtig sein muß als in Trockengebieten.

Der weitere Verlauf der Sedimentation wäre rein theoretisch annähernd in folgender Weise zu denken: Der Zerreißungswiderstand der Scholle ist überwunden und diese wird sinken, da der isostatischen Einstellung nichts mehr im Wege steht. Die Senkung wird zunächst relativ groß sein, da eine große Überlast besteht, die notwendig war zur Überwindung des Zerreißungswiderstandes. In Fortführung des Beispiels von oben würde bei einem nicht von Wasser bedeckten Sedimentationsgebiet von 100 km Durchmesser die 2080 m mächtige Mindestbelastung, die notwendig war zur Überwindung des Zerreißungswiderstandes, im Anschluß daran eine Senkung der Unterlage um ca. 1660 m auslösen[1]), da sich die Dichten von Sediment und subkrustaler Materie im hydrostatischen System umgekehrt verhalten wie ihre Höhen. Um Wiederholungen zu vermeiden, verweise ich bezüglich des weiteren Ablaufs auf Kapitel XI „Sedimentation und Abtragung".

Entsprechend liegen die Vorgänge, wenn ein Erdkrustenteil durch exogene Vorgänge entlastet und so in einen anisostatischen Zustand übergeführt wird. Die Entlastung bedingt einen Auftrieb, der einen bestimmten Betrag erreichen muß, um den Zerreißungswiderstand zu überwinden. Das Ergebnis ist eine Hebung der entlasteten Scholle und eine Deformation der Landoberfläche. Der Ablauf dieses Vorganges unterliegt den gleichen Gesetzen wie der der Belastung.

Nach diesem hier entwickelten Schema werden sich die isostatischen Vorgänge im allgemeinen nicht abspielen. Es lassen sich mit einiger Sicherheit eine Reihe von störenden Faktoren angeben.

Die geologischen Tatsachen lehren, daß in der Erdkruste vielfach horizontale Spannungen bestanden, nicht nur in den ausgesprochen orogenetischen Perioden. Jede noch so langsame Verschiebung von subkrustalem Material muß zu einer Zugübertragung und Spannung in der Kruste führen. Auch die Erdrotation ist die Ursache einer gewissen Spannung. Diese Vorgänge in geringerem, orogenetische Vorgänge in erhöhtem Maße wirken Spannung erzeugend und durch Reibung hemmend bzw. verzögernd auf den Ablauf isostatischer Vorgänge.

Von Bedeutung für die Reaktionsgeschwindigkeit isostatischer Vorgänge ist ferner die außerordentlich hohe Viscosität der subkrustalen Materie. Bei wenig viscoser, hoch liquider Masse unterhalb der Erdkruste würde die isostatische Reaktion sofort einsetzen. Wo es sich jedoch, wie hier um Material handelt, das im gewöhnlichen Sinne starr und nur in bezug auf geologische Zeiträume plastisch sich verhält, wird das Einsetzen der Reaktion stark verzögert.

Ferner wird die Belastung der Schollen keine gleichmäßige sein, was zu Schrägstellung und evtl. zu erhöhter Reibung führen kann.

---

[1]) In der Annahme, daß die mittlere Dichte des verdrängten subkrustalen Materials $d_m = 3$, die des Sediments $d_s = 2{,}4$ beträgt.

Diese und andere Faktoren werden auf die Einleitung isostatischer Vorgänge hemmend wirken. Wieweit das Schema mit den Tatsachen in Einklang, wird in den späteren Kapiteln (bes. „Sedimentation und Abtragung") einer Erörterung unterliegen.

VII. Isostasie und Orogenese.

Hier ist von vornherein dem Mißverständnis vorzubeugen, als handelte es sich im folgenden um die Isostasie als orogenetischen Faktor. Isostasie kann nie Ursache der Gebirgsbildung sein. Sie hat bei allen orogenetischen Vorgängen nur eine sekundäre, intermittierende Rolle zu spielen. Sie ist gebirgsbildungsfeindlich und sucht deren Folgen wieder auszugleichen. Diese sekundäre Rolle in ihren Grundzügen darzustellen, ist der Zweck der folgenden Zeilen.

Die Annahme eines isostatischen Verhaltens der Erdkruste ist die denkbar günstigste als auch einzigste Lösung für das merkwürdige Ergebnis, das gravimetrische Untersuchungen im Bereich der großen Faltengebirge gezeitigt haben. Es ist eine seit längerem bekannte Tatsache, daß den Faltengebirgen ein starkes Defizit an $\Delta g''$ entspricht, dem W. DEECKE als erster in frühzeitiger Erkenntnis der Bedeutung für die Geologie eine Erklärung zu geben versuchte. Er hatte bei seinen Studien über die Dichteverhältnisse des Apennin[1]) bereits erkannt, daß die Schwereverteilung eine Art Spiegelbild des Oberflächenreliefs darstellt. Schwereüberschüsse sollten durch Gesteinskomprimierung infolge Setzung oder Pressung, Schweredefizite durch lockere Sedimentation oder durch tektonische Lockerung entstanden sein.

Die seit DEECKES grundlegenden Untersuchungen weiter fortgeschrittenen gravimetrischen Forschungen haben dazu geführt, unsere Auffassung von den Ursachen des Schweredefizits unter den Faltengebirgskörpern etwas zu wandeln. Nicht tektonische Lockerung führt zum Defizit, sondern Häufung leichten salischen Materials, das unter dem Gewicht der eigenen Masse hydrostatisch in die schwere subkrustale Materie einsinkt. Das Gebirge wächst nicht nur nach der Höhe, sondern auch nach der Tiefe, unter Ausbildung eines Tiefenwulstes. Diese Auffassung wurde zuerst von ALBERT HEIM zum Ausdruck gebracht[2]). Ihre Begründung erfuhr sie durch FRANZ KOSSMAT[3]).

Gebirgsbildung führt nicht zur Lockerung, sondern zur Verdichtung des Gesteins. Einen Beleg dafür bilden folgende Überlegungen: Junge Sedimentationsbecken mit mächtigen quartären oder neogenen Ablagerungen lockerer Art weisen trotz dieser Struktur große Schwereüberschüsse ($\Delta g''$) auf, wie z. B. Teile des pannonischen Beckens, dessen quartäre Sedimente u. a. bei Szegedin in einer Tiefe von 600 m noch nicht durchteuft wurden[4]).

---

[1]) Neues Jahrb. f. Min. Festband 1907, S. 129.

[2]) Jahrb. d. Schweizer Alpenklubs Bd. 53. 1918 u. a. a. O.

[3]) Abhandl. d Sächs. Akad. d. Wiss., math.-phys. Kl., Leipzig Bd. 38. 1921; und Geolog. Rundschau Bd. 12, S. 170ff. 1921.

[4]) HALAVATS: Mitt. Jahrb. ungar. geol. La. Bd. 11. 1897.

Andererseits zeigt sich, worauf KOSSMAT schon hinwies, daß Gebiete, die, wie der fennoskandische Schild, aus Gesteinen relativ hohen spezifischen Gewichts aufgebaut sind, ausgesprochene Defizitgebiete an $\Delta g''$ und Δg sind (vgl. Kapitel VIII „Isostasie und diluviale Vereisung"). Es sind zweifellos die obersten Erdschichten für die Schwereverhältnisse nicht ausschlaggebend; deren Erklärung muß in größeren Tiefen gesucht werden.

Der Vorgang der Orogenese ist als ein isostasiefeindlicher anzusehen, wenn man unter Orogenese die durch tangentialen Druck bewirkte zonare Anhäufung krustaler Massen zu Gebirgskörpern versteht. Durch solche Vorgänge kann der isostatische Zustand der Erdkruste direkt wie indirekt gestört werden.

Eine direkte Störung liegt vor, wenn sich die Gebirgsbildung nicht unter Wahrung der Isostasie vollzieht, d. h. wenn die horizontale Anhäufung von Massen schneller verläuft als der vertikale hydrostatische Ausgleich. Die Erdkruste sinkt nicht im Maße der orogenetisch bewirkten Überlastung. Es muß dann eine Tendenz zur Senkung bestehen, was sich gravimetrisch in einem Überschuß an totaler Schwere zu erkennen gibt.

Indirekt führen orogenetische Bewegungen insofern zu isostatischen Störungen, als sie Hochgebiete schaffen, die ihrerseits infolge exogener Einflüsse der Ausgangspunkt von Belastungs- und Entlastungsvorgängen, also von isostasiestörenden Prozessen werden. Diese nicht orogenetischen Vorgänge unterliegen der Erörterung in späteren Kapiteln.

Die direkte Störung der Isostasie macht sich in der häufig feststellbaren Absenkung des Gebirgskörpers nach der ersten Auffaltung bemerkbar. Je schneller die orogenetischen Vorgänge, je intensiver der Zusammenschub der Massen und je geringer die Reaktionsfähigkeit der subkrustalen Materie, um so stärker die isostatische Störung, um so höher der Massenüberschuß, die anfängliche Gebirgshöhe, und um so stärker ist das nachträgliche Absinken des Gebirgskörpers. Der eigentliche Faltungsvorgang braucht dabei gar nicht immer so ausgeprägt zu sein, ein Massen- und Schwereüberschuß wird oft auch durch die bei der Faltung mit aufdringenden magmatischen Massen hervorgerufen.

Beispiele von Absackungen im Anschluß an orogenetische Vorgänge sind mehrfach bekannt: Ich erinnere an die Transgression der Gosauschichten im Gefolge prägosauischer Gebirgsbildung. W. PENCK erwähnt[1]) einen hierhergehörigen Fall: In den südlichen Anden schuf eine oberjurassische Orogenese kein Gebirge, sondern eine flache Aufwölbung, deren Landoberfläche bald wieder Hunderte von Metern unter den Meeresspiegel sank.

Die Absenkung eines Gebirgskörpers kann auch nach vollendeter isostatischer Einstellung dadurch eine Fortsetzung erfahren, daß der in die subkrustalen Massen hineinragende Tiefenwulst des Gebirges

---

[1]) Zeitschr. Ges. f. Erdk. Berlin 1921, S. 138.

an seinem unteren Teile Abschmelzungen unterliegt, wobei man unter Abschmelzungen nicht unbedingt einen Übergang des krustalen Materials in den geschmolzenen flüssigen Zustand verstehen darf. Es wird sich meist darum handeln, daß das in die Tiefe gedrückte Krustenmaterial eine regionalmetamorphe Verdichtung und einen Übergang zum latentplastischen Zustand erfährt, wobei es bewegungsmechanisch vom starren Krustenmaterial zur beweglicheren subkrustalen Masse übertritt. Der Prozeß vollzieht sich unter Assimilation des fremden Materials durch das Tiefenmaterial.

Dem schwimmenden Gebirgskörper wird dadurch an leichter Masse entzogen, was sich mechanisch in einer Senkung des Gebirgskörpers äußern muß. In diesem Umstand liegt ein Grund dafür, daß die Gebirge „nicht in den Himmel wachsen" und daß auf der Erdoberfläche nicht Gebirge von 20, 40 oder mehr Kilometer Höhe auftreten[1]). Es ist nicht zu leugnen, daß bei den Gebirgen der jüngsten tertiären Orogenese trotz vieler Ausnahmen eine gewisse Konstanz der Höhen besteht[2]).

Die isostatisch bedingte absolute Senkung des Gebirgskörpers ist ein wenigstens teilweise reversibler Vorgang. Mit beginnender Abtragung setzt die Hebung ein. Durch diese Hebung wird zwar die mittlere Höhe eines Gebirges allmählich herabgesetzt, aber es wird Zeiten der Abtragung geben, wo infolge der Massenausräumung in den Tälern die Gipfelregionen in ein höheres Niveau aufragen als vor Beginn der Abtragung[3]). Mit immer weiter fortschreitender Abtragung müssen die am tiefsten herabgedrückten Teile der Oberfläche wieder in ihr altes Niveau rücken. Aber zu einem status quo ante dürfte es wohl infolge der „Abschmelzungen" am Tiefenwulst nicht kommen. Selbst stark abgetragene Gebirge wie der Rumpf des Kaledonischen Gebirges zeigen noch heute eine wannenförmige Lagerung der Gebirgsformationen in dem krystallinen Untergrund[4]). Das zeigt sich besonders darin, daß sich die Hochgebirgformationen trotz großer Mächtigkeit und Zusammenfaltung wenig oder gar nicht über das benachbarte Grundgebirge hinausheben. Stets fällt die Grenze zwischen krystallinem Untergrund und Hochgebirgsformation gegen die Achse des Faltungsgebietes ein.

Alle weiteren Betrachtungen über Orogenese und ihre Beziehungen zur Isostasie knüpfen an FRANZ KOSSMATS grundlegende Studien über die mediterranen Kettengebirge an.

Eines der auffallendsten Momente ist die Tatsache, daß sich im Alpenkörper die Schwereanomalien ($\Delta g''$) der großen Anordnung des Alpenbogens fügen, während im außeralpinen Gebiet die Isanomalen

---

[1]) Maßgebend hierfür ist selbstverständlich auch die Größenordnung der auftretenden orogenetischen Kräfte.

[2]) Dieser Gesichtspunkt spielt eine Rolle für die Höhen älterer Orogenesen. Es scheint, als ob ältere Orogenesen weniger hohe Gebirge geschaffen hätten (armoricanisch-variscische Faltung z. B.), was vom Standpunkt einer allmählichen Abkühlung und Erstarrung der Erde verständlich wäre.

[3]) BUBNOFF, S. v.: Die hercynischen Brüche im Schwarzwald usw. Neues Jahrb. f. Min. Beil. Bd. 45. 1921.

[4]) HÖGBOM, A. G.: Fennoskandia. Handbuch der reg. Geologie Bd. 4, Nr. 3, S. 54. 1913.

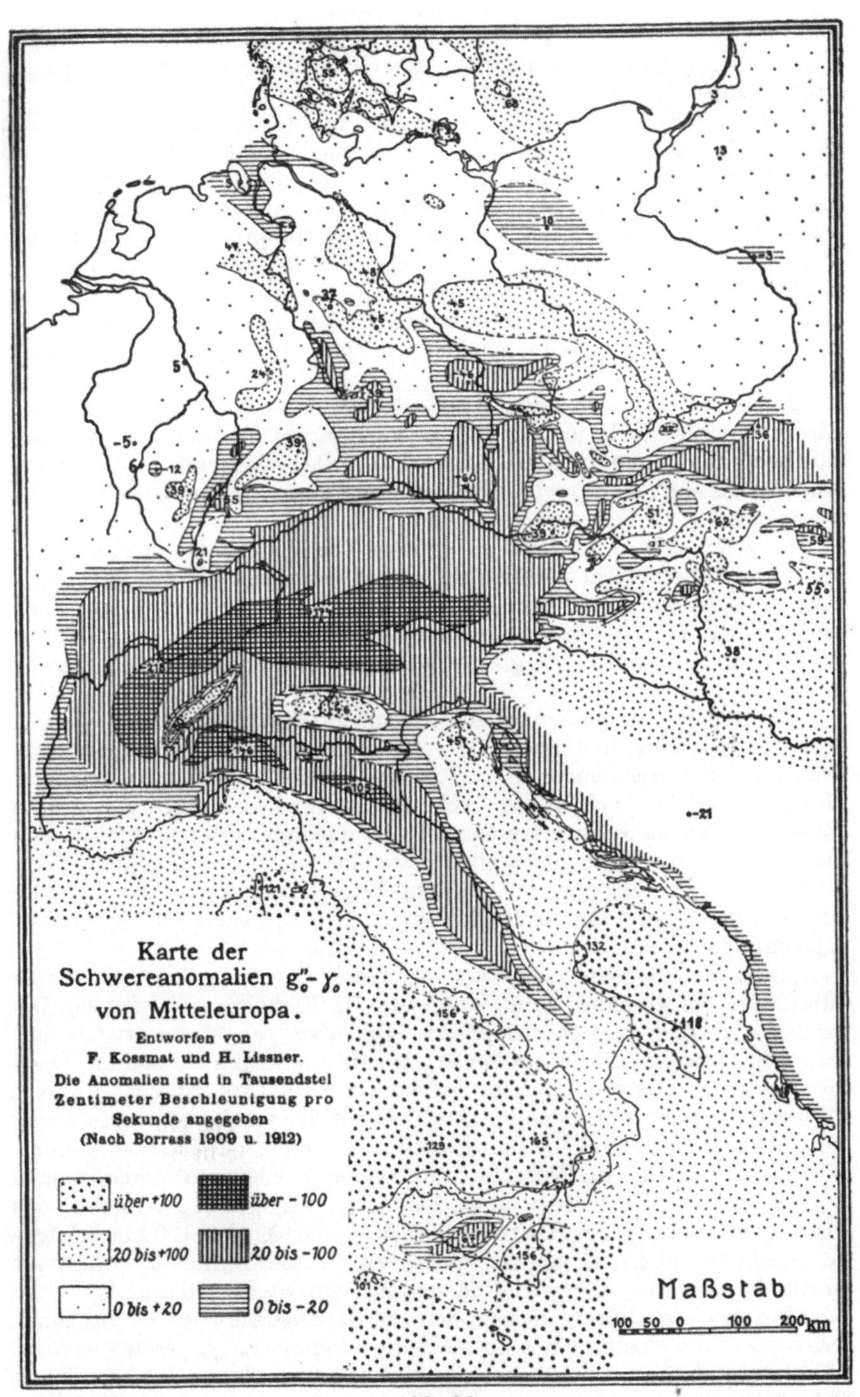

Abb. 16. (Nach F. Kossmat.)

einen komplizierten, keineswegs überall geklärten Verlauf nehmen (vgl. Karte Abb. 16, S. 73).

Eine andere bedeutsame Beziehung konnte KOSSMAT feststellen: Es bestehen zwischen der Größe der Schweredefizite und zwischen der Einengung resp. Intensität der Faltung regelmäßige Korrelationen, und zwar ist das Schweredefizit um so größer, je stärker die Einengung des Gebirgskörpers, wie das z. B. im alpinen Hauptfaltentrog zum Ausdruck kommt. Dort, wo die Faltenzüge in das karpathische und dinarische Faltensystem auseinandertreten, werden die beiden aus den Alpen nach Osten sich fortsetzenden Defizittröge relativ seicht. Es zeigt sich eine direkte Abhängigkeit der Defizittröge von der Intensität der Faltung.

Die Zonen stärksten Defizits bedeuten somit Verstärkungen leichterer Erdrindenteile nach unten. Diese Verstärkungen sind als rein isostatische Bildungen zu betrachten. Denn dieser Innenwulst ist nichts anderes als ein Teil der wegen Überlastung absackenden, Gleichgewicht anstrebenden Erdkruste.

Es zeigt sich weiter, daß die größten Defizite von $\Delta g''$ nicht immer an die größten Höhen geknüpft und Überschüsse nicht immer an Depressionen gebunden sind, wennschon in den Westalpen die Zone der größten Defizite unter dem tief eingefalteten Briançonnais-Gürtel und in den Ostalpen das größte Massendefizit unter der Zentralzone verläuft.

Auffallende Anomalien weisen diejenigen Faltengebirge auf, welche wie das westliche Mittelmeer oder die pannonische Ebene innere Senkungsfelder umschließen: also Apennin, Atlas, Andalusische Kette, Karpathen usw. (vgl. Karte Abb. 16). Bei diesen liegt der größte Massendefekt nahe dem Außenrand der Gebirge. Die umschlossenen Innensenken weisen dagegen ein Massenplus auf, das sich bis unter den Innenrand der umgebenden Faltengebirge erstreckt. Die Ursachen dieser Anomalien kommen im Abschnitt über die Innensenken zur Besprechung.

Nach den Berechnungen von KOSSMAT besitzen die Alpen einen absoluten Schwereüberschuß, der etwa 70 Einheiten der dritten Dezimale von g in cm/sec entspricht. Die über das Meeresniveau aufragende Gebirgsmasse ist größer als der Massendefekt unter ihm. Doch ist, worauf KOSSMAT bereits aufmerksam machte, dieser absolute Schwereüberschuß nicht völlig identisch mit der totalen Schwerestörung Δg, da hier evtl. eine Massenwirkung von außen her in Frage kommt. Doch betragen die in Betracht kommenden Kontinentalrandstörungen für Mitteleuropa höchstens einige Einheiten der dritten Dezimale, nach HELMERT direkt an der Küste 36 Einheiten, die sich mit 100 km Küstenabstand um je 27 Einheiten verringern. Diese Einflüsse sind somit nicht hinreichend, das große Massenplus von 70 zu erklären.

Ein gewisser Betrag des großen Schwereüberschusses könnte nach KOSSMAT auf Kosten eines zu klein angenommenen γ_0 gesetzt werden. Doch würden im günstigsten Falle, wenn die von HELMERT berechnete alte Wiener Formel zugrunde gelegt wird, nicht mehr als 16 Einheiten der dritten Dezimale von g gewonnen sein. Es wäre also auch damit keine Handhabe zur Deutung des alpinen absoluten Schwereüberschusses gegeben.

Für die Erklärung dieses Schwereüberschusses scheinen mir zwei andere Möglichkeiten gegeben:

1. Wie im folgenden Abschnitt über die Randsenken erörtert wird und von Kossmat bereits gezeigt wurde, ist es sehr wahrscheinlich, daß die Randsenken der Faltengebirge mit dem Gebirgskörper fest verbunden sind. Die Folge ist, daß sie im Anschluß an die Faltung mit dem Gebirgskörper durch dessen isostatische Einstellung in ein Niveau herabgedrückt wurden, das sie, für sich allein isostatisch bewegt, nicht eingenommen haben würden. Gravimetrisch macht sich dieser Zustand durch ein Defizit an Δg bemerkbar. Hydrostatisch müssen diese Begleitzonen der Gebirge wie Schwimmgürtel wirken, d. h. sie halten den Gebirgskörper in einem höheren Niveau, als er für sich allein einnehmen würde. Infolgedessen darf der Alpenkörper für sich allein keine totale Isostasie ($\Delta g = 0$) aufweisen, sondern muß — die isostatische Einstellung des Gesamtkomplexes (Alpenkörper und Vorland) vorausgesetzt — eine positive totale Schwerestörung zeigen. Und zwar müßte dieser Überschuß des Zentralkörpers dem Gesamtdefizit der Randsenken entsprechen.

2. Die andere Deutung des alpinen Überschusses an Totalschwere ist die Annahme, daß der Alpenkörper mit allen starr verbundenen Teilen noch nicht völlig kompensiert ist. Die Orogenese würde sich also dann nicht unter Wahrung der Isostasie vollzogen haben.

Im allgemeinen wird erfolgte isostatische Einstellung immer wieder durch exogen bedingte Vorgänge, wie Abtragung, gestört. Derartige Abtragungsgebiete befinden sich dann im rhythmischen Wechsel zwischen einem Stadium totaler Isostasie und einem Stadium totalen Schwededefizits. Aber ein Stadium totalen Schwereüberschusses ist in solchem Rhythmus ausgeschlossen. Ein solcher kann in Hochgebieten immer nur durch orogene Vorgänge hervorgerufen werden derart, daß Gebirgsfaltung zu einer oberflächlichen Massenanhäufung führt, die sich so schnell vollzieht, daß das isostatische Einsinken der Massen in den Untergrund damit nicht Schritt halten kann.

Welcher von beiden Faktoren, Mitwirkung von Tragflächen oder mangelnde Kompensation, die Ursache des großen totalen Schwereüberschusses der Alpen ist oder ob beide Faktoren in Frage kommen, ist zunächst nicht zu entscheiden.

Übrigens zeigen auch andere Faltengebirge derartige Überschüsse totaler Schwere. Nach Hayford und Bowie beträgt er für die Rocky Mountains einige Zehner der dritten Dezimale von g.

Nach Kossmat scheinen für die Alpen junge orogenetische Bewegungen für den Schwereüberschuß verantwortlich zu sein[1]), wie z. B. die noch in der Diluvialzeit erfolgte Schrägstellung von Terrassen und Talböden im Piave-, Tagliamento- und Isonzogebiet nicht als isostatische

---

[1]) Geol. Rundschau Bd. 12, S. 171—172. 1921.

Ausgleichsbewegung infolge Abtragung des Alpenkörpers aufgefaßt werden, sondern als Ausklang der Alpenorogenese, die einer isostatischen Kompensation entgegenwirkte.

Die Randsenken.

Die Randsenken sind ein intregrierender Bestandteil der großen Faltengebirge. Ihre Bedeutung und ihre enge Verknüpfung wurde zuerst von H. STILLE erkannt und diskutiert. KOSSMAT zieht sie in den Kreis seiner Betrachtungen über Gebirgsbildung und Gleichgewichtszustand, und es gelang ihm, die Entstehung dieser Senken in das allgemeine Bild einzufügen.

Die Lage der Senken oder Saumtiefen an der Außenseite der tertiären Gebirgsgürtel ist zur Genüge bekannt. Bei den Alpen beträgt die Breite dieser Zone, die mit jungen tertiären und quartären Bildungen erfüllt ist, bis 100 km. Wenn wir uns zunächst auf das gravimetrisch gut durchforschte Alpen- und Karpathenvorland beschränken, so zeigt sich, daß das Gebiet zum Einfassungsbereich der großen Geosynklinale gehört, welcher das kretaceisch-tertiäre Faltengebirge entstieg. Es gehört zur starren Umrahmung der Geosynklinale und wird während der Faltung in den Bereich der Sedimentation hinabgezogen[1]). Diese Randgebiete zeigen nun vielfach ein ausgesprochenes Schweredefizit ($\varDelta g''$), woraus KOSSMAT schließt, daß die Gebirge nicht für sich allein, sondern im Zusammenhang mit ihrem Vorland kompensieren. „Als sich die Faltenmasse der Alpen und Karpathen ausbildete und nicht nur nach oben wuchs, sondern zugleich in ihre Unterlage einsank, verhielt sie sich nicht wie ein Eisberg im Wasser, sondern sie zog wegen ihrer elastischen Verbindung mit der Vorlandskruste und wegen der plastischen Beschaffenheit der Unterlage den angrenzenden Teil des starren Rahmens mit sich hinab.“ Dabei trennte sich gelegentlich der Randstreifen vom weiteren Vorland durch einen Bruch ab, z. B. Quadalquivirbruch, Rhonebruch u. a. Isostatisch sind diese Randsenken sozusagen Schwimmgürtel des Faltengebirgskörpers, die ihn tragen helfen. In ihnen mußte zunächst ein Defizit an $\varDelta g$ zum Ausdruck kommen, das sich teilweise bis heute erhalten hat.

Diese Senken sind also Geosynklinalen, da in ihnen die Sedimentation verbunden mit Senkung hohe Beträge erreichte. In sie wurden die Abtragungsprodukte der Faltengebirge abgeschüttet. Wegen ihrer sekundären Natur bezeichnet sie KOSSMAT als Geosynklinalen zweiter Ordnung, die mit den großen Faltengebirgsgeosynklinalen erster Ordnung nichts zu tun haben. Hier löste Sedimentation nicht wie sonst Belastung und weiteres Sinken des Meeresbodens aus, sondern sie bedeutete lediglich die teilweise Auffüllung eines bestehenden Massendefizits. Das ist alles andere als eine isostatische Sedimentation. Betrachtet man das Randgebiet für sich allein, so vollzog sich Bewegung und Sedimentation entgegengesetzt der Kompensationstendenz.

---

[1]) Vgl. KOSSMAT: Abh. d. Sächs. Akad. d. Wiss. Bd. 38, S. 20. 1921.

Selbstverständlich sind derartige Zonen auch Gebiete totalen
Schweredefizits. Dieses Defizit ist, wie Kossmat hervorhob, zur
Zeit der Sedimentation in den alpin-karpathischen Randsenken erheblich größer gewesen als heutigentags, da damals das Gebiet im Bereich
oder dicht unterhalb des Meeresspiegels lag und somit die leichte Oberkruste um einige Hundert Meter tiefer unter die Geoidfläche tauchte
als in der Gegenwart. Das damalige Defizit muß sehr groß gewesen
sein.

Später gelangte das Vorland in seine heutige Höhenlage, wofür man
wohl eine Entlastung des gesamten Faltengebirgskörpers durch Abtragung verantwortlich machen darf. Kossmat möchte jedoch eher
annehmen, daß diese nachträglichen Veränderungen im Vorlande im
Zusammenhang mit der tektonischen Molassefaltung stehen[1].

Die jungen, quartären und gegenwärtigen Bewegungen
des Alpenkörpers resp. seines Vorlandes vom obigen Gesichtspunkt aus
zu deuten, ist nicht ohne weiteres möglich. Wir haben hier ein Ineinanderspiel von ausklingenden orogenetischen und von isostatischen Vorgängen vor uns. Es scheint, als ob erstere einer völligen Kompensation
immer wieder entgegengewirkt haben. Auch spielt die Eisbelastung des
Diluviums für die Bewegungen eine Rolle.

Bei derartigen Überlegungen muß man sich von der Auffassung
frei machen, als bewegte sich der Alpenkörper in seiner Gesamtheit und
als solcher stets gleichsinnig. O. Ampferer hat neuerdings auf die Bedeutung von verhältnismäßig lokal auftretenden Verbiegungen im Bereich des Inntals für obige Frage aufmerksam gemacht[2]. „Das Alpengebäude zeigt bis in die neueste Zeit hinein eine innere Bewegtheit und
Beweglichkeit, die man früher nicht anzunehmen wagte." Schließlich
gilt das nicht nur von den Alpen, sondern von allen größeren orogenen
Einheiten.

Die von Kossmat aufgefundenen Beziehungen zwischen Faltengebirgskörper und Vorland und die daran geknüpfte Idee einer
gemeinsamen Kompensation beider findet sich nun weiter in einer
gewissen Größenkorrelation ausgedrückt. Geringe Faltung und geringe Defizit- ($\varDelta g''$-) Synklinale derselben bedingen schmales Vorland und dementsprechend schmale Defizitzone des Vorlandes, wie
das die Kossmatsche Karte der Schwereanomalien (vgl. Abb. 16,
S. 73) auf der Strecke Wien—Krakau klar zum Ausdruck bringt.
Geringere Auffaltung bedeutet geringere Zugwirkung auf den Randstreifen.

Ebenso wie sich solche Korrelationen am einzelnen Faltengebirgskörper erkennen lassen, kommen sie auch beim Vergleich ganzer Faltengebirge verschiedener Größe zum Ausdruck. Die nördliche Randzone
der Alpen hat in Süddeutschland eine Breite von höchstens 100—120 km.
Im indogangetischen und mesopotamischen Vorland, das sich an die
breiten asiatischen Faltengürtel schmiegt, beträgt die Breite 300 km

---

[1] Kossmat: Abhandl. d. Sächs. Akad. d. Wiss. Bd. 38, S. 23. 1921.
[2] Jahrb. d. Geol. Staatsanst. Bd. 71, S. 71. 1921.

und mehr. Da man die Tiefe der Ausgleichsfläche durchschnittlich mit 120 km annehmen darf, sind die mechanischen Voraussetzungen für eine derartige Reichweite der Zugwirkung gegeben[1]). Immerhin ist zu bedenken, daß es Grenzen der Herabzerrung des Vorlandes in die Tiefe geben muß. Je weiter die Herabzerrung, um so größer der Gegendruck der subkrustalen Masse.

Die Auffassung der Randsenken als Schwimmgürtel der Faltengebirgskörper muß ihre Richtigkeit dadurch erweisen, daß diese Randsenken, soweit ihnen heute noch diese Trägerfunktion zukommt, ein Defizit an Totalschwere besitzen. Die Auswertung der Angaben von Störungen totaler Schwere sind nun nicht immer ohne weiteres möglich. Messungen an Tal- resp. an Bergstationen ergeben Werte für Punkte, die evtl. weit unter- resp. oberhalb der mittleren Höhe des betreffenden Gebietes liegen, wohingegen Messungen in der Ebene ohne entsprechende Korrektur verwendet werden können. Auch ist zu bedenken, daß man sich in Randsenken in Gebieten befindet, wo sich eine Steilrandwirkung analog der Steilrandwirkung am Kontinentalrand bemerkbar macht.

Die Ergebnisse der Messungen aus dem Himalaya und seinem südlichen Vorlande[2]), der Gangesebene, liefern ein besonders interessantes Beispiel[3]). Nr. 1—9 zeigen die Schwerestörungen im Meridian von Kalkutta:

	Br. °	L. °	H. m	Δg cm	Gel. Red. +	$\Delta g''$ cm
1. Chatra	24,2	88,4	20	−0,012	0	−0,014
2. Kismapur	25,0	88,5	34	+0,013	0	+0,010
3. Ramchandpur. . .	25,7	88,5	40	−0,018	0	−0,021
4. Kesarbari.	26,1	88,5	62	−0,058	0	−0,063
5. Jalpaiguri	26,5	88,7	82	−0,111	0	−0,117
6. Siliguri	26,7	88,4	118	−0,147	1	−0,155
7. Kurseong. . ⎫	26,9	88,3	1497	+0,005	16	−0,146
8. Darjeeling . ⎬ Himalaya	27,0	88,2	2123	+0,061	23	−0,153
9. Sandakpuh . ⎭	27,1	88,0	3586	+0,198	51	−0,155

Von besonderem Interesse sind die Δg-Werte. In der Gangesebene (1—6) liegen die Stationen im allgemeinen in der mittleren Höhe ihrer Umgebung. Da 10 m Abweichung von der mittleren Gebirgshöhe nur um eine Einheit der dritten Dezimale von g in cm verschieben würden, kann der mögliche Fehler von Δg nur wenige Einheiten ausmachen. Abgesehen von der Station 2 ist Δg stets negativ, und zwar nimmt der Wert mit Annäherung an das Gebirge stark zu, wie theoretisch zu er-

---

[1]) Kossmat: Abh. d. Sächs. Akad. d. Wiss., Math.-phys. Kl. Bd. 38, S. 22. 1921.
[2]) Helmert: Enzyklopädie d. math. Wiss. Bd. 6, 1. B., Heft 2, S. 151. 1910.
[3]) Die Deutung der indogangetischen Ebene als eines vom Himalaya im N und einer im S unter der Ebene liegenden Kette, den „Hidden-mountains", passiv niedergepreßten Troges wurde bereits 1917 von E. D. Oldham ausgesprochen. (The structure of the Himalaya and of the gangetic plain, as elucidated by geodetic observations in India. Mem. geol. surv. of India. Bd. 42, S. 2. 1917.)

warten. Sofort mit Betreten des Gebirges (7—9) erscheinen positive Werte. Der Übergang von der Gangesebene zum Himalaya ist äußerst schroff, von —147 zu +5 . Die nach N anwachsenden Δg-Werte der Ebene sind nicht unbeeinflußt von der Defizitsynklinale des Gebirges, ohne daß dieser Einfluß jedoch den Charakter der Δg-Werte wandeln könnte. Es liegt also zunächst einmal in der Feststellung der negativen Werte der Totalschwere in der Gangesebene eine Bestätigung der Anschauung, daß die Kettengebirge in Verbindung mit ihrem Vorland kompensieren.

Eine weitere theoretische Forderung dieser Vorstellung ist es, daß die Größe des Totaldefizits im Vorland nahe dem Gebirgsrand ihr Maximum erreicht, nach außen abnimmt und allmählich ausklingt. Es ergibt sich das aus dem Umstand, daß bei einer Verbindung des Vorlandes mit dem Gebirgskörper die unmittelbar an diesen anschließenden Teile des Vorlandes tiefer herabgezogen werden müssen als fernerliegende. Das gravimetrische Himalaya-Gangesebene-Profil ist hierfür die vollkommenste Bestätigung.

Die anisostatischen Verhältnisse der indogangetischen Ebene haben J. BURRARD[1]) in Anlehnung an früher von W. BOWIE ausgesprochenen Anschauungen zu der Auffassung geführt, daß der unkompensierte Zustand des Vorlandes lediglich durch die Anhäufung leichteren Materials in den oberen Teilen der Kruste vorgetäuscht würde. Diese Frage wird prinzipiell im Kapitel V erwogen. Gegen diese Auffassung spricht schon allein die Tatsache, daß man in ozeanischen Gebieten, wo in den oberen Teilen bis zu 8 km Mächtigkeit noch viel leichtere Massen, nämlich Wasser, vorhanden sind, das zu erwartende Defizit an Δg niemals antrifft, sondern stets eine Annäherung an den kompensierten Zustand (vgl. Kapitel IV „Der heutige Gleichgewichtszustand der Erde").

Ein gleiches gravimetrisches Verhalten, wenn auch weniger ausgeprägt, zeigt sich bei der nördlichen Alpenrandzone (Abb. 17). Das Verhalten des ganzen Gebietes ist sehr eindeutig[2]). Wie die Tabelle der der Karte zugrunde gelegten Schwerestationen zeigt, liegen die größten Defizite stets dem Gebirgsrand am nächsten. Nach außen nehmen die Werte allmählich ab und gehen in positive über. Der nördliche Teil des Molassedreiecks zeigt bereits wieder positive Totalschwere. Auch dies Ergebnis entspricht der Auffassung, daß das Gebiet passiv in die Tiefe gezerrt wurde.

Es soll der Hinweis darauf nicht unterbleiben, daß das Bild der Δg-Defizit-Verteilung das gleiche sein muß, wenn man das Defizit lediglich als Seitenrandstörung auffaßt. Nur quantitativ vermag diese das Defizit nicht zu erklären.

---

[1]) Investigations of isostacy in Himalayan and neighbouring regions. Prof. paper No. 17. Survey of India 1918.

[2]) Es gibt nur eine Ausnahme innerhalb des Defizitgebietes, die Station Isny mit $+2\ \Delta g$. Da die Station über der mittleren Höhe ihrer Umgebung liegt, müßte eine Korrektur vorgenommen werden, die zur Beseitigung der Ausnahme führen würde.

Es folgt die Tabelle der verwerteten Stationen des nördlichen Alpenvorlandes [1]):

Station	Br.	Höhe	$\Delta g''$	Δg
	°	m	0,001 cm	0,001 cm
Rosenheim	47° 51′	447	− 84	−44
Traunstein	47° 52′	593	− 82	−25
München	48° 8′	525	− 52	− 5
Mühldorf	48° 14′	387	− 40	− 5
Dachau	48° 15′	501	− 41	+ 5
Oberföhring	48° 10′	522	− 52	− 5
Pfaffenhofen	48° 31′	428	− 34	+ 5
Landshut	48° 32′	397	− 18	+18
Augsburg	48° 22′	496	− 37	+ 8
Memmingen	47° 59′	604	− 57	− 3
Kempten	47° 43′	680	− 68	− 3
Lindau	47° 32′	398	− 84	−50
Wangen	47° 41′	553	− 62	−10
Isny	47° 41′	701	− 65	+ 2
Wurzach	47° 54′	649	− 49	+14
Waldsee	47° 55′	590	− 49	+ 8
Altshausen	47° 56′	585	− 55	+ 1
Buchau	48° 3′	586	− 43	+16
Biberach	48° 5′	533	− 38	+13
Tettnang	47° 40′	460	− 58	−15
Fischbach	47° 14′	405	− 56	−17
Immenstaad	47° 40′	403	− 66	−24
Heiligenberg	47° 49′	733	− 51	+24
Ludwigshafen	47° 49′	404	− 43	− 2
Radolfszell	47° 44′	398	− 44	− 2
Konstanz	47° 39′	401	− 60	−18
Stockach	47° 51′	491	− 25	+25
St. Gallen	47° 25′	598	− 97	−31
Eglisau	47° 34′	380	− 39	− 4
Hörnli	47° 22′	1163	−125	−19
Effretikon	47° 25′	510	− 57	− 6
Zürich	47° 22′	463	− 61	−15
Lichtenstein	47° 19′	619	− 86	−27
Pfäffikon	47° 12′	412	− 89	−50
Uznach	47° 13′	420	−105	−67
Zofingen	47° 17′	428	− 77	−37
Sursee	47° 10′	499	− 68	−17
Biel	47° 8′	448	− 50	− 5
Dreilinden	47° 3′	520	− 75	−25
Burgdorf	47° 3′	563	− 74	−15
Luzern	47° 3′	452	− 72	−31
Bern	46° 57′	569	− 58	− 1

Die Werte können ohne Korrektur verwendet werden, da die Meereshöhe der Beobachtungsstation der mittleren Gebirgshöhe der Umgebung
annähernd entspricht. Die gleichen Verhältnisse ließen sich auch am
Außenrand der Karpathen nachweisen.

Auch im östlichen Vorland der Rocky Mountains weisen die
Δg-Werte auf eine gemeinsame Kompensation mit dem Gebirgskörper

---

[1]) Nach E. Borras 1911 und 1914.

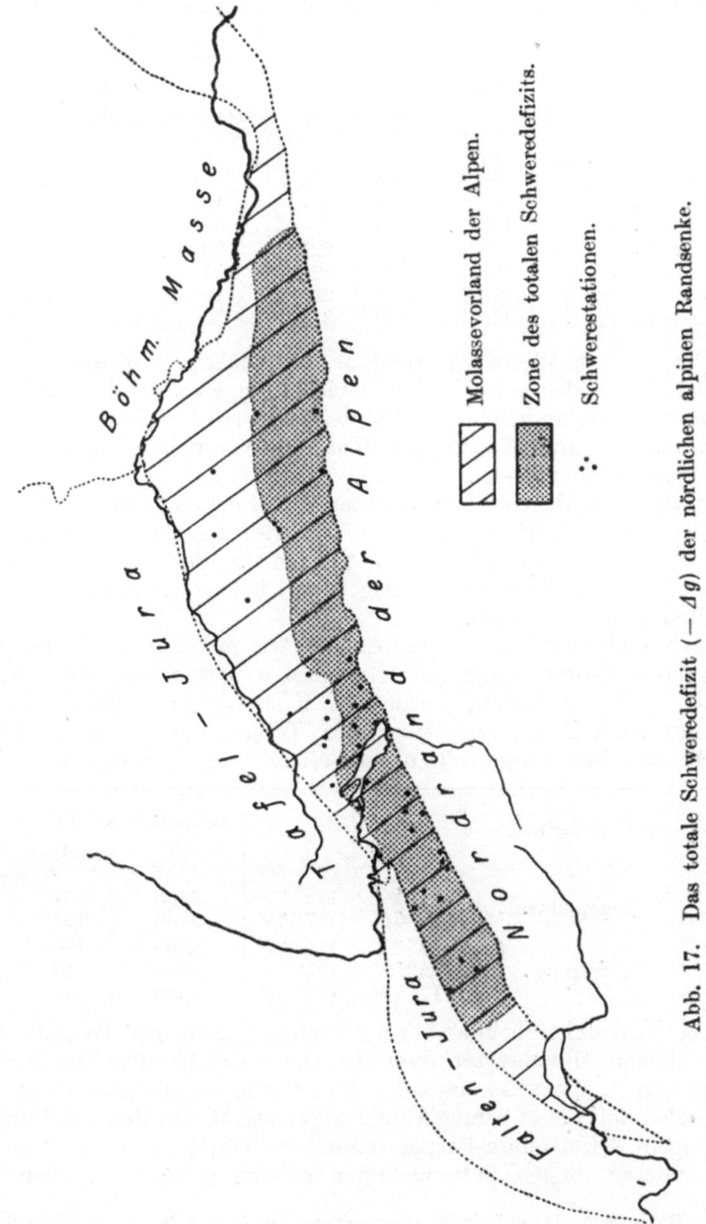

Abb. 17. Das totale Schweredefizit ($-\Delta g$) der nördlichen alpinen Randsenke.

hin, wennschon etwas Derartiges auf der Karte von BOWIE nicht zum Ausdruck kommt. Ein gravimetrisches Profil aus dem Vorland bis in die Rocky Mountains parallel dem 39.° nördlicher Breite gibt HELMERT[1]).

	Westl. L.	H	Hm	Δg	$\Delta g''$	Δg^*	Δg^{**}
	°	m	m	0,001 cm	0,001 cm	0,001 cm	0,001 cm
1. Terre Haute . .	87,4	151	—	$\pm$ 0	— 15	—	— 1
2. Saint Louis . .	90,2	154	—	+ 4	— 13	—	+ 3
3. Ellworth	98,2	496	—	+18	— 29	—	+22
4. Wallace	101,6	1005	—	— 4	—105	—	— 4
5. Denver	104,9	1638	2212	—23	—183	+33	— 8
6. Gunnison . . .	106,9	2340	2724	+27	—231	+69	+28
7. Grand Junction	108,6	1398	2251	—19	—159	+66	+32
8. Green River . .	110,2	1243	2112	—56	—181	+31	—13

Um die Δg-Werte verwendbar zu machen, wurden sie auf die mittlere Höhe des betreffenden Gebietes umgerechnet als Δg^*. Hm ist die mittlere Geländehöhe in 100 Meilen = 161 km Umkreis. Die Umrechnung ist unterblieben, wo Hm wenig von der Höhe der Beobachtungsstation abweicht.

In dem reichlich weit gespannten Profil erweist sich das weite Vorland (1—3) von geringer positiver Totalstörung, das eigentliche Randsenkengebiet (4) von geringem negativen Δg-Wert, das Gebirge (5—8) zeigt mittlere positive Δg-Störung, wie es bei den jungen Faltengebirgen die Regel zu sein scheint.

Daß auch die Tiefseegräben, die wir mit STILLE als den Faltengebirgen genetisch verknüpfte Saumtiefen betrachten, sich als Randsenken auffassen lassen, wurde von KOSSMAT unter Hinweis auf die HECKERschen Messungen über der Tongarinne erkannt. Die von O. HECKER hier festgestellten Δg-Defizite sind die folgenden[2]):

Örtlichkeit		Br.	L.	Meerestiefe	Δg
				m	0,001 cm
Tongaplateau .	{	28° 20′	178° 27′	2700	264
		27° 15′	177° 40′	2700	161
Tongarinne . .	{	23° 12′	174° 47′	8000	196
		22° 7′	174° 13′	6500	273
		17° 9′	171° 42′	8500	245

Die Wahrscheinlichkeit der Annahme, daß die Tongarinne mit ihren hohen Minuswerten von Δg eine unausgefüllte Randsenke im Sinne von F. KOSSMAT darstellt, findet eine wesentliche Stütze in der Tatsache, daß die Messungen im Tongaplateau, das den zur Randsenke gehörigen Faltengebirgskörper darstellen würde, in Übereinstimmung mit anderen jungen Faltengebirgen positive Werte ergeben haben.

---

[1]) HELMERT: Enzyklopädie der mathem. Wiss. Bd. 6, 1. B., Heft 2, S. 149 bis 150. 1910.

[2]) HECKER, O.: Veröff. Zentralbüro d. intern. Erdmessung 1910, N. F. Nr. 20, S. 156.

Diese hohen positiven Beträge finden durch die negativen Werte wenigstens zum Teil ihren Ausgleich.

Leider ist die Tongarinne der einzige bisher untersuchte Tiefseegraben. Alle anderen von HECKER vermessenen Tiefseegebiete gehören dem weiten, mehr oder weniger ungegliederten Tiefseeboden an, der zwischen 4000 und 6000 m Tiefe liegt und der überall sehr niedrige, wenige Zehner betragende Minuswerte von $\varDelta g$ oder aber sehr hohe Pluswerte (über 100 Einheiten der 3. Dezimale von g in cm aufweist. Diesen weiten Gebieten der Ozeane gegenüber nimmt die Tongarinne eine völlige Sonderstellung ein.

Es könnte vermutet werden, daß die hohen Totaldefizite der Tongarinne ihre Ursache in der Steilrandwirkung des benachbarten Tongarückens haben. Es zeigt sich jedoch aus den Tabellen der Messungen auf dem Meere von O. HECKER, daß Steilabfälle mit annähernd gleich großer Höhendifferenz, die jedoch nicht an einen Faltengebirgsbogen mit zugehöriger Saumtiefe geknüpft sind, sondern lediglich zwischen einem alten Kontinentalsockel und dem breiten ozeanischen Tiefseeboden verbinden, gravimetrisch sich ganz andersartig verhalten. Das zeigt u. a. folgendes Beispiel aus den verbesserten HECKERschen Tabellen vom Jahre 1910[1]). Es handelt sich um den Steilabfall des alten zentral- und westaustralischen Kontinentalsockels gegen den im S liegenden breiten Tiefseeboden von 5000—6000 m Tiefe:

Örtlichkeit	Br.	L.	Meerestiefe m	$\varDelta g$ 0,001 cm
Küstennähe . . .	−35° 47′	136° 13′	110	− 39
Starker Abfall . .	−35° 51′	134° 56′	2500	−101
Tiefsee.	$\begin{cases} -35° 49′ \\ -35° 48′ \end{cases}$	129° 54′ 128° 26′	5400 5400	+214 +199

Ein ähnliches gravimetrisches Profil ließe sich vom Westabfall des australischen Kontinentalsockels gegen die Tiefsee den HECKERschen Messungen entnehmen, ebenso an anderen Randgebieten der Kontinente.

Würde nun das große Totaldefizit in der Tongarinne lediglich durch die Steilrandwirkung[2]) bedingt, so müßte sich ein gleicher Einfluß auch an allen, besonders an orogenetisch ruhigen Steilabfällen gleicher Größenordnung bemerkbar machen müssen. Statt dessen trifft man im Gegenteil über diesen Tiefseeböden eine auffallend hohe Totalschwere an. Die Gegensätze zwischen beiden Erscheinungen sind sehr groß. Das eine Mal, in der Tongarinne, handelt es sich um die größten bisher bekannten Minuswerte an $\varDelta g$, im anderen Falle, am australischen Kontinentalabfall, um extrem hohe Pluswerte. Allein die Deutung als Randsenke wird dem gravimetrischen Verhalten der Tongarinne gerecht. So fügen auch diese sich der Vorstellung, daß die ausgefüllten und unausgefüllten jungen Saumtiefen als Randsenken nur in Vereinigung mit ihrem Faltengebirgskörper kompensiert werden.

---

[1]) HECKER, O.: 1910, S. 155.   [2]) Deren Einfluß vgl. Kap. V, S. 54.

Innensenken.

Als Folgeerscheinung der Gebirgsbildung, die nichts anderes ist als eine lokale zonare Anhäufung krustalen Materials, sinkt der Gebirgswulst, Kompensation anstrebend, in den Untergrund ein, dort schweres Material verdrängend. Letzteres wird so gezwungen, in die von der Orogenese verschont gebliebenen Teile abzuwandern. KOSSMAT zeigte die Richtigkeit dieser Auffassung durch die Darstellung der Verteilung der Schwereanomalien $\Delta g''$. Es erwies sich (vgl. Karte Abb. 16): alle diese Gebiete sind Überschußgebiete an $\Delta g''$ und natürlich auch an Δg.

Am stärksten ausgeprägt findet sich die Erscheinung in den Feldern, die, wie der westliche Teil des Mittelmeeres, das Tyrrhenische Meer oder wie das pannonische Becken, KOSSMATs Innensenken, von Faltenzügen allseitig umschlossen sind und wo keine Möglichkeit weiteren Ausgleichs in ein größeres, von Störungen unberührtes Vor- oder Hinterland gegeben war. In allen diesen Gebieten liegen große Überschüsse an $\Delta g''$ und Δg. In ihren Untergrund scheint ein großer Teil der bei der Orogenese im umrahmenden Faltengürtel verdrängten schweren Massen abgewandert zu sein. KOSSMAT nimmt an, daß letztere sich hier auf Kosten salischer Massen Platz verschafften, die dabei vermutlich über sie hinweg aus der Innenregion gegen die Umwallung ausgebreitet wurden[1]).

Etwas andere Verhältnisse zeigt das Tyrrhenische Becken: In bezug auf $\Delta g''$ ein ausgesprochenes Plusgebiet. Die Aufragungen, alte, nicht von der Faltung überwältigte Reste, zeigen bedeutende totale Überlastung. Zur Zeit der Faltung mußten weit größere Teile als jetzt verhältnismäßig hoch gelegen haben, da der italienische Flysch und die obere Kreide der Provence große Materialmassen aus Gebieten bezogen haben, die heute tief unter dem Meeresspiegel liegen. Durch das Eindringen der schweren Massen des Untergrundes in die Kruste trat nun eine stabile Überlastung ein. Dieser Überschuß an Totalschwere drückte seinerseits auf die beweglichen Massen der Tiefe und drängte sie teilweise wieder gegen die Faltenumrandung zurück, wobei gleichzeitig ein Sinken der Innensenke einsetzte.

Dieser Zustand ist noch heute in der Verteilung der Schwere erkennbar: Der Schwereüberschuß $\Delta g''$ ist nicht auf die innerhalb der Faltenumrahmung gelegenen Gebiete beschränkt, wie das u. a. auf der Karte (Abb. 16, S. 73) für das adriatische Gebiet ganz besonders deutlich zum Ausdruck kommt, sondern dringt, wie in Italien, so auch in Nordafrika und Spanien, in das Faltengebirge ein[2]). So erklärt sich auch die Inkongruenz zwischen Gebirgsverlauf und Dichtesynklinale[3]). Der jungtertiäre-quartäre Senkungsvorgang mit seiner seitlichen Verdrängung subkrustaler Massen beeinflußt die Schwere der angrenzenden Umwallungsteile in positivem Sinne.

---

[1]) KOSSMAT, F.: Geol. Rundsch. Bd. 12, S. 172. 1921.

[2]) Zum Teil kommt hier Steilrandwirkung in Frage.

[3]) KOSSMAT, F.: Abh. d. Sächs. Akad. d. Wiss., Math.-phys. Kl. Bd. 38, S. 29. 1921.

Diesen ganzen Vorgängen kommt prinzipielle Bedeutung zu. Wir erkennen sie wieder im adriatischen Becken und in der pannonischen Senke. So weist z. B. auch in letzterem das umrahmte Gebiet in vielen Teilen Massenüberschuß $(\varDelta g'')$ auf. Die Defizit-Inseln und -Halbinseln sind an besondere Strukturelemente geknüpft. Die große Rolle der magmatischen Massen zeigt sich in einem Vulkankranz am Innenrand der Karpathen. Auch hier dringt der Schwereüberschuß $(\varDelta g'')$ in den Gebirgskörper vor. Die Senkung dauert bis in das Quartär fort und ist wahrscheinlich bis heute noch nicht zum Abschluß gekommen. Dem entspricht die große Mächtigkeit der quartären Sedimente. Daß diese Gebiete solche der Sedimentation infolge Senkung sind und nicht umgekehrt, erweist die positive Schwereanomalie $(\varDelta g'')$.

Während die Verteilung der Schwereanomalien im Bereich der mediterranen Kettengebirge Europas sich für das Verständnis des Mechanismus der Gebirgsbildung und für die Frage des Gleichgewichts der Erdkruste außerordentlich fruchtbar erwies, zeigt die HAYFORDsche Karte der Anomalien $(g - g_c)$ der Vereinigten Staaten (Abb. 10, S. 47) so gut wie gar keine Beziehungen zwischen Anomalien und geologischer Struktur, worauf KOSSMAT bereits hinwies[1]).

Das auffallendste Moment der kartographischen Darstellung ist, daß die tertiären Gebirge des Westens und umfangreiche Anteile des pazifischen Randgebirges ein negatives $(g - g_c)$ aufweisen. KOSSMAT glaubt eine Erklärung hierfür darin zu sehen, daß HAYFORD bei der Reduktion der ozeanischen Steilrandwirkung einen zu großen Betrag in Anrechnung brachte.

Der einzige Umstand, der zur Auffaltung der randlichen Gebirge und ihrer isostatischen Einstellung Beziehungen erkennen läßt, ist das Vorhandensein eines Wechsels von N—S verlaufenden Plus- und Minuszonen im Gebiet östlich der pazifischen Ketten. Hier wird es sich vielleicht, wie KOSSMAT aussprach, um von der Gebirgszone ausgehende wellenartige subkrustale Massenbewegungen handeln.

Es ist also zunächst aus den nordamerikanischen Verhältnissen keine Bestätigung der an europäischen Gebirgen gemachten Erfahrungen in bezug auf den Gleichgewichtszustand der Erdkruste zu entnehmen.

Aus den gravimetrischen Verhältnissen der mediterranen Kettengebirge ergibt sich jedoch, daß alle Isostasiestörungen der Gebirgskörper wie der benachbarten Senken nicht unerklärliche Ausnahmen von der AIRYschen Theorie darstellen, sondern daß sie, vom geologischen Gesichtspunkt aus betrachtet, durchaus verständlich, ja geradezu als ein notwendiges Postulat, als Konsequenz junger orogenetischer Faltungsvorgänge betrachtet werden müssen. Die Theorie von AIRY wird also durch die vorliegenden Abweichungen vom isostatischen Zustand der Erdkruste nicht nur nicht widerlegt, sondern im Gegenteil bestätigt.

---

[1]) Geol. Rundsch. Bd. 12, S. 184. 1921.

VIII. Diluviale Vereisung und Isostasie.

Es liegt nahe, die theoretisch abgeleiteten Gesetze der Isostasie[1]) an einem relativ so gut bekannten und kontrollierbaren Phänomen wie dem der diluvialen Inlandsvereisung Nordeuropas nachzuprüfen. Befinden sich die hier beobachteten Tatsachen in Übereinstimmung mit den theoretischen Prinzipien, so müßte man darin eine wertvolle Stütze für die Berechtigung der Anwendung des isostatischen Grundgedankens auf die Gestaltung der Erdoberfläche sehen.

Alle Studien an diesem Phänomen beziehen sich zunächst auf den Maximalstand der letzten großen Inlandsvereisung und ihre Veränderungen, d. h. ihr Abschmelzen bis zur Gegenwart. Ältere Vereisungen sind wegen mangelhafter Überlieferung ihrer Anzeichen für die folgenden Überlegungen weniger geeignet. Die Tatsache, an welche die Vorstellung isostatischer Verschiebungen Fennoskandias schon lange angeknüpft hatte, ist die, daß die fennoskandische Landmasse zur Zeit der letzten Vereisung in bezug auf den Meeresspiegel weit tiefer gelegen hatte als heute; daß seitdem eine ständige Heraushebung des Gebietes stattgefunden hat, eine negative Strandverschiebung, erkennbar an hochgelegenen Strandlinien, gehobenen marinen spät- und postglazialen Ablagerungen usw. (vgl. Abb. 18); daß fernerhin diese Hebung eine noch heute feststellbare ist. Dem Einwand einer Verschiebung des Meeresspiegels gegenüber unverändertem Landgebiet wurde mit Recht durch den Hinweis darauf begegnet, daß eine derartige Veränderung des Meeresspiegels mindestens an den nächstgelegenen Küsten benachbarter Gebiete sich gleichsinnig hätte bemerkbar machen müssen. Dafür liegen keinerlei Anzeichen vor. Es ist nur eine einseitige Verschiebung der Gebiete im N der Ostsee und des Finnischen Meerbusens nachweisbar. Sie fehlt an der Gegenküste (Deutschland, Rußland). G. DE GEERS Untersuchungen erwiesen, daß es sich bei der Hebung Fennoskandias um ein lokal gefärbtes, beschränktes, allseitig abgeschlossenes Phänomen handelt, bei dem ein zentral gelegenes Hebungsmaximum allerseits an Stärke abnimmt (Abb. 18). Das Fehlen gleichsinniger Bewegungen in den Nachbargebieten schloß es daher aus, das Phänomen lediglich durch Verschiebungen der Hydrosphäre zu erklären.

Es ergab sich somit ohne weiteres die plausible Deutung, daß die mit beginnender Abschmelzung des Eises feststellbare Landhebung nichts anderes war als eine isostatische Bewegung, bedingt durch Entlastung. Die Bewegung war also lediglich die Einstellung auf ein Niveau, das in präglazialer Zeit innegehabt und infolge Belastung mit Eis verlassen worden war.

Dieser Gedanke, daß die Bewegungen Fennoskandias isostatisch durch Eisbe- resp. -entlastung ausgelöst worden seien, ist zuerst von

---

[1]) Eine für das hier behandelte Thema sehr wichtige Arbeit konnte, da sie mir erst verspätet zur Kenntnis kam, keine Berücksichtigung mehr finden. FRIDTJOF NANSEN: The strandflat and isostasy. Videnskapsselskapets skrifter 1, Math.-natw. Kl. 1921 No. 11. Kristiania 1922, 313 S. Die Ergebnisse NANSENS sind eine vollkommene Bestätigung meiner Deutung der Bewegungsvorgänge Skandinaviens.

JAMIESON [1865[1])] ausgesprochen worden. Die Bewegungsvorgänge sind jedoch keineswegs so einfach, daß Belastung Senkung und Entlastung Hebung bedingt hätte, sondern sind komplizierterer Art. Um sie zu verstehen, ist ein Überblick über die jüngste geologische Geschichte Fennoskandias unerläßlich.

Geologische Geschichte Fennoskandias seit der letzten Vereisung.

Wohl sind für die Betrachtung der spät- und postglazialen Vorgänge im Gebiet Fennoskandias die Verschiebungen der Eisgrenzen und des Landes während der drei großen Vereisungsstadien von Bedeutung. Doch sind die Merkmale aus diesen Zeiten so spärlich überliefert, daß eine brauchbare Rekonstruktion unmöglich ist. Wir betrachten daher kurz die Geschichte Fennoskandias seit dem Maximum der letzten großen Vereisung. Die Grenzen dieses Stadiums zeigt das Bild Abb. 18. Die deutsche Ostseeküste wurde wenig überschritten, im Gegensatz zu früheren Stadien.

Das Gesamtergebnis des nun einsetzenden großen Rückzuges der Inlandvereisung war, daß Dänemark, die südlichen tiefliegenden Teile von Schweden und Norwegen und die meisten Küstengebiete des Baltikums nach der Befreiung vom Eis unter dem Niveau eines Meeres, des Yoldia-Meeres, lagen, das einerseits mit der Nordsee kommunizierte, andererseits nach O über das Gebiet des Onegasees und des Weißen Meeres mit dem Arktischen Meer in Verbindung stand und eine arktische Fauna aufwies.

Durch diese allgemein übliche Auffassung werden die Verhältnisse etwas einfacher dargestellt, als sie tatsächlich gewesen sind. H. MUNTHE[2]) hat darauf hingewiesen, daß zunächst nach dem Abschmelzen im südlichen Teil des Baltikums ein großer Eissee lag, aus dem sich, als der Eisrand Gotland erreicht hatte, das Yoldia-Meer entwickelte. Es scheint also danach das südliche Gebiet Fennoskandias nach der ersten Entblößung von Eis nicht unter Meeresniveau gelegen zu haben, sondern erst unter dieses gesunken zu sein. Auch BRÖGGER brachte durch seine Untersuchungen im Kristiania-Gebiet[3]) den Beweis, daß dem ersten Rückzugsstadium ein Sinken dieser peripheren Teile folgte.

Im Anschluß an die Ausbreitung des Yoldia-Meeres setzte eine Hebungsphase, eine Landhebung ein, die den Charakter einer Wellenbewegung von der Peripherie Fennoskandias gegen das Zentrum der Vereisung hatte. Die peripheren, zuerst vom Eis befreiten Teile wurden zuerst gehoben, weswegen die spätglazialen Ablagerungen des Yoldia-Meeres in der Peripherie und im Zentrum nicht gleichaltrig sind, höchstens die auf der gleichen Isobase[4]).

---

[1]) JAMIESON, T. F.: On the history of last geolog. changes in Scotland. Quart. journ. Bd. 21. London 1865.
[2]) Congr. géol. intern. Stockholm 1910. Guides des excursions No. 25, S. 7.
[3]) Norges geol. undersök. 1901.
[4]) Vgl. MUNTHE, H.: Congr. usw. S. 7; und LIDÉN, R.: Sver. geol. undersök. 1913, Ser. Ca. Nr. 9, S. 38.

Durch Untersuchungen von Lidén[1]) ist es erwiesen, daß in den zentralen Teilen die Hebung im Anschluß an den Eisrückzug sich anfangs weit schneller vollzog als später, so z. B. an der Angermanlandküste bis 14 m pro Jahrhundert, während im Laufe der postglazialen Zeit die Werte immer niedriger wurden und in der Jetztzeit den Betrag von 1 m pro Jahrhundert ausmachen.

Diese Landhebung im Anschluß an die Ausbreitung des Yoldia-Meeres führte zur Abtrennung des baltischen Gebietes von Nordsee und Arktischem Meere und so zur Bildung eines großen Binnensees, des Ancylus-Sees. Es entspricht das einer Zeit, als der Eisrand am Wetternsee lag[2]).

Wie groß der Betrag der spätglazialen Landhebung in den südlichen peripheren Teilen war, entzieht sich der Beurteilung, da diese Gebiete heute unter dem Meeresspiegel liegen. Wahrscheinlich waren die südlichen und südwestlichen Teile des Baltikums ca. 125 m höher gelegen als heute. Nach dem Zentrum nahm der Betrag ab. Die relative Höhenlage der peripheren Teile des Baltikums wird durch Funde untergetauchter Torfmoore usw. auf dem Boden von Südbaltikum, Kattegatt und Nordsee festgelegt[3]).

Dieser den beiden Landsenkungen der Yoldia- und der Litorina-Zeit eingeschalteten Hebungsphase der Ancyluszeit gehört die Bildungsperiode der Torfmoore und der „versunkenen Wälder" an, die überall im N und NW Europas nachgewiesen worden sind: im Bereich des Baltikums und der gesamten Nordseeküsten. Ihre Bildungszeit ist durch Artefakte aus frühneolithischer Zeit festgelegt[4]).

Der Ancylus-See wurde allmählich etwas nach S, bis zum Oere-Sund gedrängt, wahrscheinlich infolge der stärkeren Hebung Zentral-Fennoskandias, späterhin zugleich bedingt durch das allmähliche Sinken der südlichen und östlichen peripheren Teile Fennoskandias[5]).

Die Hebung, welcher der Ancylus-See seine Entstehung verdankt, wurde in den peripheren Teilen Fennoskandias durch eine Senkung abgelöst. Diese postglaziale Senkung verschaffte dem Ancylus-See wieder Anschluß an die Nordsee, indem das Gebiet der dänischen Inseln erneut unter den Meeresspiegel tauchte und so der Baltik mit dem Kattegatt in Verbindung trat. Der große Binnensee wandelte sich allmählich wieder in einen Meeresteil mit dem Salzgehalt der Jetztzeit um: das Litorina-Meer.

Die Anzeichen dieser Senkung sind jedoch nicht weiter nordwärts als bis in die Gegend von Kristiania zu verfolgen, wo die Höchstgrenze dieser (Tapes-Litorina-)Senkung bei etwa 80 m über dem Meeresspiegel gelegen ist. In den zentralen Teilen Fennoskandias dauerte die postglaziale Landhebung an. Wir treffen heute die Sedimente des Ancylus-Sees im Zentrum in großer Höhenlage an, in den südlichen Teilen des Baltikums liegen sie unter dem Meeresspiegel[6]).

[1]) Vgl. Högbom, A. G.: Handbuch der regionalen Geologie, Fennoskandia Bd. 4, 3. Abt. 1913.
[2]) Munthe, H.: l. c. S. 7.   [3]) Munthe, H.: l. c. S. 9.
[4]) Wright, W. B.: The quarternary ice age. London 1914, S. 416.
[5]) Munthe, H.: l. c. S. 11.   [6]) Wright, W. B.: l. c. S. 351.

In der jüngeren Litorina-Zeit setzte im südlichen Skandinavien allmählich eine Hebung ein, welche die Litorina-Sedimente über den Bereich des Meeres brachte. Die Karte der Hebung dieser Sedimente zeigt, daß die O-Isobase durch Dänemark verläuft. Nördlich der Linie vollzog sich eine Hebung, die nach N zunahm. Für die Gebiete außerhalb der O-Linie hat in der Litorina-Zeit eine Senkung unter den Meeresspiegel stattgefunden. Die Hebungskurve der Litorina-Uferlinie ist eine Art parabolischer Kurve, deren Durchschnittsgradienten sind:

von der O-Linie bis zur NO-Ecke von Jütland . . . . 1 m auf 10 km
zwischen Fredrikshavn u. Hvaler (Kristianiafjord) . . 1 „ „ 7 „
von Hvaler bis Kristiania . . . . 1 „ „ 3,5 „

Für die Litorina-Senkung in den peripheren Teilen Skandinaviens, außerhalb der O-Linie, ist das Verhalten der Kjökkenmöddings in Dänemark von Bedeutung. In Nordjütland liegen sie mit frühneolithischen Artefakten in den höchsten Litorina-Terrassen in einiger Entfernung von der Küste. Nach S zu nähern sie sich der Küste und sinken mit der Litorina-Uferlinie in Südjütland unter den Meeresspiegel. Sie erscheinen erst wieder an der belgischen Küste[1]).

HOLST nimmt an, daß das Fehlen der Kjökkenmöddings durch Untertauchen unter den Meeresspiegel bedingt ist. Eine Bestätigung hierfür ist die Dredgung von Campignien-Artefakten und -Knochen bei Koldingfjord und von Kjökkenmöddings im Kieler Hafen. Wir sehen hier überall die Anzeichen postglazialer Senkung in der Umrahmung der Skandinavischen Hebung.

Schematisch lassen sich die Vorgänge in folgender Tabelle zusammenfassen:

		Südliche periphere Teile Fennoskandias	Zentrum Fennoskandias
Letzte große Vereisung	Endlage des Landes	wenig über NN . .	wenig über NN
	Bewegung	Senkung	Hebung
Spätglazialer Eisrückzug = Yoldiazeit	Anfangslage des Landes	unter NN	um NN
	Bewegung	Senkung	Hebung
	Sediment	gr. Eissee, dann Yoldia-Meer	z. T. Yoldia-Meer
Postglazialer Eisrückzug = Ancyluszeit (frühneolith.)	Anfangslage des Landes	unter NN	über NN
	Bewegung	z. T. Hebung . . .	Hebung
	Sediment	Süßwasserbildung d. Ancylussees . . .	—
Alluvium — Litorina- (od. Tapes-) Zeit (spätneolith. = altalluv.)	Anfangslage des Landes	z. T. über NN . . .	über NN
	Bewegung	z. T. Senkung . . .	Hebung
	Sediment	des Litorina-Meeres.	—
Mya-Zeit (jungalluv.)	Bewegung	Hebung bis z. Gegenwart	Hebung bis zur Gegenwart

---

[1]) HOLST, N. O.: Kvartärstudier i Danmark etc. Geol. För. Förh. Bd. 26, S. 433. 1904.

Das Gesamtergebnis der Hebung seit dem Beginn des Eisrückzuges und der Ausbreitung der Yoldia-See kommt auf der Iso-
basenkarte der gehobenen Yoldiasedimente (Abb. 18) zum Ausdruck.
Das Gebiet wurde von einer kuppelförmigen Aufwölbung betroffen.
Auffallend ist die Tatsache, daß sich das Areal der letzten großen Ver-

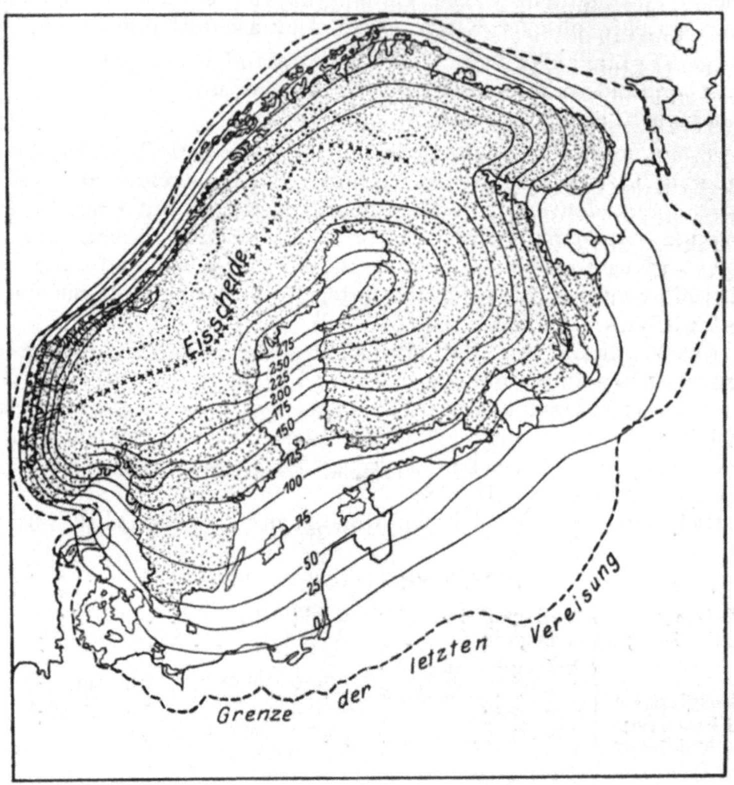

Abb. 18.   Postglaziale Hebung Fennoskandias (nach Högbom).

150 —— Linien gleicher Hebung.   × × × Eisscheide.

      Vorwiegend vorcambrischer Untergrund.   •••••• Wasserscheide.

eisung und das der Deformation weitgehend decken. Schon aus diesem
Umstand muß man auf einen gewissen Zusammenhang zwischen beiden
Erscheinungen schließen. Ferner ist bemerkenswert, daß die Längsachse
größter Landhebung der der skandinavischen Halbinsel und vor allem
der Eisscheide parallel verläuft (Abb. 18) und gegen letztere nur wenig
nach O gegen den Bottnischen Meerbusen verschoben ist. Zentrum
der Vereisung, damit wohl auch größter Eismächtigkeit, und stärkste
Landhebung decken sich somit fast vollständig.

Der Maximalbetrag der Hebung seit dem Eisrückzug erreicht nach den bisherigen Beobachtungen 280 m über dem heutigen Meeresspiegel. A. Penck berechnet die mittlere Hebung auf 212 m, indem er einmal berücksichtigt, daß die Schmelzwässer die Hebung um 40 m zu niedrig erscheinen lassen, dann aber auch in Rechnung zieht, daß die höchstgelegenen Teile am spätesten eisfrei wurden, so daß sich die Zeitmarken hier erst verspätet einstellen konnten[1]). Die Bewegung scheint jedoch noch nicht zum Abschluß gekommen zu sein, wennschon sie langsamer verläuft als früher. Nach E. Kayser[2]) hob sich die Küste von Stockholm vom Jahre 1774—1875 um 50 cm, nach Brückner[3]) von 1825—1875 bei Stockholm um 19 cm, bei Löko von 1853—1887 um 27 cm. Die Meeresspiegelsenkungen wurden als kontinuierlich und gänzlich unabhängig von hydrostatischen und klimatischen Bewegungen erkannt.

Es bestehen schließlich enge Beziehungen zwischen dem Gesteinsuntergrund, der im wesentlichen präcambrisch ist, und dem Gebiete postglazialer Deformation. Beide Areale, das weitestgehender Entblößung von Gestein präglazialen Alters und das diluvialer Eisbedeckung, haben annähernd gleichen Umfang. Die Erscheinung darf um so weniger als Zufälligkeit betrachtet werden, als sie sich unter völlig gleichen Umständen im gleichen Maße im Gebiet des kanadischen Schildes wiederholt.

Die isostatische Auslegung[4]).

Die jüngste geologische Geschichte Fennoskandias zeigt, daß der Ablauf der Vorgänge nicht derart einfach ist, wie man nach dem Prinzip von Belastung und Entlastung annehmen könnte. Störend kommen zwei Faktoren in Betracht. Erstens ist die Reaktionsfähigkeit der Erdkruste auf Belastung resp. Entlastung außerordentlich gering und die Reaktionsgeschwindigkeit wegen der hohen Viscosität der subkrustalen Massen sehr niedrig, so daß die Reaktionen eintreten und vor allem auch andauern, wenn die Ursache selbst nicht mehr wirksam ist, d. h. die Folgen werden der Ursache zeitlich nachhinken. Und zweitens haben sich vor der letzten großen Vereisung, die hier als Ausgangspunkt

---

[1]) Sitzungsber. d. Preuß. Akad. d. Wiss. Bd. 24, S. 309. 1922.

[2]) Lehrb. d. Geol. 1921, S. 290.

[3]) Verh. 9. D. Geogr.-Tag, Wien 1891.

[4]) Es ist ein seltener Fall von Quadruplizität und bezeichnend für die Reife des Problems, daß der isostatische Bewegungsmechanismus des fennoskandischen Vereisungsgebietes gleichzeitig und anscheinend in völliger Unabhängigkeit von vier Forschern erkannt und dargestellt wurde:

    a) Penck, A.: Die Eem-Schwingung. Verh. geol. en mijnbouwk. Genootsch. Nederl. en Kol. Geol. Ser. Deel. 6. 1922.

    b) Köppen, W.: Das System in den Bodenbewegungen und Klimawechseln des Quartärs im Ostseebecken. Zeitschr. f. Gletscherk. Bd. 12, Heft 3/4, S. 100. Mai 1922.

    c) Born, A.: Vortrag am 9. April 1922 auf der Vers. Geolog. Vereinigung in Bonn, und am 1. August auf der Vers. d. Deutsch. geolog. Ges. in Breslau. Kurzes Referat: Geolog. Rundschau Bd. 13, S. 183. 1922.

    d) Nansen, Fridtjof: The strandflat and isostasy. Vedenskapsselskapets skrifter. 1. Math.-natw. Kl., 1921 Nr. 11, Kristiania 1922. 313 S.

gewählt ist, schon größere und wohl auch mächtigere Eismassen über das gleiche Gebiet ausgebreitet, deren nachhinkende Wirkungen störend in die Zeit nach der letzten großen Vereisung hineinspielen müssen.

Als eine derartige Nachwirkung früherer Vorgänge ist wahrscheinlich die geringe Landsenkung anzusehen, die nach BRÖGGER und MUNTHE kurz nach dem Eisrückzug die Transgression des Yoldia-Meeres ermöglichte. Die Senkungsbewegung der Erdkruste infolge der letzten großen Vereisung machte sich noch während der darauf folgenden Entlastung ausklingend bemerkbar.

Nach dem Eisrückzug lag der größte Teil Fennoskandias unter dem Yoldia-Meer, so daß also die Eisentlastung nicht unmittelbar zu einer Hebung des Landes geführt haben kann. Hierin kommt die geringe Reaktionsgeschwindigkeit der subkrustalen Massen zum Ausdruck. Erst in einem sehr vorgeschrittenen Rückzugsstadium machte sich die Hebung bemerkbar.

Von Bedeutung ist weiter die Tatsache, daß die Hebung in den Teilen begann, die zuerst vom Eis befreit wurden, also in den peripheren Teilen, und daß sie sich zentripetal wellenförmig fortpflanzte. Das entspricht den theoretischen Forderungen der isostatischen Voraussetzung, ebenso wie die Feststellung, daß die allmählich gegen das Zentrum vorrückende Landhebung hier Beträge erreichte, die weit über das Maß der Hebung in der Peripherie hinausgehen. Im Zentrum, wo die Eismächtigkeit am größten, mußte nach dem Abschmelzen der Auftrieb am stärksten und somit die Reaktionsgeschwindigkeit am größten sein.

Infolge des starken Auftriebes im Zentrum dauerte hier die Landhebung in der ganzen folgenden Zeit bis in die Gegenwart an, allerdings mit den Anzeichen des Ausklingens; an der Küste von Angermanland war der Hebungsbetrag nach S. LIDÉN anfänglich 14 m pro Jahrhundert, heute erreicht er in der gleichen Zeit 1 m.

Auch der Umstand, daß die Eisscheide, also die Zone größter Vereisung, mit der Zone stärkster postglazialer Hebung sich deckt, ist eine Erfüllung isostatischer Forderung.

Ferner widerspricht es nicht den Forderungen der Isostasie, daß die Bewegung in den peripheren Gebieten keine dauernd gleichgerichtete war, sondern durch Senkungen unterbrochen wurde. Die die Isostasie Fennoskandias störende Eisbelastung hatte ein Verdrängen von Material unter der Erdkruste zur Folge gehabt. Die Entlastung mußte zu einem Rückfließen des subkrustalen Materials gegen das Zentrum führen. Es wurde also Material der Umgebung entzogen, was in Senkungsbewegungen zum Ausdruck kommen mußte. Das sind die Senkungen der jüngeren Ancylus- und der Litorina-Zeit in den peripheren Teilen des Gebietes.

Eine weitere Forderung dieser Vorgänge, daß nämlich das subkrustale Material zunächst der unmittelbaren Nachbarschaft entzogen wurde und erst allmählich fernere Gebiete in Anspruch genommen wurden, zeigt sich durch die Beobachtung erfüllt. Der Binnensee der Ancylus-Zeit wurde allmählich durch die Hebung der zentralen Teile

in die peripheren Gebiete verschoben, ebenso das ältere Litorina-Meer.
Ein wichtiger Umstand ist das Einsetzen der Litorinasenkung selbst.
Wir erkennen den Absaugungsgürtel in der Peripherie an den
Senkungen teils der Ancylus-, teils der Litorina-Zeit im Gebiete des
südlichen Baltikums, beider Küsten Dänemarks, der Nordsee und der
Küsten des eigentlichen Englands. Im letzteren Falle befinden wir uns
vielleicht schon im Einflußbereich des schottischen Vereisungszentrums.
Die geologischen Anzeichen dieses Absaugungsgürtels sind die ver-
sunkenen Wälder und Torfmoore der genannten Gebiete.

Dieser Depressionsgürtel um das fennoskandische Vereisungszentrum
ist unvollständig, da die nördlich, westlich und südwestlich in Betracht
kommenden Gebiete durch Meeresbedeckung der Beobachtung entzogen
sind. Nach außen klingt diese Zone des Massendefizits allmählich aus.

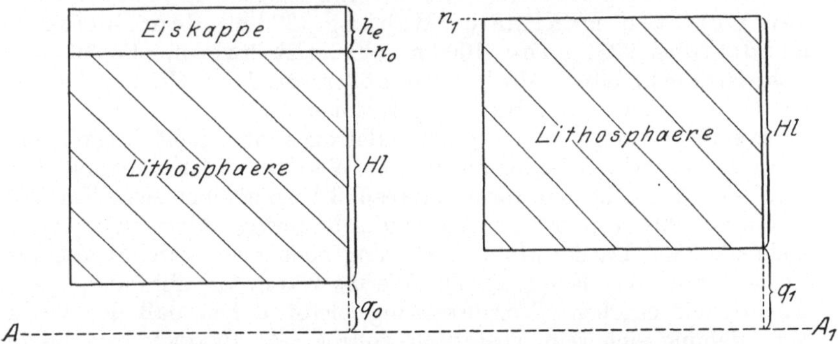

Abb. 19.   Schema des Sinkens durch Eisbelastung.

So zeigen sich die Beobachtungstatsachen über die Bewegungsvorgänge im Gebiete Fennoskandias in Übereinstimmung mit den theoretischen Forderungen eines isostatischen Ablaufs dieser Vorgänge.

Die Annahme eines isostatischen Ablaufs der jungen Bewegungen
Fennoskandias gestattet eine Berechnung der mittleren Eismächtigkeit.
Die Lage des Gebietes zur Zeit der letzten Vereisung und die heutige
Lage werden durch die folgenden beiden Abbildungen (Abb. 19) ver-
anschaulicht:

Es bedeutet: he die gesuchte mittlere Mächtigkeit des Inlandeises,
de seine Dichte (0,9),
n_o das Niveau der Landoberfläche zur Zeit der Eisbedeckung,
n_1 das gegenwärtige Niveau,
Hl die Dicke der Lithosphäre,
dl die Dichte der Lithosphäre,
di die mittlere Dichte der magmatischen Schicht,
q_o der Abstand der Erdkruste von einem beliebig gewählten Niveau $A - A_1$ zur Zeit der Vereisung,
q_1 desgleichen in der Gegenwart.

Im Kompensationszustand ist dann das Gewicht beider Säulen bis zum Niveau $A - A_1$ in der magmatischen Schicht gleich; woraus sich ableiten läßt, daß

$$he = \frac{di\,(q_1 - q_o)}{de}\,.$$

$q_1 - q_o$ ist gleich der vertikalen Verschiebung der Landoberfläche nach der Eisentlastung $= n_1 - n_o$. Im mittleren Schweden hat man als Höchstbetrag vertikaler postglazialer Landhebung den Wert 280 m festgestellt. Setzt man folgende Zahlenwerte ein: $de = 0{,}9$; $di = 3$; $n_1 - n_o = 280$ m, so ergibt sich für die mittlere Eismächtigkeit im Zentralgebiet

$$he = 933 \text{ m}\,.$$

Die Mächtigkeit der Inlandeisbedeckung würde also in den Gebieten maximaler Hebung (280 m) den Betrag von mindestens 933, rund 1000 m erreicht haben. Es ist jedoch wahrscheinlich, daß die Mächtigkeit größer war, da die Hebungsbewegung heute noch nicht zum Abschluß gekommen ist.

Die Bewertung des errechneten Betrages der Eismächtigkeit ergibt sich aus folgenden Überlegungen: Der Wert für di ist nicht mit Sicherheit bekannt; setzt man für di 2,9 resp. 3,1, so ergeben sich Eismächtigkeiten von 902 resp. 964 m. Das sind sehr geringe Abweichungen, nicht mehr als 3%. Da der Hebungsvorgang noch nicht ganz abgeschlossen ist, so würde das Einsetzen des Wertes 280 m ein Minimum der Eismächtigkeit ergeben. Voraussetzung bleibt dabei, daß die Vertikalverschiebung sich rein isostatisch vollzog. A. PENCK[1]) berechnete in neuerer Zeit, daß der dritte Teil der unter Fennoskandia verdrängt gewesenen Massen noch nicht wieder zurückgekehrt ist, woraus sich am Schluß der Kompensation eine mittlere Hebung von 318 m ergeben würde, was einer Eismächtigkeit von ca. 1000 m entspräche.

Mit dem errechneten Werte ca. 1000 m sind die Beobachtungen skandinavischer Geologen über die Eismächtigkeit während der Zeit der letzten Vereisung in Übereinstimmung. F. ENQUIST stellte indirekt die Eismächtigkeit an verschiedenen Punkten im Hochgebirge mit 1400 m fest[2]). Andere Feststellungen lauten auf ca. 1000—1200 m Mächtigkeit. Es ist von Bedeutung, daß sich die theoretisch auf Grund isostatischer Voraussetzung gewonnenen Resultate mit den durch Beobachtung gewonnenen in der Größenordnung decken.

Dieser isostatische Bewegungsmechanismus läßt sich nun bis zu einem gewissen Grade auch aus den älteren diluvialen Sedimenten für die beiden letzten Interglazialzeiten ablesen[3]). Die Niederlande und Norddeutschland waren nach vorangegangener Höhenlage in der vorletzten Interglazialzeit einer Tiefenlage ausgesetzt, die es ermög-

---

[1]) PENCK, A.: Sitzungsber. d. Preuß. Akad. d. Wiss. Bd. 24, S. 314. 1922.

[2]) Sver. geol. unders. Ser. C. Nr. 889. Aarsbok Bd. 12, S. 18. 1918.

[3]) PENCK, A.: Die Eem-Schwingung. Verh. geol.-mijnbouwk. Genootsch. Nederl. en Kol. Geol. Ser. Deel 6. 1922, S. 91.

lichte, daß das Meer sich von N her über diese Gebiete ausdehnte. Zeugen sind die marinen Ablagerungen des Eem. Die durch Eisbelastung entstandene und trotz der Eisentlastung nicht sofort verschwundene Senkung gestattete das Vordringen des Meeres gegen S. Es ist die gleiche Wanderung gegen S, die nach Schluß der letzten Vereisung der Ancylus-See und zum Teil das Litorina-Meer ausführten. Die Analogie der Vorgänge ist auffallend, und man darf daher für beide Fälle wohl auf die gleiche Ursache schließen.

Logischerweise müßte sich der Vorgang auch nach der vorletzten Vereisung abgespielt haben. A. PENCK möchte Spuren eines von GAGEL in Holstein aufgefundenen marinen letzten Interglazials als Beleg dafür ansehen. Demnach schaltet sich zwischen die postglaziale Litorina-See und die vorletzte interglaziale Eem-See eine der letzten Interglazialzeit angehörige „Holsteinsee", die sich nahe der Peripherie einer vorhergehenden Vergletscherung erstreckte und sich über deren sinkende Moränen ausbreitete.

Die Theorie wird nicht nur durch die Tatsachen gestützt, sondern hier kommt umgekehrt der Erforschung der Tatsachen die Theorie zu Hilfe.

Die ganzen Vorgänge sind ein schönes Beispiel für die Abhängigkeit der Verteilung von Land und Meer von der isostatischen Reaktionsfähigkeit der Erdkruste. Die Beeinflussung von Paläogeographie und Isostasie ist natürlich eine gegenseitige. Das Agens liegt jedoch außerhalb[1]).

Die Theorie des elastischen Körpers.

Gerade das Beispiel des Sinkens vereister Gebiete führt dazu, auf Grund der Art des Sinkens und der nachfolgenden Hebung einen anderen Ablauf der Bewegungen für möglich zu halten, als bisher in den Bereich der Betrachtung gezogen wurde. Ein Blick auf die Karte der Isobasen Fennoskandias (Abb. 18) zeigt, daß bei der letzten Vereisung gewisse zentrale, stärker belastete Gebiete auch stärkere Abwärtsbewegung und nach der Entlastung stärkere Aufwärtsbewegung erfahren haben als die randlichen Gebiete mit zweifellos geringerer Eismächtigkeit. Das führt zu der Auffassung, daß die Erdkruste sich wie ein elastischer Körper verhalten hat. Es zeigt sich aber, daß die Prinzipien der Elastizitätslehre nicht ganz innegehalten werden[2]). Auf Grund der klassischen Elastizitätstheorie ist die bewirkte elastische Deformation eines festen Körpers dem Druck proportional. Danach würde eine durch die Last des Inlandeises hervorgerufene Deformation in folgender Weise verlaufen: Während der Zeit t_1, in der die Inlandeismasse in Bildung begriffen, würde bei einer völlig elastischen Erde die Deformation dauernd zunehmen. Bleibt die Eisbelastung während einer Zeit t_2 kon-

---

[1]) Wie weitgehend nicht nur die Verteilung von Land und Meer, sondern auch die Änderung der Klimaverhältnisse und damit auch der Wechsel der Tier- und Pflanzenwelt durch diese isostatischen Vorgänge aufgeklärt werden kann, zeigt eine interessante Studie von KÖPPEN, W.: Zeitschr. f. Gletscherk. Bd. 12, S. 97. 1922.

[2]) Wir folgen hier den Ausführungen RUDZKIS: Physik der Erde 1911, S. 231 ff.

stant, so wird auch die Deformation während dieser Zeit stationär
bleiben. Während der Abschmelzungszeit t_3 wird auch die Deformation
allmählich abnehmen, so daß nach völligem Abschmelzen auch die
Deformation verschwunden ist.

Bei einer plastischen Erde wird der Ablauf ein anderer sein: Die
Deformation wächst auch hier in der Zeit t_1, aber der Betrag der Deformation wird am Ende der Zeit t_1 größer sein als im Falle der Elastizität. Vor allem aber wird während t_2, der Zeit des stationären Zustandes
der Eisbedeckung, die Deformation weiter wachsen und wird, wie
RUDZKI betont, wenn die Zeit t_2 lange genug andauert, sicher den Betrag
einer hydrostatischen Deformation erreichen. Die belastete Kruste
wird sich dann gemäß den Prinzipien des hydrostatischen Gleichgewichts
in ein entsprechendes Niveau einstellen. Damit aber fällt der Vorgang
aus dem Bereich der Elastizitätstheorie heraus in die Reihe der isostatisch
verlaufenden Vorgänge. Mit Eintritt dieses Zustandes erst tritt ein
Stillstand in der Abwärtsbewegung ein. Mit der Abschmelzzeit t_3
nimmt die Deformation ab, doch nicht völlig proportional der Entlastung, sondern in Abhängigkeit von der Plastizität. Je geringer diese,
je größer die Viscosität, um so größer die Verzögerung gegenüber dem
Abschmelzen.

Diesen theoretischen Ergebnissen, daß der Ablauf weniger
den Prinzipien der Elastizitätstheorie als denen der Isostasie entspricht, sind die Tatsachen angepaßt. Es zeigt sich,
daß trotz gänzlicher (Kanada) oder fast völliger (Skandinavien) Entlastung vom Inlandeis die Hebungsbewegungen nicht beendet sind.
Sie dauern fort. Das ist die durch äußerst geringe Plastizität der subkrustalen Massen bedingte Verspätung der isostatischen Neueinstellung.
Weit bezeichnender ist in dieser Hinsicht das oben eingehend erörterte
Nachhinken der Senkungsbewegung während der ersten Zeit des Abschmelzens.

Die Erdkruste verhielt sich also bei den eiszeitlichen
Deformationen nicht wie ein völlig elastischer Körper.
Da die Eisschmelze ein sehr langsamer, nach Jahrtausenden zählender
Vorgang war, hätte bei einem sehr elastischen, dem Ideal der Theorie
sehr nahe kommenden Körper die Hebung mit der Eisschmelze gleichen
Schritt halten müssen. Die Art der beobachteten Bewegung deutet
auf die geringe Plastizität der subkrustalen Massen.

Auch rechnerisch läßt sich, wie RUDZKI zeigte[1]), die Annahme einer
völlig starren elastischen Erde ad absurdum führen. Er stellte Berechnungen über die Mächtigkeit an, die ein Inlandeisgebiet von 2 Millionen km² Flächenausdehnung haben muß, um den beobachteten
Senkungsbetrag von 280 m hervorzurufen. Der Wert 2 Millionen km²
geht auf Berechnungen von DE GEER über die Ausdehnung des Inlandeises in Skandinavien während der Eiszeit[2]) zurück. Das Ergebnis der
Berechnungen von RUDZKI ist, daß die mittlere Mächtigkeit der Vereisung mindestens 6220 m, seine maximale Mächtigkeit im Zentrum

---

[1]) RUDZKI: Zeitschr. f. Gletscherk. Bd. 1, S. 189. 1906/07.
[2]) GEER, G. DE: Geol. För. Förh. Bd. 20, S. 369. 1898.

ca. 12 000 m betragen haben müßte. Diese Werte sind ohne Zweifel viel zu hoch und mit den tatsächlichen Beobachtungen nicht im Einklang. Lassen sich doch noch heute im skandinavischen Hochgebirge Nunatakers mit Sicherheit feststellen, ganz abgesehen von dem Umstand, daß derartige Eismächtigkeiten physikalisch undenkbar sind, da der Belastungsdruck und die dadurch bedingte Temperaturerhöhung die Vereisungen nicht über ein weit tiefer liegendes Mächtigkeitsmaximum hinauswachsen läßt. Die Voraussetzung der Berechnung, eine völlig starre, elastische Erde, war also eine irrige.

Die Berechnung wurde ausgeführt unter der Annahme eines Starrheitskoeffizienten der Erde von 8×10^8 g pro cm². Rudzki scheint geneigt, diesen Koeffizienten für weit zu hoch zu halten. Aber schon allein die Annahme einer völlig starren Erde bedingt die außerordentlich hohen Eismächtigkeiten. Es ergeben sich sofort weit geringere Werte dafür, sowie man unter der Lithosphäre obiger Starrheit ein Material von einer gewissen Plastizität annimmt. Wie bereits oben gesagt, würde bei genügend langer Zeitdauer diese Voraussetzung der Annahme isostatischer Vorgänge gleichkommen. Diese Annahme führt aber, wie oben gezeigt wurde, zu dem sehr wahrscheinlichen, durch die Beobachtung gestützten Wert

$$he = \frac{di}{de} \cdot 280 = 933 \text{ m},$$

d. h. also, daß die Hypothese eines isostatischen Ablaufs der glazialen Bewegungsvorgänge den tatsächlichen Beobachtungen weit besser gerecht wird als die Annahme einer starren, elastischen Erde.

Das Ergebnis der Schweremessung in Skandinavien.

Wenn die Hypothese der isostatischen Bewegung Fennoskandias zu Recht besteht und wenn der Hebungsprozeß dieses Gebietes noch nicht zum Abschluß gekommen ist, so muß das im Befund der Schweremessungen zum Ausdruck kommen. Es muß sich für die noch in Hebung befindlichen Gebiete die totale Schwere als negativ erweisen, da der durch die Eisschmelze verursachte Massenverlust noch nicht durch ein Nachströmen subkrustalen Materials kompensiert ist.

Diese Kontrolle der isostatischen Deutung der Hebung enteister Gebiete ist zur Zeit infolge mangelnder Schweremessungen nur für das fennoskandische Gebiet, und auch für dieses nur unzureichend möglich. Für Schweden liegen nur fünf Schweremessungen vor, eine ähnlich geringe Anzahl für Finnland, und auch das nördliche Rußland ist unzureichend damit versehen. Dagegen genügt die Zahl der dänischen und der westnorwegischen Messungen den Anforderungen an die Netzdichte. Alle Daten wurden den beiden Berichten von E. Borras (1911 u. 1914) entnommen. Hier finden sich die Werte für die totale Schwerestörung Δg, Werte, die alle Zufälligkeiten des Reliefs enthalten, je nachdem die Station eine Berg- oder Talstation ist. Die Werte waren also nicht ohne weiteres verwendbar. Es mußte daher für die Konstruktion der

Kurven gleicher Isostasiestörung ein Reduktionsverfahren[1]) verwendet
werden: Es ergab sich zunächst die Notwendigkeit, die mittlere Meereshöhe der Umgebung der einzelnen Stationen, besonders norwegischer

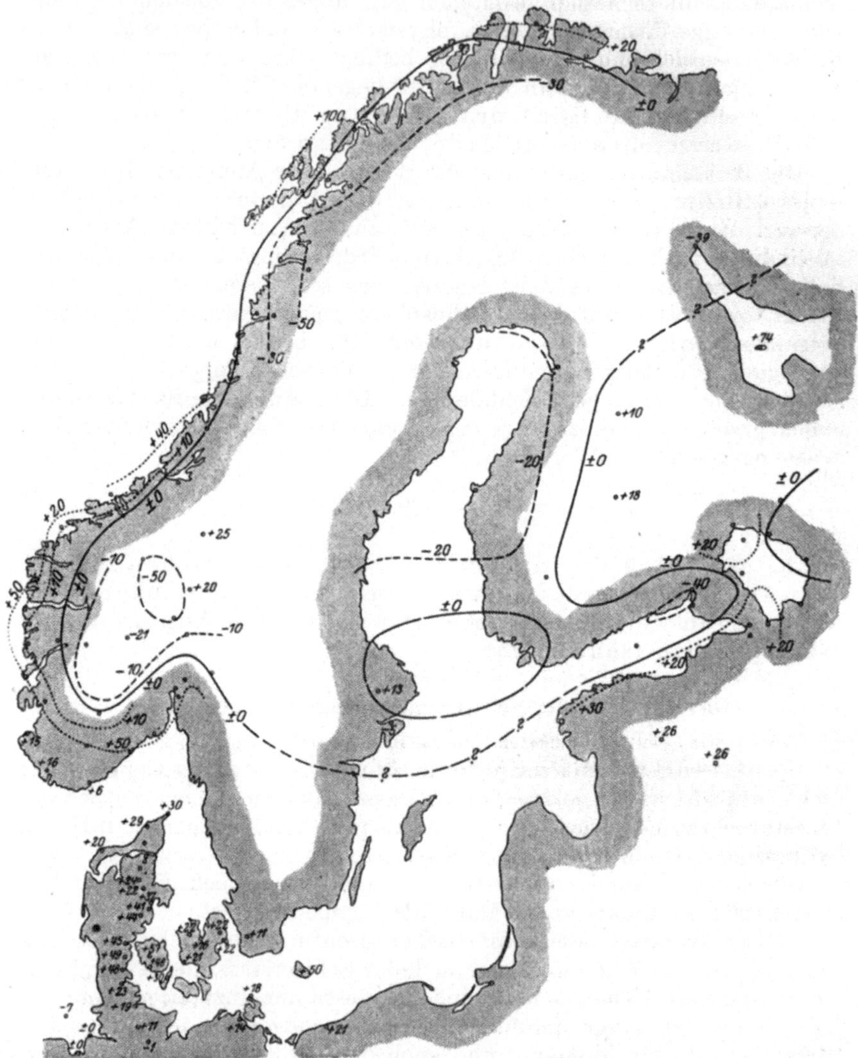

Abb. 20. Verteilung der Totalschwere ($\varDelta g$) in Fennoskandia.
····· Linien gleichen Überschusses; ——— 0-Linie; — — — Linien gleichen Defizits.

Gebirgsstationen, zu bestimmen. Wegen unzureichenden Kartenmaterials
(Isohypsenkarten 1 : 300 000) war schon das nur mit einiger Annäherung

———

[1]) Nähere Angaben über das Verfahren s. S. 18; außerdem BORN, A.: Zeitschr.
d. Deutsch. geol. Ges. Bd. 75, 1923.

möglich. Berücksichtigt wurde ein Umkreis von 50 km Radius. Es wurde sodann die attraktive Wirkung der fehlenden resp. überschüssigen Gesteinsplatte berechnet, deren Mächtigkeit sich aus der Differenz mit der Meereshöhe der Beobachtungsstation ergab. Je 10 m einer Gesteinsplatte von der Dichte 2,4 entsprechen einer Einheit der dritten Dezimale von g in Zentimetern. Die Berechnung des attraktiven Wertes wurde vorgenommen unter Berücksichtigung der Tatsache, daß hier ein Gesteinsmaterial von der Dichte etwa 2,6—2,7 vorliegt. Der so erhaltene Wert wurde an den für die totale Schwere von BORRAS angegebenen Daten in Anrechnung gebracht. Die erhaltenen verbesserten totalen Schwerestörungen wurden der Konstruktion der Linien gleicher totaler Störung zugrunde gelegt (Abb. 20).

Das Unzureichende der gewonnenen kartographischen Darstellung ist vor allem durch die Weitmaschigkeit des Beobachtungsnetzes bedingt. Trotz dieses Mangels sind gewisse Züge im gravimetrischen Verhalten Fennoskandias sehr ausgeprägt.

Es zeigt sich zunächst eine auffallende Anpassung der Kurven gleicher verbesserter totaler Schwerestörung an die Umrißlinie der skandinavischen Halbinsel. Die O-Linie, also die Linie völliger Kompensation, deckt sich auffallend mit dem Küstenverlauf im N, NW und W. Im Süden Norwegens rückt die Kurve in das Landinnere, zunächst unter Wahrung der Parallelität. Soweit also das Gebiet dem ozeanischen Tiefseeboden zugewendet ist, zeigt sich eine Konkordanz zwischen Küsten- und Schwerestörungs-Verlauf. Es ist anzunehmen, daß das schwere Material des Ozeanbodens einen quantitativen, sicher aber keinen qualitativen Einfluß auf die Schwerestörungen am Außenrande von Skandinavien ausübt. Von einer entsprechenden Korrektur der Werte in der Karte ist jedoch Abstand genommen worden. Es genügt vollkommen, sich bewußt zu bleiben, daß die Küstenwerte durchschnittlich um einen gewissen Betrag zu hoch sind.

Der weitere Verlauf der O-Kurve im Osten des Gebietes ist durch relativ wenige Stationen festgelegt, besonders im NO. Doch ergibt sich aus der Anordnung aller Werte, daß im Inneren der Skandinavischen Halbinsel ein großes Feld liegt, das durch Schweredefizit charakterisiert ist. Allseitig zeigt sich von außen nach innen eine Zunahme der negativen Werte. Die Längsachse dieses zentralen Defizitgebietes fällt annähernd mit der der skandinavischen Halbinsel zusammen.

Ausnahmen bilden ein Gebiet geringen Überschusses im südlichen Teil des Bottnischen Meerbusens und zwei Stationen, Röros mit $+25$ und Koppang mit $+20$ Einheiten im mittleren Norwegen. Diese beiden totalen Schwereüberschüsse von Röros und Koppang erklären sich allem Anscheine nach aus den lokalen Verhältnissen. Prof. V. M. GOLDSCHMIDT, Kristiania[1]), teilte mir mit, daß er sowohl wie Prof. W. WERENSKIÖLD, Kristiania, die Gabbromassen des Gebietes von Röros für die nächstliegende Erklärung halten. Bezüglich Koppang ist es wahrscheinlich, daß dort präkambrische Gabbrogesteine im Unter-

---

[1]) Für verschiedene Bemühungen um die Förderung meiner isostatischen Interessen bin ich Herrn Prof. V. M. GOLDSCHMIDT zu herzlichem Dank verpflichtet.

grund stecken, da solche nordwestlich von Koppang im Urgebirgsfenster von Atnedalen durch Prof. WERENSKIÖLD festgestellt wurden. Auch 4—5 km nordwestlich von Koppang findet sich nach Prof. GOLDSCHMIDT eine Gabbromasse.

Außerhalb der O-Kurve liegen nur positive Werte, die mit der Entfernung von dieser regelmäßig zunehmen. Die Zunahme ist gegen W eine auffallend schnelle, was vielleicht durch die erwähnte attraktive Wirkung des schweren Ozeanbodens seine Erklärung findet.

Nimmt man das Ergebnis als ein endgültiges, so zeigt sich allein nach den bisherigen Messungen ein Massendefekt, der auf dem Festland südöstlich der Lofoten den Betrag von — 50 Einheiten gleich dem Wert von 450 m Gestein vom spezifischen Gewicht 2,65 erreicht. Auf jeden Fall hat, abgesehen von den Randgebieten, das ganze Innere Fennoskandias die Tendenz zu weiterer Hebung. Daß die Hebung der Landoberfläche über das Niveau des Meeres nicht den Betrag von 450 m erreichen wird, ist eine Angelegenheit der Abtragung, die aber ihrerseits immer wieder dafür sorgen wird, daß völlige Kompensation nicht eintritt. Und doch wird dieses Spiel nicht unendlich lange laufen, da von unten her stets schwerere Massen in den Zyklus gebracht werden, denen jeweils eine immer geringere Tendenz zur Hebung der Kruste entspricht. Aus endogenen Gründen wird also auch dieser Zyklus sich totlaufen.

Nach der Verteilung der Schwerestörungen sollte man annehmen, daß nur das zentrale, an Masse noch unbefriedigte Gebiet Fennoskandias, das innerhalb der O-Kurve liegt, einer Hochbewegung unterliegt. Tatsächlich nehmen aber auch randliche, an Masse völlig gesättigte und übersättigte Zonen an der Hochbewegung noch heute teil. Man darf das wohl als Folge der Starrheit eines einheitlichen fennoskandischen Erdkrustenteiles deuten, analog den von F. KOSSMAT nachgewiesenen, mit dem Gebirgskörper versenkten Außenzonen der jüngeren Faltengebirge. Analog den Massendefektzonen dort entsteht hier das starke Überschußgebiet, wie es der Steilabfall der Schwerestörungen an der norwegischen Küste aufweist. Wenn man die Steilrandwirkung zur Anrechnung bringt, ergibt sich übrigens, daß das Küstengebiet annähernd isostatisch eingestellt ist, wofür auch der Umstand spricht, daß die tertiäre oder altquartäre breite Küstenplattform Westnorwegens trotz der ungleichmäßigen postglazialen Hebung im großen ganzen horizontal liegt.

Es ergibt sich somit als Resultat, daß das von der isostatischen Deutung der fennoskandischen Hochbewegung gestellte Postulat, nämlich der an Masse ungesättigte Schwerezustand Skandinaviens, durch die Ergebnisse der Schweremessungen, so lückenhaft letztere auch sind, doch vollkommen seine Erfüllung findet.

Ein Vergleich der Karte der Isostasiestörungen mit der Darstellung der postglazialen Isobasen Fennoskandias (Abb. 20) zeigt eine auffallende Übereinstimmung des Kurvenverlaufs. Die Gestalt des Massendefektgebietes ist keine von der Form der Hebungsgebiete völlig unabhängige, sondern zeigt weitestgehende Übereinstimmung, nur daß das postglaziale und rezente Hebungsgebiet über den Bereich des Massendefektgebietes hinausgreift, was aus den oben erwähnten Gründen verständlich ist. Diese Tatsache der Übereinstimmung von Hebungs- und Massendefektgebiet ist neben dem Umstand des Bestehens eines innerfennoskandischen Minusgebietes mit die wesentlichste Stütze der isostatischen Deutung fennoskandischer Hebung.

Es soll nicht unerwähnt bleiben, daß DE GEER zwar den Einfluß der Eisbe- und -entlastung auf die Bewegungen Skandinaviens anerkennt, im wesentlichen aber ältere Vorgänge dafür verantwortlich macht[1]). Nach DE GEER weisen alle Gebiete, die das nordeuropäische Meer, den Skandik, umrahmen, Anzeichen junger, schon präquartärer Hebung auf. Diese marginalen Hebungen und Aufpressungen sollen ihren Grund in einer bedeutenden Bodensenkung des Skandik haben. „Bezüglich der quartären Niveauveränderungen sei hier nur hinzugefügt, daß die Landhebungen zwar wahrscheinlich durch die Entlastung der Vergletscherungen wesentlich erleichtert wurden, wodurch gewisse wellenförmige zentripetale Bewegungen erklärlich scheinen; daß aber unabhängig davon die Einsenkung des Meeresbodens sich fortgesetzt zu heben scheint, woher Massenverschiebungen und Landhebungen schon zu erwarten waren."

Es zeigt sich, wie kompliziert die Vorgänge verlaufen und wie die Zuordnung einer Bewegung zu ihrer Ursache nicht ohne weiteres möglich ist. Daß aber die von DE GEER besprochenen Bewegungen des Skandikbodens nicht den vorwiegenden Einfluß auf die quartäre Hochbewegung Skandinaviens gehabt haben, zeigen folgende Überlegungen: Wenn das Sinken des Skandik das störende Moment ist, so wird dadurch sekundär eine Störung der isostatischen Einstellung der Randgebiete in der Weise hervorgerufen, daß zentrifugal vom Skandik verdrängte subkrustale Masse die marginalen Gebiete heben. Die Folge müßte sein, daß diese Gebiete einen Überschuß an totaler Schwere aufweisen. Wie oben gezeigt wurde, ist das Umgekehrte der Fall. Der nach DE GEER dem Gebiete Skandinaviens von außen aufgedrängte Massenüberschuß ist nicht nur nicht vorhanden, es findet sich im Gegenteil ein relativ großes Minus an Totalschwere, das der DE GEERschen Deutung widerspricht und das durch die JAMIESONsche Entlastungstheorie seine vollendete Erklärung findet.

Die Schweremessungen erweisen sich von entscheidender Bedeutung für die Auffassung der krustalen Bewegungen Nordeuropas in quartärer Zeit.

Das schottische Vereisungsgebiet.

Der Ablauf der Vorgänge ist hier der gleiche wie im fennoskandischen Vereisungsgebiet. In präglazialer Zeit lag der Meeresspiegel annähernd in gleicher Höhe wie jetzt[2]). Das Zentrum lag im Inneren der Hebriden.

---

[1]) C. r. congr. géol. intern. Stockholm Bd. 2, S. 849. 1910.
[2]) Im wesentlichen folge ich hier den Ausführungen von WRIGHT, W. B.: The quarternary ice age London 1914, S. 364 ff.

Wenigstens zeigt sich hier das postglaziale Hebungsmaximum (60 m), und zwar auf der Isle of Jura.

Das skandinavische Inlandeis beeinflußte die britische Eismasse insofern, als letztere an freier Bewegung nach O gehindert wurde. Die Folge war eine Verlagerung der Eisscheide nach O. Nach W entwickelte sich die Eismasse frei in den Atlantik, ähnlich der Roßbarriere der Antarktis. Die Irische See, niemals von großer Tiefe, bildete ein Becken, in das schottisches Eis von N, irisches von W herabfloß. Berge bis zu 1100 m Höhe tragen in Schottland sichere Anzeichen der Vereisung[1]).

Das spätglaziale Tiefliegen des vom Eis befreiten Gebietes in Fennoskandia (Yoldia-Meer) hat sein Gegenstück im Bereich der Britischen Inseln. Während die Highlands noch vereist und viele Fjorde noch mit Eis erfüllt waren, lagen die umgebenden Gebiete in weiterem Umfange als heute vom Meere bedeckt. Die Senkung war gering, höchstens 100 engl. Fuß; wir erkennen sie in der berühmten 100-Fuß-Terrasse und in gehobenen spätglazialen marinen Tonen[2]). Die Übereinstimmung geht noch weiter, insofern als diese Tiefenlage erst durch Senkung unmittelbar im Anschluß an das Abschmelzen des Eises in England und Wales eingenommen wurde. Hier zeigt sich wieder das Nachhinken der Belastungsreaktion in der Zeit der Entlastung.

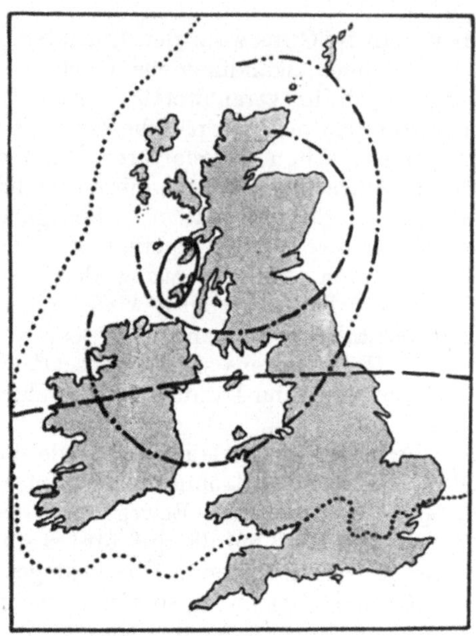

Abb. 21. Verbreitung der Terrassen im Bereich der Britischen Inseln (nach W. B. WRIGHT, 1914).

—— Gebiet präglazialer Terrassen, die heute 100 bis 135 Fuß hoch liegen; — — — Nordgrenze der präglazialen (10—12-Fuß-)Terrassen von Süd-Britannien; —·—·— Gebiet der spätglazialen sog. 100-Fuß-Terrasse, nur in Schottland; —··—·· Gebiet gehobener, jüngster, postglazialer (neolithischer) sog. 25-Fuß-Terrasse; ····· Grenze der letzten Vereisung.

Diese spätglaziale Senkung konzentriert sich um das schottische Hochland (vgl. Karte Abb. 21. Verbreitung der 100-Fuß-Terrasse).

Diesen Vorgängen folgte eine Zeit tiefliegenden Meeresspiegels, d. h. eine Zeit der Landhebung sowohl im schottischen Zentrum wie in den peripheren Gebieten (England, Wales, Irland). In diese Zeit fällt die Bildung der Moore und Wälder. Das Land lag damals 25—30 Fuß höher als jetzt.

---

[1]) KENDALL: The british isles, im Handbuch d. region. Geologie Bd. 3, Heft 1, S. 302. 1917.

[2]) WRIGHT, W. B.: l. c. S. 365 u. 420.

Die nun in der Peripherie einsetzende allgemeine Senkung des Landes brachte die Torfmoore und Wälder in den Bereich des Meeresspiegels oder unter ihn; es entstanden die „submerged forests", und es bildete sich die 25-Fuß-Terrasse aus. Frühneolithische Reste belegen, daß diese Depression mit der Litorina-Tapes-Senke von Skandinavien und Dänemark mit den Kjökkenmöddings zusammenfällt[1]). Isostatisch ist diese Senkung als die Folge der Massenentziehung durch das Zentrum anzusehen. Ihre Anzeichen, die versunkenen Torfmoore und Wälder, treffen wir rund um die Küsten von England und Wales[2]). Ebenso sind große Areale des Bodens der Nordsee, besonders der Doggerbank, von Torflagern bedeckt. Diese versunkenen Moore und Flußläufe liegen nach KENDALL[3]) niemals tiefer als 24 m. Damals lag also Südbritannien und die südliche Nordsee in einem um 24 m höheren Niveau. Ihre Tieferlegung ist die Depression des Absaugungsgürtels. In Schottland findet sich nach KENDALL keine Spur versunkener Wälder usw.

Als jüngste Bewegung macht sich im Anschluß an die Litorina-Senkung bis in die Gegenwart eine Landhebung bemerkbar. Ihr verdankt die 25-Fuß-Terrasse ihre Höhenlage. Diese Terrasse ist heute beschränkt auf ein Gebiet, das den größten Teil von Schottland, NO-Irland und Nordengland umfaßt (vgl. Abb. 21). Das besagt, daß nur dieses zentrale Gebiet bisher an der Hebung beteiligt ist. Die Kurve auf Abb. 21 stellt die O-Isobase dar, bei welcher die Terrassen in das Meeresniveau übergehen. Nach dem Zentrum dagegen, nahe Loch Linneh, erreicht die „25-Fuß-Terrasse" 36 Fuß. Hier ist also die Hebung infolge des größeren Auftriebes am stärksten. Sie hat in spätneolithischer Zeit eingesetzt.

Diese Bewegungen mit einem Schwanken des Meeresniveaus auf Grund für Vereisung entnommener Wassermengen in Verbindung zu bringen, erscheint um so weniger gerechtfertigt, als die Litorina-Senkung sowohl wie die anschließende Hebung in die letzte große Periode kontinuierlichen Abschmelzens nördlicher Vereisungsgebiete fallen.

Für den Stand der Kompensation in gewissen Teilen der Britischen Inseln ist es von Bedeutung, daß die präglazialen Terrassen im ganzen südlichen Gebiet parallel, ohne jede Verbiegung 10—12 Fuß über dem jetzigen Flutwasserstand liegen und innerhalb des Gebietes der 25-Fuß-Terrasse ein etwas tieferes Niveau einnehmen, daß sich also das Gebiet von der Absenkung noch nicht ganz erholt hat[4]). Auf eine in diesem Zusammenhange sehr bemerkenswerte Tatsache hat M. SCHMIDT aufmerksam gemacht[5]). Ein Vergleich der 1884—1893 in Frankreich vorgenommenen Nivellements mit den Nivellements aus den Jahren 1857 bis 1864 ergibt sehr auffallende Höhendifferenzen im Sinne von Bodensenkungen, die vom Mittelmeer und den Alpen nach N gegen die Küste

---

[1]) WRIGHT, W. B.: The quarternary ice age London 1914, S. 420.
[2]) WHITEHEAD and GOODCHILD: Essex naturalist Bd. 16, S. 51—60. 1909.
[3]) l. c. 321.   [4]) WRIGHT, W. B.: l. c. S. 422.
[5]) Neuzeitliche Erdkrustenbewegungen in Frankreich. Sitzungsber. d. Bayr. Akad. d. Wiss., Math.-phys. Kl. 1922, S. 1.

des Kanals zunehmen (vgl. Abb. 22). In Anbetracht der Größe dieser
Unterschiede und ihres systematischen Charakters hält M. Schmidt
es für ausgeschlossen, daß sie als Folge von Messungsfehlern des einen
oder anderen Nivellements aufgefaßt werden können. Nach N fortschreitende Bodensenkung ist die selbstverständliche Erklärung.

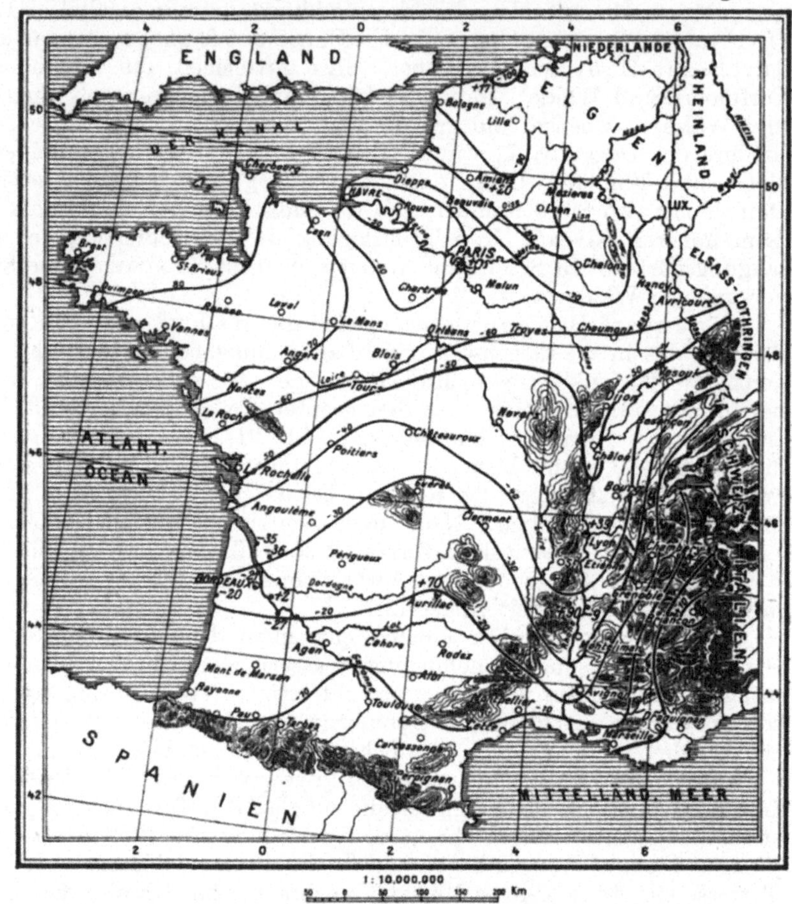

Abb. 22. Bodensenkungen in Frankreich von 1857—1884 (nach M. Schmidt, 1922).
——— Linien gleicher Senkung in cm; • Schwerestationen, $\varDelta g$ in 0,001 cm.

Die subkrustalen Massenverschiebungen, welche die Voraussetzung
dieser Senkungen sind, bilden die vollkommene Erfüllung der isostatischen Forderungen. Wir haben hier in dem Senkungsgebiet Frankreichs einen Teil der zirkumglazialen Absaugungszone des
schottisch-skandinavischen Vereisungsgebietes vor uns.
Diese während der Vereisung aufgepreßten Gebiete stellen sich zur Zeit
allmählich wieder auf ihr altes präglaziales Niveau ein. Da während des
Diluviums hier keine Sedimentation, sondern Abtragung herrschte, so

wird die postglaziale Landoberfläche etwas tiefer liegen als die prä-
glaziale.

Charakteristisch ist, daß Alpen und Pyrenäen von der umfassenden
Bodenbewegung unbeeinflußt geblieben sind. An den Tiefenwülsten
dieser Gebirge stauten sich anscheinend die subkrustalen Massen, und
über diese Wülste greift auch die postglaziale Rückwirkung nicht hinaus.

Bei diesem Vorgang läßt sich eine intreressante Beziehung zur geologischen Struktur erkennen, auf die EM. KAYSER bereits hinwies[1]).
Wie die Karte zeigt, sind die Senkungen im Bereich des Rhone-Saone-
Grabens besonders intensiv. Diese tektonisch gelockerte Zone reagiert
leichter und stärker als der übrige Teil. Ebenso scheint es sich mit dem
südwestlichen Abbruchsgebiet der Ardennen gegen das Pariser Becken
zu verhalten.

Wie die Schweremessungen zeigen, ist von dem Gebiete Frankreichs
anscheinend nur Paris mit seiner Totalschwere von $+0$ im Gleichgewicht. Soweit sich nach den wenigen vorliegenden Werten urteilen
läßt, besitzt das übrige Gebiet mit Ausnahme der Gegend von Bor-
deaux, wo Δg negativ, einen totalen Schwereüberschuß, der nach S
allmählich ansteigt.

Der Ablauf der Bewegungen ist hier im großen ganzen also der
gleiche wie im fennoskandischen Vereisungsgebiet. Die wenigen gravimetrischen Beobachtungen aus dem Bereich des schottischen Vereisungszentrums haben nur positive Werte für die totale Schwere
$(g_0 - \gamma_0)$ ergeben, und zwar Beträge in annähernd gleicher Höhe
(E. BORRAS 1911):

Beobachtungsstation	Meereshöhe in m	$g_0 - \gamma_0$ in 0,001 cm
Shetlandsinseln	8	+44
Kirkwall, Orkney . . .	5	+48
Stornoway, Hebriden . .	4	+56
Portsoy	28	+47
Glasgow	61	+48
Edinburgh	21	+40
North Shields	22	+40

Die ausschließlich positiven Werte an totaler Schwere lassen darauf
schließen, daß das frühere Defizitgebiet der Vereisung bereits völlig
durch subkrustale Massenzufuhr ausgeglichen worden ist, welches vor-
geschrittene Stadium dem fennoskandischen Vereisungsgebiet gegenüber
durch die Kleinheit des schottischen Gebietes verständlich ist. Die
Tatsache der wenn auch nur geringen Überschüsse erklärt sich wohl
aus der Nähe des attraktiv besonders wirksamen Ozeanbodens.

Die Vereisung des kanadischen Schildes.

Während des Abschmelzens der letzten großen Vereisung, deren
Grenzen Abb. 23 zeigt, lag in spätglazialer Zeit ein großer, besonders ein
östlicher Teil des vom Eis befreiten Gebietes im Bereich des Meeres-

---

[1]) Merkwürdige Senkungen des Bodens von Frankreich. Sitzungsber. d. Bayr.
Akad. d. Wiss., Math.-phys. Kl. 1922, S. 51.

niveaus. Unter anderem ging ein Meeresarm durch das St.-Lawrence-Tal bis zum Ontario-See. Heute finden sich von Neuyork aus nach N an der Küste spätglaziale marine Tone und Terrassen in beträchtlichen Höhen. Weiter im Inneren sind die schräggestellten und gehobenen Strandterrassen der im Spätglazial weit umfangreicheren großen Seen ein

Abb. 23. Karte der postglazialen Hebung und des totalen Schwerezustandes (Δg) des Labrador-Vereisungsgebietes (nach verschiedenen Autoren).
······· Linien gleicher postglazialer Hebung; • — 12, Schwerestationen (Δg).

Indicator für spät- und postglaziale Deformationen des enteisten Gebietes. Die postglaziale Hebung erreichte anscheinend im Labradorgebiet ihr Maximum. Von hier aus nimmt die Hebung resp. die frühere Depression allseitig ab. Die Gesamtdeformation wurde zuerst von G. DE GEER erkannt und rekonstruiert[1]). Der Karte Abb. 23 liegt die

---

[1]) DE GEER, G.: On pleistocene changes of level in eastern North-America, Proceed. Boston soc. of nat. hist. Bd. 25, S. 461. 1892.

DE GEERsche Zusammenstellung zugrunde; auf Grund neuerer Untersuchungen wurden besonders in östlichen Gebieten einige Abänderungen vorgenommen[1]).

Die Beziehungen zwischen Eismächtigkeit und Depressionsbetrag sind hier größer und klarer als in Skandinavien. Der Gradient der Depression ist gegen den Atlantik am größten, nämlich 1 : 1400[2]). Im Inneren Nordamerikas sind die Isobasen sehr weit gestellt. Hier hat das Gebiet der Großen Seen eine Schrägstellung gegen S erfahren.

In den Einzelheiten der Bewegungen des vom Eis bedeckten und wieder entlasteten Areals zeigen sich einige mit den Vorgängen um das schottische und fennoskandische Vereisungszentrum übereinstimmende Züge.

Das Land lag auch hier unmittelbar im Anschluß an die letzte große Entlastung noch nicht im Niveau maximaler Versenkung, sondern erreichte diese, in der Reaktion auf die letzte große Belastung nachhinkend, erst in spätglazialer Zeit. Hudson- und Connecticut-Tal sanken ebenso wie Long Island erst spätglazial unter den Meeresspiegel, um sich dann erst wieder als neue Reaktion auf Entlastung zu heben[3]).

Die Grenzen der letzten Vereisung und der Verlauf der O-Isobase der postglazialen Deformation decken sich auch hier wieder.

Die Hebung innerhalb der O-Isobase ist als Reaktion auf die Entlastung anzusehen. Als Wirkung zentripetalen subkrustalen Massentransportes zeigt sich außerhalb der O-Isobase eine Zone der Absenkung (Absaugungsgürtel). Versunkene Wälder trifft man an der Bucht von Fundy und an der Küste von Neubraunschweig[4]). An der ganzen SO-Küste von Neufundland hat keine postglaziale Hebung, sondern Senkung stattgefunden, ebenso an der Kap-Breton-Insel und an der SO-Seite von Neuschottland[5]).

Die Kontrolle des anisostatischen Zustandes des Labrador-Vereisungsgebietes durch gravimetrische Beobachtungen ist nur unzureichend möglich. Das hierfür in Betracht kommende Gebiet der Vereinigten Staaten und von Kanada ist nur unzulänglich gravimetrisch untersucht. Die wenigen Daten, wie sie sich bei E. BORRAS 1911 und 1914 finden, wurden auf der Karte Abb. 23 eingetragen. Es wurde lediglich e i n e Kurve ausgezogen, innerhalb der ausschließlich Minuswerte an totaler Schwere ($g_o - \gamma_o$) gelegen sind. Die Einheiten der Zahlen bedeuten dritte Dezimalen von g in totaler Schwere und sind nicht verbessert, da die Mehrzahl der Beobachtungsstationen nicht dem Gebirgsland angehört und ihre Höhenlage annähernd der mittleren Höhe ihrer Umgebung entspricht. Nicht berücksichtigt wurden alle Bergstationen, die bereits dem Bereich der Alleghanys angehören und deren Δg-Wert eine andere Bedeutung hat.

[1]) TWENHOFEL and CONINE, Americ. journ. of science a. arts. V. ser., Bd. 1, S. 268.   [2]) DE GEER: l. c. S. 461.

[3]) FAIRCHILD, H. L.: Postglazial marine submergence of Long Island. Bull. geol. soc. Americ. Bd. 28, S. 279. 1917.

[4]) WRIGHT, W. B.: The quarternary ice age London 1914, S. 425.

[5]) DALY, R. A.: Postglazial warping of New Foundland and Nova Scotia. Americ. journ. of sience V. ser., Bd. 1, S. 381—391. 1921.

Als Grundzug der Verteilung der Überschüsse und Defizite totaler Schwere zeigt sich lediglich, daß von außen nach dem Inneren des Vereisungsgebietes die positiven Werte durch negative ersetzt werden. Allerdings fehlen aus dem Inneren Labradors jegliche Messungen. Die $\pm$ 0-Kurve, die lediglich Defizit-Gebiete totaler Schwere umfaßt, folgt, in großen Zügen wenigstens, dem Verlauf der Isobasen, ebenso wie dem Verlauf der Grenze der letzten Vereisung, mit welcher Kurve teilweise auffallende Parallelität besteht. Ausnahmen von dieser allgemeinen Anordnung der Werte finden sich, so unter anderem in der Station Jervis, südlich Albany mit einem Defizit von 41 Einheiten.

In vorsichtiger Beurteilung der Tatsachen kann man sagen, daß alle bisherigen Beobachtungen darauf hindeuten, daß im Inneren des Vereisungsgebietes, in Labrador, noch heute ein Schweredefizit, also ein an Masse unbefriedigtes Gebiet vorliegt.

Die Vereisung der Alpen.

Nach neuen Untersuchungen von A. PENCK und O. AMPFERER in den Alpen scheinen sich auch hier Anzeichen dafür zu finden, daß die Belastung mit Eis nicht ohne Einfluß auf die Höhenlage des Gebirgskörpers geblieben ist. A. PENCK kommt auf Grund seiner Studien über die Bildungen des Riß-Würm-Interglazials[1]) zu folgenden Ergebnissen: In fast allen großen Alpentälern liegt zwischen Moränen eingeschaltet eine Interglazialbildung, die sich genetisch in einen unteren lacustren und einen oberen fluviatilen Teil gliedert. Der erstere ist der Beweis ausgedehnter interglazialer Seen, deren Spiegel heute das talabwärts gelegene Land weit überragen, so daß daraus für die Zwischenzeit auf eine erhebliche Höhenverschiebung geschlossen werden muß. Die erreichten Mächtigkeiten der Interglazial-Bildungen sind 200—300, ja 400 m. Es sind Auffüllungen stark übertiefter Täler, doch sind alle inneren Gebirgstäler trotz großer Übertiefung frei von der Riß-Würm-Verschüttung.

Diese Auffüllung ist nur verständlich, wenn die verschütteten Täler in der letzten Interglazialzeit tiefer lagen als heute, woraus sich der schon von O. AMPFERER gezogene Schluß ergibt, daß die interglazialen Bildungen infolge Einsinkens eines Teiles der Alpen entstanden. Die Schrägstellung und Höhenlage der zur Ablagerung gekommenen Bildungen ist dann ein Beleg dafür, daß dem Einsinken eine Hebung folgte.

So ergibt sich nach A. PENCK eine Art Schwingung, die im Isargebiet schon in der Rißeiszeit einsetzte, „dann in der lacustren Periode ihr Maximum nach unten erreichte, aber bereits vor Ende der Riß-Würm-Interglazialzeit ihr Maximum nach oben hatte"[2]).

Wie sich aus den Beobachtungen in den einzelnen Gebirgstälern entnehmen läßt, hat, was auch AMPFERER[3]) schon erkannte, nicht etwa

---

[1]) PENCK, A.: Die Terrassen des Isartals in den Alpen. Sitzungsber. d. Preuß. Akad. d. Wiss. 1922, S. 182 und: Ablagerungen und Schichtenstörungen der letzten Interglazialzeit in den nördlichen Alpen. Ebenda S. 214.   [2]) l. c. S. 248.

[3]) AMPFERER, O.: Jahrb. d. Geol. Staatsanst. Wien Bd. 71, S. 71. 1921.

der Gesamtkörper der Alpen en bloc die Schwingungen vollführt, sondern einzelne Teile, und diese in verschiedenem Ausmaße.

Die Schwingungen der Talgebiete sind von den einzelnen Gebirgsgruppen anscheinend nicht immer völlig mitgemacht worden, wie aus der Verbreitung der interglazialen Bildungen gefolgert werden. muß.

Nachdem diese Verhältnisse von A. Penck erkannt waren und nachdem sich auch für die Zeit des vorletzten Interglazials solche in ähnlicher Weise nachweisen ließen, war es ein naheliegender Gedanke, den Höhenwechsel der Täler in Korrelation zur Eisbelastung zu setzen und in ersterem eine isostatische Ausgleichsbewegung zu sehen. Die Beschränkung der Vertikalverschiebung auf das Gebiet der Vergletscherung kann nur als Bestätigung aufgefaßt werden. Mit Recht weist A. Penck auf eine Tatsache hin, die mit der isostatischen Deutung nicht ohne weiteres im Einklang ist. Die Schwingungen der Kruste vollziehen sich im wesentlichen während der Interglazialzeit. Die Bewegungskurve zeigt zunächst im Interglazial ein Maximum der Senkung, dessen verspätetes Eintreten infolge der Viscosität der Massen nicht weiter überraschen kann. Aber auch das Hebungsmaximum tritt schon vor Ende des Interglazials ein, was Penck aus der Zerschneidung der gehobenen Schotterformation im Isar- und Gamperdonatal und aus der langen Dauer des Interglazials schließt. Im übrigen dürfen solche Gebiete nicht isoliert an sich betrachtet werden. Ihre Reaktion auf B- resp. Entlastung wird gestört einmal durch Massenwellen, die durch Bewegungen der Nachbarschaft hervorgerufen werden, dann aber auch durch die wenigstens teilweise bestehende elastische Verbindung mit der Nachbarschaft.

Eine sehr interessante Bestätigung dieses isostatischen Bewegungsmechanismus konnte A. Penck an postglazialen Erscheinungen des Alpenvorlandes nachweisen. Eine Revision der postglazialen Uferlinien der Alpenseen ergab, daß die Stellen, die auf einen höheren Wasserstand hindeuten, stets am oberen Ende des Sees gelegen sind[1]). So am Würmsee, Züricher See, Tegernsee, auch am Bodensee. Bei Bregenz liegen höhere Seestände als bei Konstanz. So ergibt sich eine postglaziale Schrägstellung des Bodenseespiegels um 0,2—0,4%, des postglazialen Würmseespiegels um 0,5% im Alpenvorland, des postglazialen Tegernseespiegels um 2% in den Alpen selbst.

Wir stehen hier erst am Anfang der Ausdeutung eines sehr großen Materials. Eine Vorstellung gewinnen wir jedoch schon jetzt mit Sicherheit aus den Tatsachen: Die Beweglichkeit der Erdkruste, selbst in so verstärktem Zustande wie im Faltengebirge der Alpen, ist weit größer als je erwartet, was O. Ampferer schon betonte. Nicht der Alpenkörper bewegt sich als Einheit, auch nicht ganz große Anteile bewegen sich konform, sondern relativ umfanggeringe Komplexe oder Blöcke bewegen sich im Maße ihrer Inanspruchnahme. Es scheint, als

---

[1]) Penck, A.: Glaziale Krustenbewegungen. Sitzungsber. d. Preuß. Akad. d. Wiss. Bd. 24, S. 306ff. 1922.

ob die Verdickung der Erdkruste durch Faltung auf die vertikale Bewegungsfähigkeit nicht besonders hemmend wirkt. Vielleicht ist dabei die starke tektonische Durchrüttelung nicht ohne Einfluß auf die Vorgänge.

Das Phänomen der Entlastung durch Eisabschmelzen und der dadurch bedingten Landhebung ist nicht etwa auf die besprochenen Gebiete beschränkt, sondern ist vielmehr von genereller, regionaler Bedeutung. Überall im Bereich des Zirkumpolargebietes der nördlichen Hemisphäre haben Vereisungen in diluvialer Zeit ein größeres Ausmaß besessen als heute. Als Folgeerscheinung darf man die beträchtlichen postglazialen Landhebungen in diesen Gebieten betrachten:

Auf Spitzbergen liegen die postglazialen marinen Terrassen höher als 140 m über dem heutigen Meeresspiegel, auf König - Karls - Land und Franz - Josephs - Land sind Uferwälle bis 218 m, gerundete, vom Meer transportierte Glazialgeschiebe bis 333 m über dem Meere angetroffen worden. Spitzbergen ist jetzt anscheinend zum Stillstand gekommen, da sich in der Uferlinie eine sehr breite Strandfläche ausbildet[1]).

Auf den Fär - Öer beobachtete HELLAND[2]) Anzeichen einer selbständigen Vereisung in 800 m Höhenlage. Diluviale Strandterrassen liegen auf Nowaja Semlja heute 300 m hoch[3]). Die hochliegenden Strandterrassen von Alaska sind eine allgemein bekannte Erscheinung.

Ebenso wie in der Nordhemisphäre finden sich Anzeichen jüngerer postglazialer Hebung im Bereich der Südhemisphäre: Kapland, Patagonien, südchilenische Küste usw.

Man gewinnt den Eindruck, als ob in der Umrahmung von Arktis und Antarktis die durch Eisbelastung deformierten Gebiete, soweit sie durch Abschmelzen entlastet wurden, ihre Deformation rückgängig machten und die Marken ihrer Tiefenlage in ein hochliegendes Niveau brachten. Die Beträge der postglazialen Hebung gehen weit über die hinaus, die durch Vereisung etwa dem Meere an Wasser hätten entzogen werden können.

Der Einfluß des Schmelzwassers auf die Verschiebung des Meeresspiegels.

Daß in glazialen Zeiten dem Meere große Wassermengen entzogen, in Abschmelzzeiten dem Meere wieder zugeführt wurden und daß bei dem Ausmaß der diluvialen Vereisungsgebiete die Beträge der Niveauveränderungen merkbar sein mußten, ist außer Zweifel. Die Beurteilung des Maßes der Niveauveränderung ist sehr verschieden. A. PENCK hat früher den Betrag der Erniedrigung des ozeanischen Wasserspiegels durch die pleistocäne Vereisung auf 150 m berechnet[4]). In neuester

---

[1]) NORDENSKJÖLD, O.: Die nordatlantischen Polarinseln. Handb. d. region. Geologie Bd. 4, 2 B, S. 18. 1921.
[2]) Zeitschr. d. Deutsch. geol. Gesellsch. Bd. 31, S. 716. 1879.
[3]) SCHOTT, G.: Geographie des Atlantischen Ozeans. Hamburg 1912, S. 68.
[4]) PENCK, A.: Morphologie der Erdoberfläche Bd. 3, S. 660. 1894.

Zeit[1]) gelangt er unter Zugrundelegung einer Eismächtigkeit von
1000 m und einem Areal von ca. 15 Millionen km² zu dem Werte von
40 m. R. A. DALYS neuere Berechnung gelangte zu dem Wert 50—60 m[2]),
dem natürlich bei dem Abschmelzen ein gleicher Erhöhungsbetrag ent-
sprach. Als Beleg für seine Auffassung bringt DALY den Versuch eines
Nachweises weltweiten Sinkens des Meeresspiegels in der Gegenwart.
Diese mit den Vorgängen im nördlichen zirkumpolaren Vereisungsgebiet nicht in Einklang stehenden Tatsachen sollen durch ein keineswegs erwiesenes Anwachsen des antarktischen Inlandeises ihre Erklärung finden.

Den gleichen Betrag nimmt MOLENGRAAFF[3]) für die Erhöhung des
Meeresspiegels durch glaziale Schmelzwässer in Anspruch. Er sieht in
der Lage z. B. der Java-See, der Sahul-Bank und anderer ähnlich tief-
gelegener Kontinentalschelfe im Ostindischen Archipel Situationen, die
durch das Schmelzwasser der diluvialen polaren Eiskappen bedingt wurden.

Besteht die Voraussetzung, nämlich das Anwachsen des antarktischen
Vereisungsgebietes, zu Recht, so mußte dieser Vorgang wenigstens
teilweise den am arktischen Vereisungsgebiet ausgelösten entgegengesetzten Vorgang, die Vermehrung des Schmelzwassers, wieder rückgängig machen. Damit soll gesagt werden, daß nur dann die Beträge
von 50—60 m Meeresniveau-Veränderung zu Recht bestehen, wenn in
beiden Hemisphären die Vorgänge gleichsinnig und gleichzeitig verlaufen.

Wenn somit dem Vereisungsvorgang ein gewisser Einfluß auf den
Stand des Meeresniveaus nicht abzusprechen ist, so sind doch die Beträge relativ klein und nicht geeignet, die Bewegungsvorgänge des
Landes zu verschleiern. Vor allem zeigen sich wenigstens in den gut
bekannten zirkumpolaren Vereisungsgebieten der nördlichen Hemisphäre keinerlei Relationen zwischen eustatischen Meeresverschie-
bungen und den Schwankungen der Eisgrenzen. Von der theoretisch
zu fordernden Beziehung zwischen Abschmelzen und Ansteigen des
Meeresspiegels resp. zwischen Vereisungszunahme und Sinken des
Meeresspiegels ist nichts festzustellen, will man den Tatsachen keinen
Zwang antun. Im Gegenteil, während der ganzen Zeit des letzten großen
Eisrückzuges zeigt sich ein Wechsel in der Lage des Landes, der von den
eustatischen Bewegungen des Meeres so gut wie unabhängig sein muß,
um so mehr als sich benachbarte Gebiete ganz verschiedenartig verhalten.

Der Mechanismus der Krustenbewegung.

Die Senkungs- und Hebungsvorgänge im Bereich der vereisten Gebiete gestatten einen gewissen Einblick in den Mechanismus der Krusten-
bewegung. Es gilt in der skandinavischen Glazialgeologie als anerkannte
Tatsache, daß bei dem Abschmelzungsvorgang die früher entlasteten

---

[1]) Glaziale Krustenbewegungen. Sitzungsber. d. Preuß. Akad. d. Wiss. Bd. 24,
S. 309. 1922.

[2]) Pleistocene glaciation and the coral reef problem. Americ. journ. of science
4. ser. Bd. 30, S. 297. 1910 und: The glacial control theory of coral reefs.
Proceed. amer. acad. of arts and science Bd. 51, S. 157. 1915.

[3]) MOLENGRAAFF: Proceed. acad. of sc. Amsterdam, Bd. 19, S. 610.

Außenteile sich eher gehoben als das noch belastete Zentrum, daß
Hebungswellen zentripetal nach innen wanderten. Das bezeugt eine
gewisse selbständige Reaktionsfähigkeit relativ kleiner entlasteter
Teile. Die ganze belastete Fläche stellte also nicht eine einheitliche, völlig
starre Scholle dar, die durch Belastung an vertikalen Trennungslinien

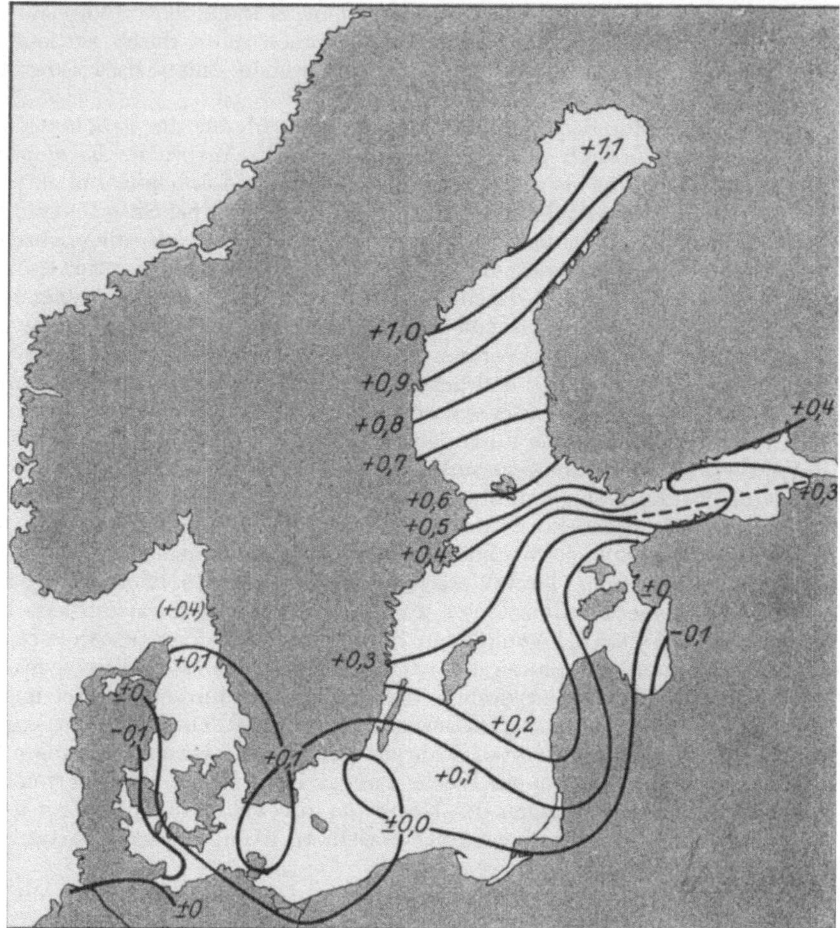

Abb. 24.   Junge Hebung im Baltikum, angegeben in cm pro Jahr, gemessen
in den Jahren 1898—1912 (nach R. WITTING, 1918).

aus ihrem Verband gerissen war und vertikal abwärts, später wieder auf-
wärts verschoben wurden. Die gleiche Vorstellung gewinnt man aus
sehr exakten Untersuchungen der neuzeitlichen Landhebungen durch
Nivellements im baltischen Gebiete während der Jahre 1898—1912
[vgl. Abb. 24[1])]. Aus den lokalen Verschiedenheiten der Bewegungen

---

[1]) WITTING, R.: Särtryk Fennia Bd. 39, Nr. 5, S. 274, Abb. 23. Helsingfors 1918.

für die einzelnen Jahre gelangt man zu dem Ergebnis, daß die Landhebung im kleinen einen unregelmäßigen Rhythmus aufweist, wobei eine gleichgerichtete Veränderung Jahre oder nur Bruchteile davon andauert. In gewissen Regionen dagegen verlaufen die Veränderungen annähernd gleichartig, was für die Reaktionsfähigkeit der Lithosphäre das Bild einer aus halbplastischen Schollen bestehenden, teilweise verschweißten Erdkruste ergibt.

Denselben Vorgang bezeugen die Hebungsbeträge, die in den peripheren entlasteten Teilen weit geringer sind als in den weiter zentral gelegenen. Den Beleg hierfür bilden die schräg gestellten Strandlinien

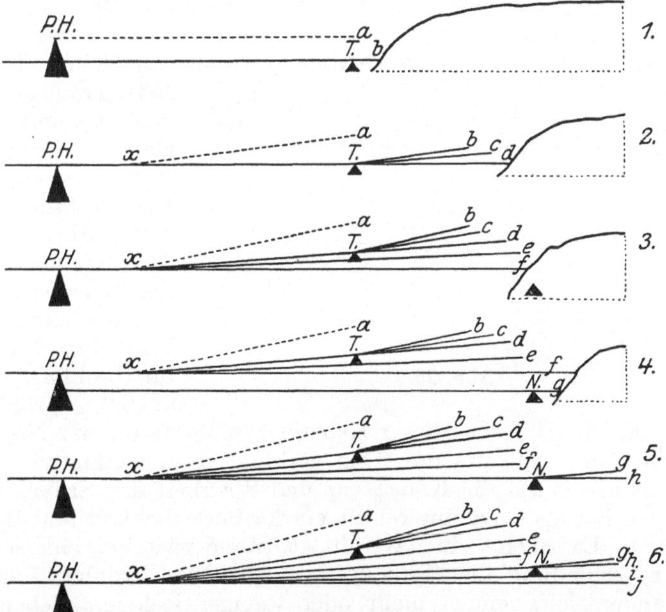

Abb. 25. Schema sechs aufeinanderfolgender Stadien der Schrägstellung von Strandlinien der nordamerikanischen Glazialseen Algonquin und Nipissing.
P. H. = Port Huron; x = Onekama-Drehungsachse; N = Nipissing-Grenze; T = Trenton-Grenze; a—i = schräggestellte frühere Uferlinien; j = gegenwärtige Uferlinie des Michigan-Sees (nach WRIGHT, W. B.: Quarternary ice age 1914, S. 400).

und Flußterrassen, wie sie u. a. durch BRAVAIS vom Altenfjord (Finnmarken) genauer bekannt geworden sind. Während hier an der Küste der Abstand zweier Terrassen 14 m beträgt, wächst er bis zum oberen Ende des Fjords auf 40 m an.

Ähnliche Schrägstellungen hat GILBERT mit großer Genauigkeit durch Vermessung von Strandlinien der nordamerikanischen Seen festgestellt. Auf Abb. 25 sind schematisch die ungleichmäßigen Hebungen der Strandlinien seit der Eisabschmelzung dargestellt. Hier zeigt sich klar die Art der Bewegung: Drehung um Linien parallel dem Eisrand, stärkere Hebung im Gebiete ehemals stärkerer Belastung.

Dieselbe Auffassung bringt auch DE GEERS Karte der postglazialen Hebung Skandinaviens (Abb. 18, S. 90) zum Ausdruck. Die belastete Fläche ist nicht als Einheit in allen Teilen gleichmäßig tief gesunken und wieder aufgestiegen, vielmehr war die Absenkung in der Mitte am stärksten und klang nach den Rändern allmählich aus. Den Beleg hierfür bilden die postglazialen marinen Sedimente in ihrer heutigen Höhenlage.

Die Bewegungen des Fennoskandischen Gebietes lassen sich schematisch in folgender Weise darstellen [Abb. 26[1])]. Ein Profil von WNW nach OSO durch das ganze bewegte Gebiet von der O-Isobase an der Südspitze der Lofoten quer über Fennoskandia bis zur Gegend von St. Petersburg soll durch a dargestellt werden. Im Zentrum des nordeuropäischen Hebungsgebietes, an der Küste von Angermanland, liegen die postglazialen marinen Schichten in Höhe von 280 m. Um diesen Betrag muß eine glaziale Senkung und eine postglaziale Hebung hier stattgefunden haben. Der Abstand der maximalen Hebung an der Angermanlandküste von der O-Isobase bei den Lofoten beträgt 600 km. VOGT berechnet daraus für die Linie $R—S$ eine um 6,2 cm größere Länge

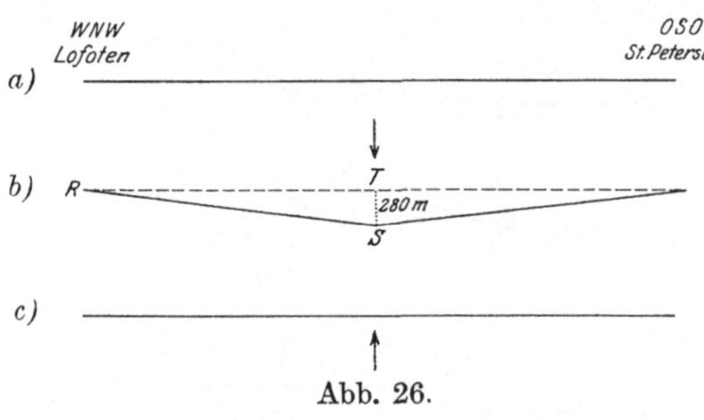

Abb. 26.

als für $R—S$. D. h. bei dieser Hebung resp. Senkung um 280 m wurde die feste Erdkruste um nur 6 cm verkürzt resp. verlängert.

In Hinsicht auf die Konsistenz und Starrheit der Erdkruste lehren alle diese Bewegungen eine relativ starke Beweglichkeit und Reaktionsfähigkeit. Es scheint eine Art Mittelzustand zwischen einerseits völlig starrer Verbindung aller Teile des beanspruchten Erdoberflächenanteils und andererseits einem mehr oder weniger lockeren Nebeneinander leicht beweglicher Schollen oder Prismen zu bestehen. Für das Ausmaß der einzelnen selbständig bewegten Schollen lassen sich Daten aus den obigen Tatsachen nicht entnehmen.

Diskontinuierliche Bewegung des Landes.

Auf der Isle of Jura liegen nach KENDALL[2]) die postglazialen Strandterrassen in folgenden Höhen über dem Meere: 7,5 m, 15 m, 30 m; an anderer Stelle 7,5 m, 14 m, 23 m, 30 m; das Mittel des Hebungsbetrages ist hier 7 m.

Aus dem Bereich der Labrador-Vereisung sind durch W. H. TWENHOFEL und W. H. CONINE[3]) von der Insel Anticosti (zwischen Neuschott-

<hr>

[1]) Nach VOGT: Norsk. geol. Tidskr. Bd. 1, Nr. 6. Kristiania 1907.

[2]) The british isles. Handb. d. region. Geol. Bd. 3, Heft 1, S. 320. 1917.

[3]) TWENHOFEL, W. H., and W. H. CONINE: The postglazial terraces of Anticosti-Island, Americ. journ. of science 5. ser. Bd. 1, S. 268—278. 1921.

land und Neufundland) die Höhenlagen von Strandterrassen aus postglazialer Zeit festgestellt worden. Die Gesamthebung beträgt hier 400 Fuß, die Höhenlagen über dem Meere und die daraus entnommenen Abstände sind:

	Höhenlage in Fuß über dem Meere	Abstand der vorhergehenden Terrasse in m
1. Terrasse	5—6	2,0
2. „	10—13	2,1
3. „	20	2,1
4. „	29	2,7
5. „	40	3,3
6. „	51	2,7
7. „	60—65	3,3
8. „	74	3,6
9. „	85	3,3
10. „	95	3,0
11. „	105	3,0
12. „	115	3,0
13. „	ca. 120	1,5
14. „	ca. 130	3,0
15. „	145—150	6,0
16. „	ca. 180	9,0
17. „	210	9,0
18. „	ca. 300	27,0
19. „	ca. 344	12,0
20. „	380	12,0
21. „	409	9,0
22. „	442	9,6

Es zeigt sich, daß die Hebung keine kontinuierliche, sondern eine periodische ist. Periodische Hebungsphasen werden durch Stillstandslagen getrennt. Bei den Stillstandslagen wäre die Breite der Strandterrasse ein Indicator für die Dauer des Stillstandes. Bezüglich der Hebungsphasen läßt sich feststellen, daß die Hebungsbeträge mit der Zeit immer geringer geworden sind. Man könnte versucht sein, hierin den Ausdruck eines allmählich abnehmenden Auftriebes der Erdkruste zu sehen.

Die Anzeichen periodischen Verlaufs der postglazialen Landhebung sind im fennoskandischen Bereich besonders ausgeprägt. Die Fjorde Norwegens sind gegliedert durch Strandterrassen, und Schweden zeigt weit bis in die Gebirgsabdachung hinein die übereinanderliegenden Strand- und Flußterrassen. Die Verschiebung des Meeres als Erosionsbasis macht sich weit ins Land hinein bemerkbar. Die Flüsse senken sich stufenweise mit dazwischenliegenden, fast horizontalen, oft zu Seen erweiterten Strecken.

Die Erscheinung ist hinreichend bekannt und keineswegs auf die genannten Gebiete beschränkt.

Um aus diesen klassischen Gebieten einen Fall anzuführen, sei erwähnt, daß an der norwegischen Küste bei Leka der Abstand der Strandlinien 8—9 m beträgt, bei Vik und Brönnöy 12—17 m im Mittel[1].

Die periodische Bewegung läßt sich hier in folgender Weise erklären: Das angesaugte Material hat die Tendenz, die Kruste auf-

---

[1] REKSTAD, J.: Norges geol. unders. Kristiania 1917, Nr. 80, S. 70.

zupressen, was sich in einer Zeit der Hebung äußert. Damit ist aber
dem Drange der stark viscosen Massen zunächst Genüge getan, und die
Bewegung kommt zum Stillstand. Erst allmählich stellt sich wieder
ein Druck ein, der sich bis zur Bewegungsauslösung steigert usf. Daß
die Bewegung (Hebung) der Kruste nicht sofort bis auf die endgültige
isostatische Höhenlage führt, wird eben durch die geringe Reaktionsfähigkeit der subkrustalen Massen bedingt. Eine hochliquide subkrustale Materie würde diesen Zustand sofort bei Auslösung der ersten
Bewegung herbeiführen, ohne daß die Möglichkeit einer rhythmischen
Bewegung und der Ausbildung ihrer Merkmale gegeben wäre.

IX. Sedimentation und Abtragung.

1. Theorie der Sedimentation und Abtragung.

Die historische Geologie kennt seit langem zwei immer wiederkehrende Vorgänge großen Stils: die Belastung gewisser Erdkrustenstreifen mit Tausenden von Metern Sediment einerseits, die Abtragung
ähnlich hoher Beträge von Gesteinsmassen in aufragenden Gebirgszonen andererseits. Besonders bei den Vorgängen der Sedimentation
war man sich seit langem darüber im klaren, daß die belastete Zone
nicht dabei in Ruhe verharrt haben konnte; der Flachseecharakter
auch der älteren Sedimentmassen war ein Anzeichen dafür, daß der
Boden des Sedimentationsraumes sich während des Vorganges in sinkender Bewegung befand.

Wir bezeichnen derartiges mit STILLE seit langem als Geosynklinale.
Eine entsprechende Beweglichkeit der Erdkruste in Abtragungsgebieten
läßt sich nicht mit gleicher Sicherheit erweisen. Die Bewegungen
bezeichnen wir als säkulare, epirogenetische.

Theoretisch ist der Ablauf der Vorgänge der folgende[1]): Wir pflegen
bei isostatischen Bewegungen vor einem Sinken belasteter und einer
Hebung entlasteter Gebiete zu sprechen. In dieser Form ist die Aus-
drucksweise mißverständlich. Es könnte daraus geschlossen werden:
belastete Gebiete sinken in bezug auf ihre Umgebung, entlastete heben
sich darüber hinaus, was keineswegs den Tatsachen entspricht.

Betrachten wir zunächst einen orogenetisch angelegten Trog (Abb.27),
der mit Sediment belastet wird, so liegt ein Erdkrustenteil vor, der
durch Akkumulation Verdickung erfährt. Er beginnt nach entsprechender Belastung sich isostatisch zu senken, d. h. der den Trogboden bil-
dende Erdkrustenteil wird in größere Tiefen hinabgedrückt ($A-B$ in
die Situation A_1-B_1). Dabei wird im Untergrunde plastisches Material
verdrängt. Dessen Höhe ist abhängig von der Höhe und Dichte des
aufgeschütteten Sedimentes, und zwar verhalten sich die Mächtigkeiten
von verdrängter subkrustaler Masse und Sediment umgekehrt wie ihre

---

[1]) Die Prinzipien wurden bereits dargestellt in: BORN, A.: Über jungpaläozoische kontinentale Geosynklinalen Mitteleuropas. Abh. Senckenberg.
naturf. Ges. Bd. 37, S. 507. 1921.

Dichten. Es ist, wenn h_m die Höhe der verdrängten subkrustalen Masse, d_m seine Dichte ($= 2{,}9$), h_s die Sedimentmächtigkeit (bei gänzlich aufgefüllter Senke), d_s dessen Dichte ($= 2{,}4$):

$$h_s = h_m \cdot \frac{2{,}9}{2{,}4} = h_m \cdot 1{,}2 \, .$$

Wir erhalten das selbstverständliche Resultat, daß die Mächtigkeit des Sedimentes größer, und zwar um den Faktor 1,2, größer sein muß als die verdrängte subkrustale Masse, wenn die gemachten Annahmen zu Recht bestehen.

Die Folge muß sein, daß zwar die alte Trogoberfläche als Unterlage in bezug auf ihre Umgebung sinkt, daß aber die neue durch Sedimentauffüllung entstandene Landoberfläche sich hebt. Es ist also zu unterscheiden zwischen einer **sinkenden Unterlage** (alte Landoberfläche) und einer **sich hebenden neuen Landoberfläche.** Ursprünglich zusammenfallend entfernen sich beide immer mehr von der Ausgangslage mit verschiedener Geschwindigkeit.

Infolge der geringeren Dichte der aufgeschütteten Sedimentmassen muß also die Höhe dieser stets größer sein als die der verdrängten subkrustalen Masse. Daraus ergibt sich die Notwendigkeit, daß in isostatisch sinken

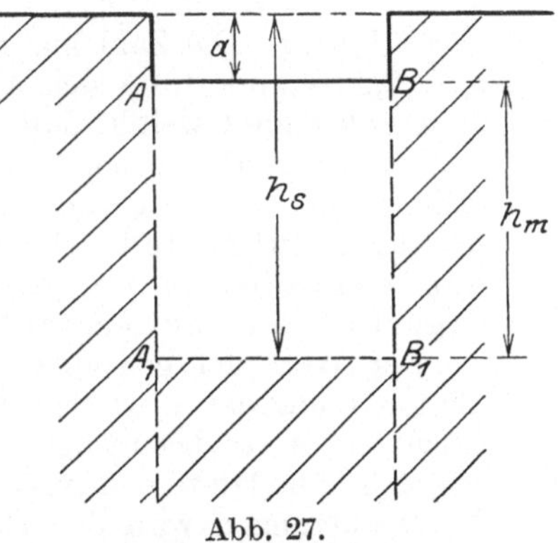

Abb. 27.

den Geosynklinalräumen die Sedimentation nicht unendlich lange fortdauern kann, sondern nach Verbrauch des ihr zur Verfügung stehenden Raumes ihr Ende finden muß. Solange nach neu eingestellter Isostasie überhaupt noch eine Höhendifferenz zwischen Senken- und Hochgebietsniveau bestehen bleibt, so lange muß die endogene Isostasie durch exogene Faktoren immer wieder neu gestört werden, bis schließlich Landoberfläche der Senken und Landoberfläche des Hochgebietes in annähernd gleichem Niveau liegen. Da dann ein Tiefgebiet nicht mehr besteht, ist eine Störung der eingetretenen endogenen Isostasie nicht mehr möglich. Der isostatische Zyklus der Senke ist dann abgelaufen.

Das gilt für alle isostatisch sinkenden geosynklinalen Räume, unabhängig von der Art ihrer Anlage. Der Ablauf vollzieht sich nach den Gesetzen der Hydrostatik. Die Geschwindigkeit der Ausfüllung solcher Senken verläuft in Abhängigkeit von 1. den verfügbaren exogenen Kräften, 2. dem Verhältnis der Größe des Einzugsgebietes zu der des Sedimentationsgebietes, 3. dem Verhältnis von Dichte des Sedimentes zu der des subkrustalen Materials.

Aus den gegebenen Korrelationen zwischen Dichte und Höhe ist man in der Lage zu berechnen, welches die primäre Trogtiefe a einer Geosynklinale mit der Sedimentausfüllung h_s ist (vgl. Abb. 27).

Es ist einmal $h_s = h_m + a$, andererseits bestehen die bekannten Beziehungen:

$$\frac{h_m}{h_s} = \frac{d_s}{d_m},$$

woraus sich für die primäre Trogtiefe ergibt:

$$a = h_s \cdot \frac{(d_m - d_s)}{d_m}$$

und, nach Einsetzen der Werte $d_m = 2{,}9$, $d_s = 2{,}4$:

$$a = h_s \cdot \tfrac{1}{6},$$

d. h. die primäre Trogtiefe beträgt in kontinentalen Geosynklinalen annähernd ein Sechstel der gesamten Sedimentauffüllung. Die Zahl hat nur Annäherungswert. Bei $d_m = 2{,}9$ und $d_s = 2{,}3$ verändert sie sich auf ein Fünftel.

Das bedeutet weiter, daß eine Senke annähernd das Sechsfache ihrer Höhe an Sediment aufzunehmen vermag, und weiter: in isostatisch sinkenden kontinentalen Geosynklinalen führt jede Sedimentation zu einer Höherlegung der Landoberfläche, die etwa nur ein Sechstel der abgelagerten Sedimentmächtigkeit beträgt.

Der Wert der gewonnenen Ergebnisse wird durch die subjektive Einschätzung der mittleren Dichte der Sedimentauffüllung wie der subkrustalen Masse beeinträchtigt. Für erstere ließe sich auch ein Wert wie 2,3, für letztere 3 vertreten. Trotz derartiger Änderungen der Voraussetzungen wird das Resultat relativ wenig beeinflußt.

Die Formulierung hat nur Gültigkeit für kontinentale Sedimentationsgebiete. Für marine resp. überhaupt von Wasser bedeckte ist das Ergebnis etwas abweichend, da hier die Wasserbedeckung in Anrechnung zu bringen ist. Die Gewichte der Gesteins- plus Wassersäulen vor und nach der Sedimentation müssen die gleichen sein. Wenn a in Abb. 27 die anfängliche Tiefe des Meeresbeckens, $A_1 B_1$ der versenkte Meeresboden, h_s die bis zur Auffüllung des Meerestroges abgelagerte Sedimentmächtigkeit bedeutet und die Dichte des Meerwassers mit 1,03 in Anrechnung gebracht wird, so ist:

$$h_s \cdot d_s = a \cdot 1{,}03 + h_m \cdot d_m$$

und, da auch hier $h_m = h_s - a$:

$$h_s = a \cdot \frac{d_m - 1{,}03}{d_m - d_s} = a \cdot 3{,}7.$$

Das bedeutet also, daß marine Tröge das Drei- bis Vierfache ihrer primären Trogtiefe an Sediment aufzunehmen vermögen unter der Voraussetzung, daß die Dichte der subkrustalen Masse = 2,9, die des Sedimentes = 2,4 beträgt.

Analog, aber doch etwas abweichend, ist der Ablauf der Vorgänge bei der Entlastung von Erdkrustenteilen durch Abtragung. Bei gleichen Bedingungen hält die Erniedrigung der Hochgebiete nicht

gleichen Schritt mit der Auffüllung der Senken, was durch die Tatsache
bedingt ist, daß die mittlere Dichte der Hochgebietsgesteine der Dichte
der subkrustalen Masse näher steht.

Durch Abtragung befindet sich ein Gebirgskörper in einem anisostatischen Zustand. Der Druck der darunter befindlichen subkrustalen
Masse wird dahin wirken, das entlastete Gebiet aufzupressen, jedoch
gemäß dem Gesetz der Hydrostatik nicht um den Betrag der Erniedrigung, sondern um einen geringeren Betrag, da leichteres krustales
Material durch schwereres subkrustales ersetzt wird. Die endgültige
Lage der Landoberfläche nach erfolgtem Ausgleich, die Erniedri-

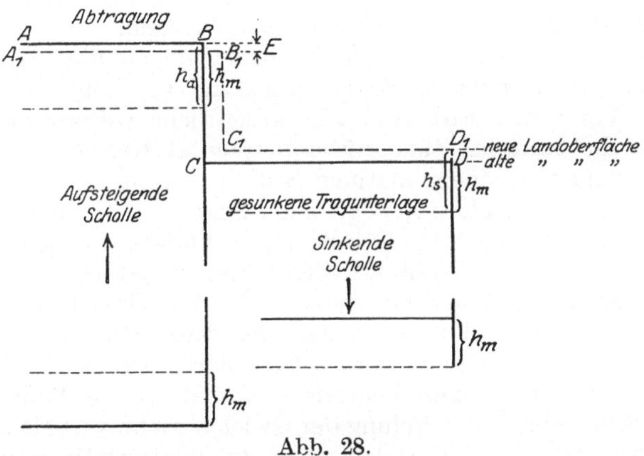

Abb. 28.

gung (E), muß gleich der Differenz aus dem Betrag der Abtragung (h_a)
und der Höhe der aufgestiegenen subkrustalen Masse (h_m) sein (Abb. 28).
Also:

$$E = h_a - h_m \, .$$

Nun bestehen außerdem die Beziehungen:

$$\frac{h_m}{h_a} = \frac{d_a}{d_m} \, ,$$

worin d_a die Dichte der Hochgebietsgesteine bedeutet, die man im
Mittel mit 2,7 annehmen kann. Setzt man für d_m den Wert 2,9, so ist
die Erniedrigung

$$E = h_a \cdot \frac{d_m - d_a}{d_m} = h_a \cdot \frac{1}{14} \, .$$

Das besagt, daß in Abtragungsgebieten bei hemmungslosem isostatischen
Ausgleich die Tieferlegung der Landoberfläche ca. $^1/_{14}$ der Abtragungshöhe beträgt. Die übrigen $^{13}/_{14}$ werden durch isostatisches Aufsteigen
der Scholle kompensiert. Bei der Annahme von 2,6 für die mittlere
krustale Dichte und 3 für die subkrustale Materie ergibt sich eine Erniedrigung von $^1/_7$.

Der Prozeß der Erniedrigung der Hochgebiete verläuft also auf jeden Fall langsamer als der der Senkenauffüllung, da im ersteren Falle sich die mittleren Dichten der sich ersetzenden Materien näherstehen als im zweiten.

———

Das sind im wesentlichen die Prinzipien, nach denen beim **Mangel jeglicher Hemmungen** isostatische Vorgänge verlaufen. Sie werden ausgelöst durch Druckveränderungen und haben Deformationen der Erdkruste zum Gefolge. Es ist selbstverständlich, daß die tatsächlichen Vorgänge nicht streng nach diesem Schema verlaufen werden. Die mathematische Formulierung wurde gewählt, um die Vorstellungen über den Ablauf klar zum Ausdruck zu bringen.

Es wären das jedoch lediglich Betrachtungen über den **Gesamtzyklus** im großen ganzen: Ausgangszustand verglichen mit dem Endergebnis. **Im einzelnen** sind sehr wesentliche Differenzierungen festzustellen, die zunächst theoretisch betrachtet werden.

Ausgehend von einem marinen Sedimentationsgebiet, das bisher in isostatischem Zustande, im Begriff ist, Sediment in sich aufzunehmen. Es erfolgt eine zunehmende Belastung, die zunächst keinerlei Senkungsbewegungen auslöst. Während dieser Zeit findet eine kontinuierliche Verflachung des Sedimentationsraumes statt. Gravimetrisch muß ein totaler Schwereüberschuß bestehen. Es wird schließlich der Moment eintreten, wo bei genügender Belastung deren Druck den Zerreißungswiderstand der Erdkruste überschreitet und wo die Senkung der belasteten Scholle zur Neuregelung der Gleichgewichtsverhältnisse einsetzt. Diese Absenkung erfolgt geologisch gesprochen relativ schnell. Sie erfolgt, wie oben ausgeführt, um einen Betrag, der etwa $^5/_6$ der Sedimenthöhe ausmacht. Die Höherlegung des Meeresbodens beträgt dabei $^1/_6$. Damit ist der isostatische Zyklus abgeschlossen. Der isostatische Zustand ist, soweit Hemmungen es zulassen, wiederhergestellt.

Fortschreitende Sedimentation wird nicht sofort bei geringer Belastung eine neue Senkung auslösen, da die aus ihrem Verband gerissene Scholle keineswegs leicht und hemmungslos beweglich geworden sein wird. Zu einer scharfen Loslösung aus ihrem Verbande dürfte es wohl überhaupt nicht kommen, da besonders die Materialien größerer Tiefen infolge ihres physikalischen Zustandes dazu nicht geeignet sind. Erst eine größere Sedimentbelastung erzwingt erneute Senkung. Aber wahrscheinlich brauchte deren Sedimenthöhe den Betrag des ersten Zyklus nicht zu erreichen, da durch die erste Senkung Trennungsflächen besonders in den oberen Teilen der Kruste entstanden, die nicht wieder völlig verheilten und posthum neu belebt wurden.

Dieser Vorgang der Überlastung kehrte immer wieder und löste rhythmische Senkungsperioden des Meeresbodens aus. Diese Senkungen waren aber stets etwas geringer als die Höhe der Sedimentation, so daß im Laufe des Rhythmus eine völlige Auffüllung des Sedimentationsraumes eintreten mußte.

Entsprechend ist der **Vorgang bei der Abtragung von Hochgebieten.** Die Entlastung führt hier zur Tieferlegung der Landoberfläche, in höher gelegenen Teilen mehr als in randlichen; dadurch entstehen anisostatische Zustände, die sich schließlich in Hochbewegungen, Deformationen äußern müssen, wenn der Druck der subkrustalen Masse den Zusammenhang der Gesteine zu überwinden vermag. Auch hier wird der Abtragungsbetrag zur Überwindung der ersten Hebung größer sein müssen als bei den folgenden Wiederholungen.

Der sich entwickelnde Rhythmus ist dann: Erniedrigung der Landoberfläche durch Abtragung, isostatisches Aufsteigen der Scholle um ca. $^{13}/_{14}$ der mittleren Abtragungshöhe, so daß nach isostatischer Neueinstellung die Landoberfläche um $^{1}/_{14}$ des Abtragungsbetrages tiefer liegt.

Die Abtragung wird infolge eingetretener Neurorientierung nur wenig verringert fortgesetzt. Es entsteht eine erneute Entlastung, die eine neue isostatische Hebung auslösen muß. Solche Gebiete unterliegen einem Rhythmus, der in einem Wechsel zwischen $\pm$ Stillstand mit Abtragung einerseits und andererseits in einer Hebungsphase zum Zwecke der isostatischen Neueinstellung besteht. In entlasteten Schollen wechseln also ruckartige Hebungen mit Stillstandsphasen. Da die Hebung jedesmal etwas geringer ist als der Abtragungsbetrag, so kommt es zur völligen Erniedrigung des Hochgebietes. In der Weise läuft schließlich jeder Abtragungs-Großzyklus ab und kommt in dem Moment zum Stillstand, wo Landoberfläche des Hochgebietes und Erosionsbasis gleich hoch liegen.

Da Abtragungsgebiete und Sedimentationsräume benachbart liegen, tritt die Frage auf, inwieweit Korrelationen zwischen dem Zyklus des einen und dem des anderen Gebietes bestehen. Entspricht ein Zyklus der Abtragung einem solchen der Sedimentation etwa nach folgendem Schema:

	Abtragungsgebiet	Sedimentationsgebiet
II Cyklus	Erniedrigung der Landoberfläche	Erhöhung der Landoberfläche
I Cyklus	isostatische Hebung der entlasteten Scholle	isostatische Senkung der belasteten Scholle
	Erniedrigung der Landoberfläche (Abtragung)	Erhöhung der Landoberfläche (Sedimentation)

Diese Korrelation ist möglich, aber doch wohl nicht die Regel. Voraussetzung ist die völlige Übereinstimmung der Areale von Abtragung und Sedimentation. Doch ist anzunehmen, daß diese Korrelation öfter auftritt, als es dem Gesetz des Zufalls entspricht, da bei der Auslösung der Bewegungen in dem einen Gebiet subkrustale Massenbewegungen einsetzen, die der Auslösung der Bewegung im anderen Gebiet günstig sind und hier, selbst wenn dessen Bewegungsreife noch nicht eingetreten war, eine Bewegung und damit den Zyklus auszulösen vermögen.

Im allgemeinen entspricht jedoch einem Abtragungsgebiet ein weit geringeres Sedimentationsgebiet. Wenigstens wird die große Masse der Abtragungsprodukte eines Festlandes auf einen relativ kleinen

Raum des vorgelagerten Kontinentalschelfes niedergelegt. Nur die gelösten Substanzen und die feinsten Suspensionen werden auf ein größeres Areal des Meeresbodens verteilt.

Es wird sich also im Ablagerungsgebiet die Senkungsreife eher einstellen als die Hebungsreife im Abtragungsbereich. Die Zyklen werden im ersteren schneller verlaufen und einander folgen als im letzteren. Eine so enge Korrelation zwischen beiden Gebieten dürfte im allgemeinen also nicht bestehen, daß jeder Hebung eine Senkung entspräche.

Die rhythmische ruckweise Bewegung entlasteter Hochgebiete und belasteter Sedimentationsgebiete führt dazu, unter entsprechenden Umständen gewisse rhythmische Merkmale zu hinterlassen.

Die Merkmale entlasteter Hochgebiete.

Es ist eine bekannte Tatsache, daß viele Gebiete in jüngster geologischer Vergangenheit gegenüber dem Meeresspiegel einer Hebung unterlagen. Diesen Gebieten eignen gewisse Merkmale, die gehobenen

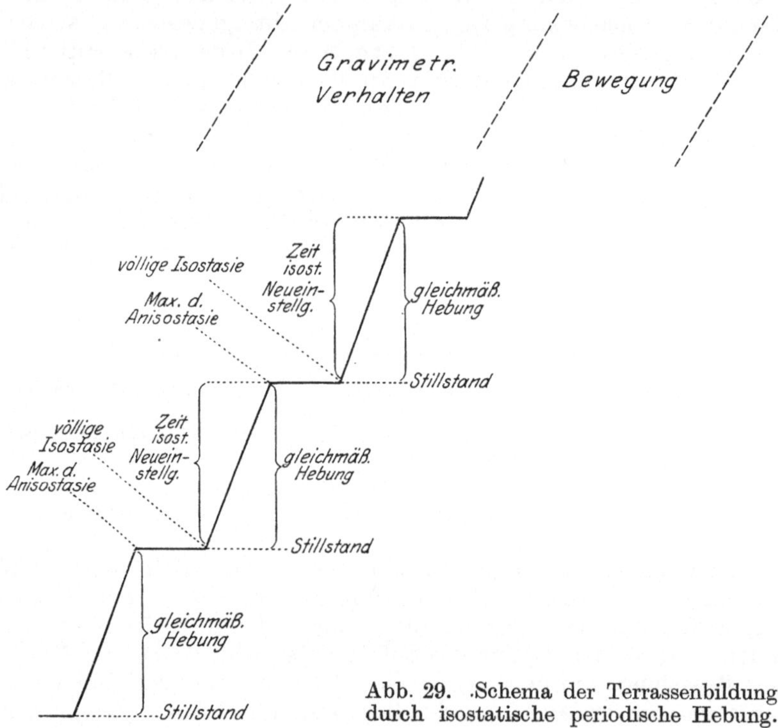

Abb. 29. Schema der Terrassenbildung durch isostatische periodische Hebung.

Strandlinien oder Strandterrassen, die als Beleg dafür angesehen werden müssen, daß die Hebung dieser Erdkrustenteile keine völlig kontinuierliche, sondern eine von Pausen unterbrochene war. Die Strandterrassen sind das Produkt der Stillstandsperiode, wobei die Breite der Terrassen in erster Linie eine Funktion der Dauer des Stillstandes ist. Die die übereinanderliegenden Terrassen verbindenden Böschungen entsprechen den Zeiten gleichmäßiger Hebung (vgl. Abb. 29).

Diese Merkmale rhythmischer Hebung erkennen wir in abgeschwächtem Maße in den Flußterrassen der Abtragungsgebiete wieder. Die Flüsse übertragen rückwärts wirkend durch Einschneiden in den Talboden die Merkmale der Hebung in das Innere des Hochgebietes, allerdings mit einer je weiter landeinwärts um so größeren zeitlichen Verzögerung. Die Merkmale ruckweiser Hebung finden sich in den Hochgebieten nicht in der Prägnanz der Küstengebiete, da die Hebungen im ganzen Hochgebiet nicht immer einheitlich und in gleicher Größe sich abspielen. Es bestehen zweifellos Korrelationen zwischen Küstenterrassen und Flußterrassen, doch ist bei ihrer Verknüpfung alle Vorsicht geboten.

Im großen ganzen verläuft ebenso wie an den Küsten auch im Inneren der Hochgebiete die Bewegung ruckweise, periodisch. Abb. 29 läßt sich zur Darstellung beider Verhältnisse verwenden.

Die Merkmale der Sedimentationsgebiete.

Die Heraushebung eines Abtragungsgebietes gegenüber der Erosionsbasis bleibt auf die Sedimentation nicht ohne Einfluß. Der gesteigerte Böschungswinkel des Flußnetzes erhöht dessen erosive Kraft. Es werden grobe Bestandteile des Festlandes in größerer Menge als vorher dem Sedimentationsbereich zugeführt, nachdem zunächst

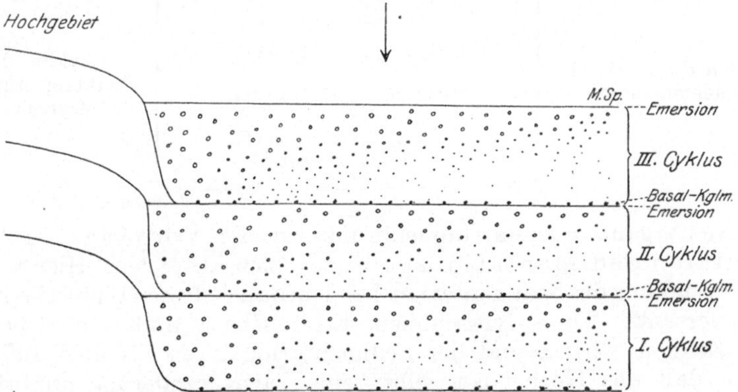

Abb. 30. Schema eines Sedimentationszyklus durch Auffüllung.

die feinen Verwitterungsdispersionen abgeschämmt waren. Diese Zeit der gesteigerten Sedimentation und Erosion wird mit fortschreitender Abtragung und Erniedrigung des Hochgebietes allmählich ausklingen und graduell in eine Periode fein- bis feinstkörniger Sedimentation übergehen; natürlich lediglich in einiger Küstenferne, da in Küstennähe mehr oder weniger immer grobes Material zur Ablagerung kommt. Eine Phase, die solange anhalten wird, bis eine erneute Hebungsperiode die Bedingungen für gesteigerte Erosions- und Sedimentationstätigkeit schafft.

Auf diese Weise müssen Zyklen der Sedimentation entstehen, wie sie weiter unten erörtert werden.

Eine alleinige Senkung des Sedimentationsraumes wird, wenn dieser nicht bis oben aufgefüllt wurde und wenn die Küstenlinie gewahrt bleibt, keinerlei Einfluß auf die Art der Sedimentation ausüben, da eine Verlagerung der Erosionsbasis nicht eintritt. Etwas anders ist es, wenn ein mariner Sedimentationsbereich allmähliche Auffüllung erfährt, wobei von den Rändern her eine Küstenverlagerung nach dem Inneren des Beckens stattfindet. Während in den landfernen Teilen solchen Sedimentationsraumes anfangs küstenferneres Material zur Ablagerung kommt, erfolgt gegen Ende der Auffüllung auch hier Ablagerung küstennahen Detritus. Sinkt ein derartiger Sedimentationsraum wieder, so wird sich zwar nicht an den Küsten, aber doch in den küstenferneren Gebieten ein Zyklus ergeben (Abb. 30).

In den küstennahen Zonen wird die zyklische Ausbildung fehlen.

Charakteristisch für derartige Zyklen ist, daß sie infolge der plötzlichen Senkung evtl. mit einem Aufarbeitungskonglomerat beginnen, sicher aber dann zuerst eine landfernere, feinkörnigere, allmählich landnäher und gröber werdende Sedimentfolge aufweisen. Diese Zyklen sind erkenntlich an der Entwicklung von der Fein- zur Grobkörnigkeit. Es liegt also die umgekehrte Ausbildungsfolge vor wie bei den Zyklen durch Heraushebung von Hochgebieten. Schematisch lassen sich beide in folgender Weise darstellen:

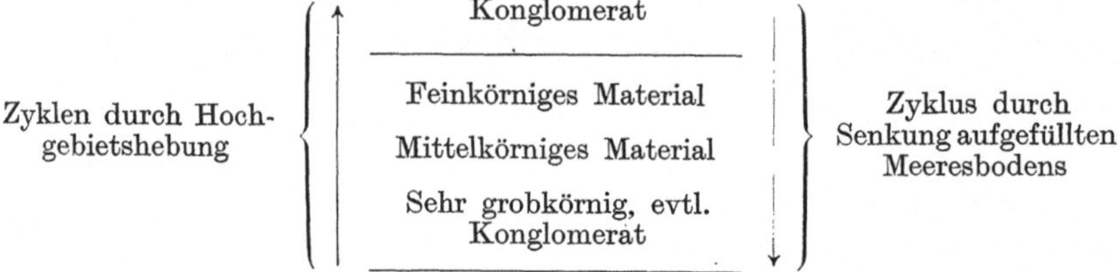

Nicht ganz übereinstimmend müssen die Vorgänge in kontinentalen Sedimentationsgebieten sich abspielen. Hier wird mit einer Senkung des Sedimentationsbereiches auch dessen Wasserbedeckung mit versenkt. Die so verschobene Erosionsbasis muß neubelebend auf die Erosion wirken und der Sedimentation iLren Stempel aufprägen, ohne daß das Hochgebiet selbst eine Lageveränderung erfäLrt. Das gleiche spielt sich ab, wenn bei kontinentalen Senken eine Wasserbedeckung des Sedimentationsbereiches nicht besteht. Hier treten also evtl. Interferenzerscheinungen durch Hebung des Hoch- und Senkung des Tiefgebietes auf, was aber stets zu einer Steigerung, nie zu einer Aufhebung der Folgen führen muß.

Schematisch lassen sich die möglichen Fälle in untenstehender Weise darstellen.

Diese Bewegungen, Hebung von Abtragungs- und Senkung von Sedimentationsgebieten, fasse ich als isostatische Ausgleichsbewegungen auf, als Bewegungen zur Überwindung eines anisosta-

	Art der Bewegung	Art des Sedimentationsgebietes	Morphologische Merkmale	Sedimentäre Merkmale
Einseitige Systeme	1. Hebung des Hochgebietes	a) marin	Terrassen	Zyklen
		b) kontinental	Terrassen	Zyklen
	2. Senkung des Sedimentat.-Gebietes	a) marin	—	evtl. Zyklen
		b) kontinental	Terrassen	Zyklen
Doppelseitige Systeme	3. Hebung des Hoch- und Senkung des Tiefgebietes	a) marin	Terrassen	Zyklen
		b) kontinental	sehr ausgeprägte Terrassen	sehr ausgeprägte Zyklen

tischen Zustandes. Im isostatischen Zustand befindliche Hochgebiete, die durch Abtragung entlastet werden, müssen in einem sich graduell steigenden anisostatischen Zustand befinden; die gleiche Erscheinung muß bei wachsender Belastung ursprünglich isostatisch eingestellter Meeresböden auftreten. Der Vorzug dieser Deutung ist ihre Einfachheit und allgemeine Gültigkeit[1]).

Im Strandterrassenprofil (Abb. 29) entspricht dann die geneigte Böschung der Zeit der isostatischen Einstellung, die äußere Kante der Strandterrasse dem Moment erreichter Isostasie, die Breite der Strandterrasse der Zeit steigender Anisostasie, die innere Grenze der Strandterrasse deren Maximum und dem Beginn einsetzenden Ausgleichs.

Die Zyklen der Sedimentation sind komplizierter und müssen an entsprechenden Beispielen diskutiert werden. Nimmt man als einfachsten Typ einen Wechsel von grobem Detritus und feinkörnigem Material an, so würde im allgemeinen der grobe Detritus der Zeit isostatischer Neueinstellung des Hochgebietes durch Hebung, die Periode feinkörnigen Materials einer Zeit zunehmender Anisostasie entsprechen. Theoretisch ergibt sich daraus die Forderung, daß bei ungestörtem Verlauf der Vorgänge bei Abtragungsgebieten die Reihenfolge der gravimetrischen Zustände stets ist:

1. Isostatischer Zustand.
2. Defizit an Totalschwere.
1. Isostatischer Zustand.
2. Defizit an Totalschwere.
usw.

Ein Überschuß an Totalschwere ist in solchem gravimetrischen Zyklus ausgeschlossen.

---

[1]) Ich befinde mich hier, wenigstens hinsichtlich der Sedimentation, in völliger Übereinstimmung mit J. F. POMPECKJ, der die Unstetigkeit resp. Periodizität der Jurasedimentation als „isostatic adjustment", als Ausgleich zwischen sedimentbelasteten sinkenden Meeresräumen und den durch Abtragung entlasteten umgebenden Hochgebieten ansprach. (Die Bedeutung des Schwäbischen Jura für die Erdgeschichte. Stuttgart, 1914, S. 59.) Hier ist auch in aller Klarheit der gewichtige Einfluß dieser Vorgänge auf die biologischen Verhältnisse und die Bedeutung für die Zonengliederung zur Darstellung gebracht worden.

Im Sedimentationszyklus dagegen findet sich der Wechsel:

> 1. Isostatischer Zustand.
> 2. Überschuß an Totalschwere.
> 1. Isostatischer Zustand.
> 2. Überschuß an Totalschwere
> usw.

Hier fehlt im Zyklus ein Defizitzustand.

2. Beispiele.

Ehe die Einwände zur Diskussion kommen, die sich gegen eine solche Deutung geltend machen lassen, erscheint es angebracht, einige Beispiele zu diskutieren.

Abtragungszyklen.

In Nordfrankreich weist nach BRIQUET [1]) das Relief eine Folge von Erosionstälern auf, die ineinander geschachtelt und deren jedes ein etwas weniger fortgeschrittenes Stadium aufweist, als das Tal, in das es sich einsenkt. In den höheren Teilen der Flanken sind die Talformen reif, in den tieferen jugendlich, welches Ergebnis als Folge von Zyklen anzusehen ist, deren Entwicklung ein immer weniger ausgesprochenes Stadium erreichte.

BRIQUET stellte im französisch-belgischen Gebiet vom Meer bis zum Ardennenplateau mehr als 20 Zyklen fest. Vom Talboden der Lys bis zu den Gipfeln der flämischen Hügel zählte er 12, im Tal der Hoëgne, von Hautes-Fanges bis zur Vesdresmündung 15 Zyklen. Die Serie der Zyklen entspricht einer progressiven, ruckweisen Tieferlegung der Erosionsbasis, deren Gesamtbetrag größer als 500 m ist. Die Größe der etappenweise erfolgten Hebung nimmt allmählich ab von 40 oder 30 m in den ältesten Tälern auf 20, 10 und weniger in den jüngsten, die z. T. unterhalb des jetzigen Talbodens liegen. Denn in jüngerer Zeit erfolgte durch Senkung die Bildung von Alluvionenebenen (z. B. Lys, Escaut u. a.) oder marine Aufschotterung (Bas Champs). Der Beginn der Zyklenserie ist postpliocän, der Ablauf selbst pleistocän.

Diese Zyklenserie muß unter dem Gesichtspunkt betrachtet werden, daß das davon betroffene Gebiet in seiner Gesamtheit einem besonderen Schicksal unterlag durch die subkrustalen Massenbewegungen, die durch nördliche Eisbelastung und -entlastung bedingt wurden. Hier hat sich gleichzeitig ein langperiodischer Zyklus abgespielt, der den kurzperiodischen gestört haben muß. Der Einfluß entzieht sich der Beurteilung, da BRIQUET über Unregelmäßigkeiten der Terrassenfolgen nichts erwähnt. Im großen ganzen haben die Störungen jedoch den immer schneller einsetzenden Eintritt der Hebungsreife nicht zu unterdrücken vermocht. Diese Art der Ausbildung könnte verschieden gedeutet werden: 1. könnte ein immer größeres Gebiet der Abtragung anheim gefallen, also entlastet sein und sich als einheitliche Scholle ge-

---

[1]) BRIQUET: Sur la succession des cycles d'érosion dans la région gallo-belge. C. r. de l'acad. d. science Paris Bd. 151, S. 172.

hoben haben. Denn je größer eine Scholle ist, um so kleiner kann die mittlere Abtragungshöhe sein, welche die Hebungsreife herbeiführt; 2. könnte sich der Hebungsmechanismus mit jeder Wiederholung leichter abgespielt haben.

Einen anderen hierhergehörigen Fall bietet die Ostabdachung der Appalachen im östlichen Pennsylvanien, das sog. Piedmontgebiet. Hier zeigt sowohl das Hochgebiet einen Erosionsrhythmus, als auch das Vorland einen Sedimentationsrhythmus, die beide von BASCOM miteinander verknüpft werden[1]).

Die Sedimentationsserie bis zur Gegenwart, die sich im Vorland findet, ist die folgende:

Rezente Ablagerungen (Diskordanz)

Pleistocäne Sedimente
    Talbot: Ton, Sand, Kies . . . . 10 m
        Diskordanz
    Wicomico: Ton, Sand, Kies . . . . 8 ,,
        Diskordanz
    Sunderland: Ton, Sand, Kies . . . . •. . . . . 8 ,,
        Diskordanz
    Late Brandywine: Sand, Kies. . . . . $^1/_3$,,
Pleistocän oder Spättertiär.
        Diskordanz
    Early Brandywine: Sand, Kies . . . . 17 ,,
Miocän
        Diskordanz
    St. Marys: Ton, Sand . . . . 93 ,,
    Choptank: Sand, Ton, Mergel . . . . 58 ,,
        Diskordanz
    Calvert: Sand, Ton . . . . 103 ..
        Diskordanz
Eocän
    Nanjemoy: Sand . . . . 42 ,,
    Aquia: Grünsand . . . . 33 .,
        Diskordanz
Obere Kreide
    Manasquan: Ton, Sand. . . . . 17 ,,
    Rancocas: Grünsand . . . . 27 ,.
    Monmouth: Sand . . . . 33 ,,
        Diskordanz
    Matavan: Sandiger Ton . . . . 23 .,
        Diskordanz
    Magothy: Sand, Ton . . . . 33 ,,
        Diskordanz
    Raritan: Ton, Sand . . . . 117 ,,
        Diskordanz
Untere Kreide
    Arundel: Ton, Sand . . . . 42 ,,
        Diskordanz
    Patapsco: Ton, Sand. . . . . 67 ,,
        Diskordanz
    Patuxent: Sand, Arkose . . . . 117 .,
        Diskordanz
Krystallines Gestein

---

[1]) BASCOM, F.: Cycles of erosion in the piedmont province of Pennsylvania. Journ. of geol. Bd. 29, S. 540. 1921.

In dieser Sedimentfolge der Atlantic Plain finden sich 10 ausgesprochene Diskordanzen. Die Ursache dürfte in einem ruckweisen Sinken des belasteten Meeresbodens zu suchen sein.

Mit diesem Profil verknüpft Bascom die Serie der Erosionszyklen, die naturgemäß weniger vollständig überliefert ist. Unvollständige Erosionszyklen entsprechen evtl. den schwächeren Diskordanzen der Sedimentfolge. Nach Bascom ergeben sich zwischen Sediment- und Erosionszyklen folgende Beziehungen:

Name	Höhe W ⟶ O engl. Fuß	Sediment	Alter
Peneplains:			
Kittatinny . . .	800—1600—1100	Patuxent	Jura u. Unt. Kreide
Schooley	1300—1000— 900	Patapsco-Arundel	Untere Kreide
Honney brook. .	860— 800— 700	Raritan-Manaquan	,, ,,
Harrisberg . . .	800—500	Aquia-St. Marys	Tertiär
Early Brandywine	500— 400— 390	Early Brandywine	Pliocän
Terrassen:			
Late Brandywine	400— 300— 200	Late Brandywine	Pleistocän
Sunderland . . .	300— 180— 100	Sunderland	,,
Wicomico . . .	90—45	Wicomico	,,
Talbot	45—40—0	Talbot	,,

Danach entspricht einer Einebnung resp. Terrasse im Hochgebiet eine Sedimentbildung im Tiefgebiet. Die Diskordanzen bedeuten nach Bascom Intervalle der Erosion. Soweit sich jedoch nach den Angaben von Bascom ein Urteil bilden läßt, scheint mir die Verknüpfung die folgende zu sein:

Das Peneplainstadium entspricht der Zeit der Sedimentation; die Zeit ist für beide Gebiete eine solche steigender Anisostasie und eine Annäherung an die Bewegungsreife. Wenn nun tatsächlich die Vorgänge in beiden Gebieten korrelat sind, so bedeutet meines Erachtens die Böschung die Zeit der Heraushebung des Hochgebietes (evtl. unter Verbiegungen), die Diskordanz das nicht ganz gleichmäßige Sinken des Meeresbodens, d. h. in beiden Gebieten wird gleichzeitig isostatische Einstellung angestrebt.

Für die Korrelation der Bewegungen in solchem zweiseitigen System spricht der Umstand, daß, selbst wenn die Bewegungsreife in beiden Gebieten nicht gleichzeitig eintritt, das Einsetzen der Bewegung in einem Gebiete die Bewegung im anderen, noch nicht ganz bewegungsreifen auszulösen vermag. Senkung des Sedimentationsgebietes bedeutet Druck auf die subkrustale Masse, der sich über die horizontale Komponente in einem Aufwärtsdruck unter dem Hochgebiet äußern muß und hier Aufwärtsbewegung auslösen kann, wenn die Bewegungsreife infolge Entlastung noch nicht erreicht sein sollte.

Sedimentationszyklen.

Im Bereich des französisch-englischen Eocäns hat L. DUDLEY STAMP[1]) eine Reihe von Zyklen nachgewiesen, die sich mit auffallender Konstanz in den vier Teilbecken: dem Pariser Becken, dem von Nordfrankreich-Belgien, dem Londoner und dem von Hampshire wiederfinden. Hier liegt eine Folge von marinen und kontinentalen Ablagerungen in regelmäßigem Wechsel, die sich zwanglos in Zyklen gliedern lassen. Der Typ der Wechsellagerung wird durch Abb. 31, ein Beispiel aus dem Hampshirebecken dargestellt.

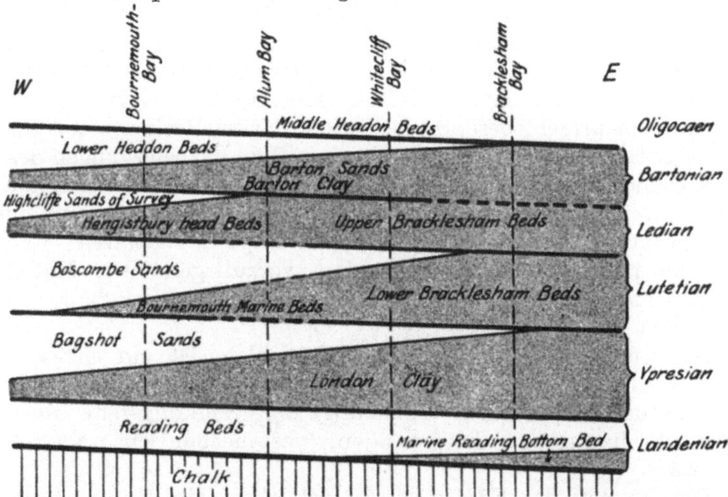

Abb. 31. Eocäner Sedimentationsrhythmus im Hampshirebecken (nach D. L. STAMP, 1921).

Die gleichen sechs Trangressionen finden sich in allen Teilbecken übereinstimmend wieder. Die Sedimentationszyklen im Eocän des Hampshirebeckens sind die folgenden:

Landenian
{ 1. Mariner Kalk, an der Basis dünne Lage von Glaukonitsand.
{ 2. Tone und grobe fluviatile Sande.

Ypresian
{ 1a. Marine Invasion, dünne sandige Konglomeratlage.
{ 1b. London clay, stets etwas sandig.
{ 2. Sande (Bagshot sands) fossilleer.

Lutetian
{ 1a. Basalkonglomerat oder Glaukonitsand.
{ 1b. Sande und Tone, marin.
{ 2. Kontinentale Sande und Kiese.

Ledian
{ 1a. Basalkonglomerat.
{ 1b. Glaukonit. Tone, marin.
{ 2. Highcliff sands, fluviatile Bildung.

Bartonian
{ 1a. Konglomeratlage.
{ 1b. Glaukonit. Tone mit marin. Fossilien (Barton clay).
{ 1c. Barton Sand, marin.
{ 2. Süßwasserkalk mit Limnaea.

Oligocän.

---

[1]) DUDLEY STAMP, L.: On cycles of sedimentation in the eocene strata of the Anglo-Franco-Belgian basin. Geol. mag. Bd. 55, S. 108. 1921.

Diese Ausbildung des Rhythmus kann allein durch Bewegung der Hochgebiete nicht erklärt werden. Es ist nach Art der Ausbildung erforderlich, anzunehmen, daß der wiederholte Eintritt des Meeres durch jeweilige Senkung des Sedimentationsgebietes ermöglicht wurde. Die aufbereitende Tätigkeit der Transgressionsbrandung wird jedesmal durch die Existenz eines Basalkonglomerats belegt. Dann beginnt die Auffüllung des Meeres, erst marin, später brackisch-fluviolacuster. Es ist bemerkenswert, daß die vollendete Auffüllung des Beckens jedesmal mit einer Senkungsreife zusammenfällt, die erneutes Eindringen des Meeres und Sedimentation ermöglicht.

Die theoretische Forderung, daß die bei der erneuten Senkung entstehende Meerestiefe jedesmal etwas geringer ist als bei der vorhergehenden Senkung, scheint erfüllt zu sein; wenigstens wird gerade dieser Umstand mehrfach, besonders bei dem Pariser Becken, hervorgehoben.

Es tritt die Frage auf, wieweit etwa Hebungsbewegungen des Hochgebietes hier eine Rolle spielen. Für die Bildung des Basalkonglomerates kommt Hebung sicher nicht in Frage, da sich an dieses meist eine Tonsedimentation anschließt und Sande erst später auftreten. Es scheint hier ein **reiner Senkungszyklus** vorzuliegen. Die Entwicklung geht ja hier auch im allgemeinen von der Feinkörnigkeit zur Grobkörnigkeit.

Da genauere Mächtigkeitsangaben fehlen, ist ein sicheres Urteil nicht möglich; doch scheint es, als ob bei jedem Zyklus eine geringere Sedimentmächtigkeit zur Erzielung der Senkungsreife ausgereicht hätte als bei den vorhergehenden, was mechanisch wohl verständlich wäre.

Für die Zeit des Eocäns lassen sich allgemein fünf Senkungsreifen feststellen, ebenso für die jüngeren Formationen im ganzen Gebiete stets eine konstante Zahl. Es haben sich also sehr große Flächen völlig gleichmäßig bewegt. Die Senkungsreife scheint für das ganze Gebiet des englisch-französischen Beckens völlig gleichzeitig jeweils eingetreten zu sein. Damit ist in Übereinstimmung, daß die Mächtigkeitsbeträge der einzelnen Zyklen anscheinend relativ gering sind. Sie scheinen sich im Mittel in der Größenordnung von ca. 200 m zu bewegen. Es entspricht dem Prinzip der Isostasie, daß die Senkungsreife um so eher eintritt, je größer die belastete Fläche ist. Nach den Ausführungen im Kapitel 6 würde bei einer Belastung von ca. 200 m eine Kreisfläche vom Radius 1000 km notwendig sein, um die Senkung auszulösen. Dem entsprechen die Tatsachen annähernd.

***

Ein anderes Beispiel sind die zuerst durch KLÜPFEL aus Lothringen bekannt gewordenen Sedimentationszyklen des Jura[1]). Hier findet sich ein vielfacher Wechsel von Ton-Mergel-Kalk, den KLÜPFEL schon auf periodisch wirkende Ursachen zurückgeführt hat. Die genauere Gliederung dieser gesetzmäßigen Sedimentfolge ist:

---

[1]) KLÜPFEL, W.: Geologische Rundschau Bd. 7, S. 97 ff. 1917.

Basiston, meist mit Rollstücken des liegenden Kalkes, diese überkrustet von Evertebraten. Konglomerat stets autochthon.

Kalk, mit Emersionsfläche. Austern, Bohrlöcher.
Mergel.
Ton, Fauna zart, dünnschalig.
Basiston, wie oben.

Kalk mit Emersionsflächen.

Mit steigender Verkalkung des Profils findet eine Zunahme der Schalendicke statt. Mit dem Kalkgehalt nimmt der Sandgehalt etwas zu. KLÜPFEL zählte bis 30 solcher Zyklen im Lothringer Jura.

Die Deutung, die KLÜPFEL diesem periodischen Wechsel zuteil werden läßt, ist eine tektonische:

Sediment		Bewegungen des Meeres
Basiston		rasche Senkung
	Schichtlücke	
Kalk		
Mergel		allmähliche Hebung
Ton		
Basiston		rasche Senkung
	Schichtlücke	

Es findet zunächst eine Senkung statt, worauf eine Auffüllung des Meeresteils erfolgt. Doch bedingt diese nach KLÜPFEL nicht die Emersion, letztere wird auf tektonische Ursachen zurückgeführt. Hierdurch wird eine Schichtenlücke bedingt, der infolge erneuter rascher Senkung Sedimentation folgt.

Doch läßt sich der Zyklus auch als isostatischer Auffüllungszyklus betrachten. Dann entsprechen sich Sediment und Bewegung in folgender Weise:

Sediment	Bewegung des Meeresbodens	Gravimetrischer Zustand
Basiston	rasche Senkung	isostatische Neueinstellung
	Zustand der Auffüllung	maximale Anisostasie
Kalk		
Mergel	Auffüllung	
Ton	Stillstand	allmählich wachsende Anisostasie
Basiston	rasche Senkung	isostatische Einstellung
Kalk	Zustand der Auffüllung	maximale Anisostasie

Da mit zunehmender Auffüllung eines Meeresteiles für einen bestimmten Punkt die Küste immer näher rückt, ist in der Serie Ton-Mergel-Kalk die Zunahme des Sandgehaltes verständlich. Auch findet durch die abnehmende Meerestiefe bei der Auffüllung die Zunahme der Schalendicke der Mollusken ihre Erklärung. Die Emersionsfläche ist nach KLÜPFEL keineswegs überall ausgebildet, was insofern verständlich ist, als die Senkungsreife nicht für alle Gebiete genau mit der Auffüllung zusammenzufallen braucht.

Diese Deutung erübrigt die tektonische Hebungsphase zur Entstehung der Emersion, wodurch meines Erachtens die Vorstellung an Natürlichkeit und Zwanglosigkeit gewinnt. Nach der von mir vorgeschlagenen Deutung müßten die Sedimente der Auffüllung allmählich immer küstennäher werden. Die parallel verlaufende Zunahme des Kalkes scheint dadurch keine Erklärung zu finden, ebensowenig jedoch durch die Deutung KLÜPFELS. Es scheint aber, als ob größere Küstennähe und mehr vielleicht noch flaches Wasser die biogene Kalkbildung fördern würden, evtl. indirekt durch höhere Temperatur. Ein Einfluß von Bewegungen des Landes läßt sich nicht mit Sicherheit aus den Sedimenten ablesen, obwohl derartiges sich im Bereich des Ardennen-Hochgebietes vollzogen hat.

Im Gebiete südlich der Ardennen hat K. HUMMEL übereinstimmende Zyklen etwas anders gedeutet[1]). Bei Beginn eines Zyklus soll sich nicht nur der Meeresboden gesenkt, sondern gleichzeitig auch das benachbarte Hochgebiet gehoben haben, wodurch eine Belebung der Erosion bedingt war. Im weiteren Verlauf des Zyklus sinkt dann das Hochgebiet wieder etwas zurück, gleichzeitig hebt sich der Meeresboden. Nicht nur das Flacherwerden des Meeres, sondern auch die verminderte Zufuhr terrigenen Materials gestatten die Bildung immer reinerer Kalke. Die Bildung der Emersionsfläche erfolgt tektonisch durch Hebung.

Isostatisch wäre diese Bewegung unerklärlich. Das Rücksinken des Hochgebietes und die Hebung des Meeresbodens sind Bewegungen, die dem isostatischen Zyklus fremd sind. Doch erscheint es mir zu gewagt, diesen Dingen eine andere Deutung zu geben, als es von seiten jener geschah, welche die Zyklen in der Natur beobachteten.

Diesem Zyklentyp scheint eine große Verbreitung zuzukommen. ARBENZ beobachtete ihn in neunfacher Wiederholung in der helvetischen Kreide[2]). Er unterscheidet in folgender Weise:

↑ ———————— Diskordanz		
1. Ausgesprochen neritisch.-kalkige oder sandige Sedimente. Oft Emersion und Diskordanz am oberen Ende	.	Regressionsphase
2. Vorwiegen von Ton u. Mergel bathyaler als 1 und 3	. . . . . .	Inundationsphase
3. Aufarbeitung des Untergrundes zum Teil klastische Zufuhr	. . . . . .	Transgressionsphase
———————— Diskordanz		

Die Veränderung von 1. zu 3. erfolgt langsam, die von 3. zu 1. schnell, die Entwicklung von der Feinkörnigkeit zur Grobkörnigkeit geht also

---

[1]) HUMMEL, K.: Geol. Rundschau Bd. 11, S. 23. 1920.
[2]) ARBENZ: Vierteljahrsschr. d. Naturforsch. Ges. in Zürich Jg. 64, S. 253. 1919.

allmählich vor sich. Es ist der gleiche Typ, wie ihn KLÜPFEL in]Lothringen und HUMMEL südlich der Ardennen beobachtete.

Als Ursachen läßt ARBENZ eine ganze Reihe von Faktoren maßgebend sein: vor allem Hebungen und Senkungen, daneben periodische Klimaveränderungen, absolute Wasserstandveränderungen, relative Niveauschwankungen. Doch scheint es mir schwierig, aus einer solchen Vielheit von Faktoren die derart häufige Wiederholung einer so regelmäßigen Erscheinung abzuleiten. Die isostatische Auffassung könnte auch hier den Wechsel erklären, doch befinden wir uns in Gebieten und Zeiten orogener Betätigung, wo die Erklärung als orogene Zyklen vielleicht näherliegt.

In den Gebieten südlich der Ardennen, in der Gegend von Sedan und Charleville, beschreibt HUMMEL aus den Jurasedimenten eine andere Art der Sedimentation[1]). Im unteren Lias tritt hier eine regelmäßige Wechsellagerung von Kalk und Sand auf, die als eine Folge schwachen, ruckweisen Aufsteigens und Wiedersinkens des Ardennenmassivs gedeutet werden. Die Sandbänke bildeten sich jeweils während oder kurz nach einer Hebung des Festlandes. „Bei Ausgleich der Hebung durch Denudation oder wahrscheinlicher, wenn sich das Massiv wieder etwas absenkte, verminderte sich die Zufuhr von terrigenem Material, und die Kalkabscheidung der Organismen gewann die Oberhand, so daß Kalkbänke entstehen konnten, die ja auch nicht frei sind von terrigenem Sandmaterial."

Da die Kalkbänke meist mächtiger als die Sandbänke, da andererseits die Bildung der Sandbänke wahrscheinlich schneller erfolgte als die der Kalkbänke, so waren vermutlich die Hebungsperioden relativ kurz, die Perioden der Ruhe beträchtlich länger. Die Plötzlichkeit der jeweiligen Sandablösung durch Kalk führte vor allem zu der Annahme eines Zurücksinkens des Hochgebietes. Die Beziehungen waren also rein einseitig:

Sediment	Bewegungen des Hochgebietes
↑ Kalk	Ruhelage
―――――	Zurücksinken
Sand	
	Hebungsbeginn
Kalk	Ruhelage
―――――	Zurücksinken
Sand	
	Hebungsbeginn

Betrachtet man das Schichtprofil vom isostatischen Gesichtspunkt, so müßte auch dann der Hebungsmoment mit dem Einsetzen der Sandfacies zusammenfallen. Das von Sediment stark entlastete Hochgebiet steigt plötzlich auf. Ein Rücksinken des Hochgebietes, das den abrupten Wechsel zum Kalk erklären soll, kommt im isostatischen Zyklus nicht in Frage, scheint mir aber, tektonisch gedeutet, in seiner vielfachen Wiederkehr ebenso unwahrscheinlich zu sein, wie auch die immer

―――――――――

[1]) HUMMEL, K.: Geol. Rundschau Bd. 11, S. 18. 1920.

wiederkehrende Hebung des Meeresbodens im Lothringer Jura. Eher wäre vielleicht an einen Zusammenhang mit meteorologischen Ereignissen zu denken, jedoch derart, daß diese eine Folgeerscheinung der isostatischen Vorgänge darstellten.

In einem gewissen Stadium der Abtragung ist die Erniedrigung des Hochgebietes so weit vorgeschritten, daß dadurch die niederschlagfangende Wirkung des Hochgebietes eine Minderung erfahren muß. So könnte die durch verringertes Gefäll ohnehin geschwächte Erosionskraft der Flußsysteme eine Steigerung ihrer Abschwächung erfahren.

Ein Gebiet zyklischer Sedimentation soll kurz Erwähnung finden: die obercarbonen flözführenden Sedimentfolgen. In ihnen liegt ein vielfacher, anscheinend mehrhundertfacher Wechsel von Kohle einerseits, Konglomerat, Sandstein, Schiefer andererseits vor. Ob eine weitere zyklische Gliederung dieser letzteren Teile[1]) besteht, gestattet die bisherige Literatur nicht zu beurteilen. In den Flözen liegen Sumpfbildungen, in den anderen Sedimenten Bildungen vorwiegend aquatischer Natur vor. Es scheint, als ob immer wieder eine Auffüllung eines aquatischen Sedimentationsraumes durch Konglomerat, Sandstein und Ton erfolgt sei, die jeweils mit einem Verlandungsstadium, mit Sumpfbildung abschloß. Erneute Senkung unterbrach letztere und führte zu Wasserbedeckung und vorwiegend aquatischer Sedimentation. Es ergeben sich also folgende Beziehungen:

Flöz	Ruhelage
	Stadium der Auffüllung
Konglomerat, Sandstein, Ton . . {	Auffüllung
	Senkung
Flöz	Ruhelage

Isostatisch wäre dieser Zyklus als Auffüllungszyklus zu verstehen, doch möchte ich den Ergebnissen eigener Untersuchungen an dieser Materie hier nicht vorgreifen.

Bei genauerer Betrachtung zeigen alle diese Zyklen erhebliche Abweichungen vom Schema. Die Zahl der störenden Faktoren exogener und endogener Art ist groß. Das Wesentliche wird davon im folgenden der Erörterung unterliegen.

3. Hemmungen und Einwände.

Die schematisch dargestellten Vorgänge finden sich in der Natur nur relativ selten verwirklicht. Vor allem treten zahlreiche Sedimentfolgen ohne jegliche Andeutung von Zyklen auf. Ihre Ausbildung wird vielfach durch andere Faktoren verhindert. Besonders in orogenetischen Zeiten muß die Verschiebung von Erdkrustenteilen entgegen der Wirkungsrichtung der Gravitation verlaufen.

Einen solchen Fall stellt u. a. die Sedimentation in den Randsenken dar, soweit diese Senken passiv in die Tiefe gepreßt werden. Auch die

---

[1]) Daß gelegentlich eine solche auftritt, wurde früher schon betont: BORN, A.: Abh. d. Senckenberg. Ges. Bd. 37, S. 555—556. 1921.

Belastung, die Erdkrustenteile durch Massenintrusionen, also Injektionen im großen Stile, erleiden, müssen zu Senkungen führen und damit Sedimentationsfolgen bedingen, die, wenn auch isostatisch verursacht, doch frei von aller zyklischen Anordnung sein werden. Die Bildung des Zechstein-Trias-Sedimentationsraumes wäre evtl. durch derartiges Sinken einer in Rotliegendzeit intrusiv belasteten Scholle zu denken.

Abtragungszyklen werden unterbunden oder gestört einmal durch orogenetische Vorgänge (Hebungen), ferner aber durch Abschmelzungen am Tiefenwulst der Faltengebirgskörper. Die so bedingte Verminderung der Krustendicke bedingt ein Sinken der Landoberfläche, was den Abtragungszyklus hemmen muß. Auch großperiodische isostatische Vorgänge vermögen in kleinperiodische isostatische Zyklen störend einzugreifen. Als Beispiel eines solchen Vorganges höherer Größenordnung nenne ich die durch Eisbelastung und -entlastung Fennoskandias bedingten subkrustalen Massenwellen, die auf die kurzperiodischen norddeutschen, belgischen und nordfranzösischen Abtragungszyklen störend eingewirkt haben müssen, indem diese Gebiete unabhängig von der erosiven Entlastung zeitweilig ihrer Erosionsbasis stärker genähert oder entfernt wurden.

Schließlich gibt es eustatische Meeresspiegelschwankungen und epirogenetische Bewegungen, die fern von aller isostatischen Bedingtheit sind und die auf alle isostatische Zyklenbildung hemmend gewirkt haben müssen.

Es muß aber besonders hervorgehoben werden, daß keineswegs die Anschauung erweckt werden soll, als ließen sich alle zyklischen Merkmale, sei es der Sedimentation, sei es der Abtragung, auf isostatische Einflüsse zurückführen. Es gibt zweifellos völlig andersartige Faktoren, die sich periodisch äußern und deren Merkmale zyklisch auftreten.

So scheint es, daß die orogenetischen Vorgänge vielfach periodische Auslösung besitzen und geeignet sind, zyklische Merkmale zu hinterlassen. Ein treffendes Beispiel findet sich u. a. in der jungoligocän-miocänen Süßwassermolasse des Algäuer Gebietes[1]), wo ein überraschend gleichmäßiger Wechsel von Nagelfluhbänken und Mergel auftritt, und zwar in einer unteren Abteilung von ca. 600 m Mächtigkeit 34 Konglomeratbänke, in einer oberen von mehr als 865 m Mächtigkeit 32 Bänke. Stets folgt über dem Mergel ganz plötzlich ohne Sandsteinzwischenlage der Schotter mit grobem Geröll, dem sich Sandstein, dann Mergel anschließt, welch letzterer wieder von den Schottern bedeckt wird. Es handelt sich hier um eine Zeit lebhafter Orogenese, die anscheinend periodisch wirkend immer wieder mit neuem Ruck eine Überschüttung des Sedimentationsgebietes herbeiführte. Das für die Anhäufung des Sedimentes notwendige Sinken des Sedimentationsgebietes erfolgte gleichzeitig ruckweise, indem die Randsenke passiv tiefer herabgepreßt wurde.

---

[1]) Herr Prof. E. Kraus, Königsberg, war so freundlich, mich auf dieses Beispiel seines alpinen Arbeitsgebietes hinzuweisen und mir seine Ergebnisse zur Verfügung zu stellen, wofür auch hier ihm herzlich gedankt sei.

Ein weiterer Punkt wäre hier zu diskutieren: Klimatische Faktoren. Jahreszeiten, große Klimaperioden wie z. B. die 11- oder die 35jährige Periode u. a. können oder müssen periodische Merkmale auslösen. J. F. Pompeckj hat diesen Gesichtspunkt in Wort und Schrift zur Deutung sedimentärer Zyklen vielfach vertreten[1]). Hier müssen zyklische Merkmale auftreten, und zwar bei der Sedimentation in völlig gleicher Weise wie beim isostatischen Zyklus. Etwas anders dagegen in den Hochgebieten. Die Erosion wird auch hier neu belebt, in gleicher Weise wie beim isostatischen Zyklus, nur erfolgt hier die Neubelebung auf Grund einer erhöhten Niederschlagsmenge, beim isostatischen Zyklus dagegen durch Entfernung von der Erosionsbasis. Bei dieser beginnt also die Neubelebung an der Erosionsbasis, von hier aus allmählich rückwärts wirkend, wodurch die bekannten Erscheinungen unausgeglichener Flußläufe, wie Gefällsknicke usw., bedingt werden. Bei der Neubelebung durch erhöhte Niederschlagsmenge wirkt der belebende Faktor im ganzen Niederschlagsgebiet gleichzeitig. Infolgedessen wird überall gleichzeitig eine Eintiefung des Flußsystems erfolgen.

Geht man in beiden Fällen von vorher völlig ausgeglichenen Flußbetten aus, so dürfte eine Unterscheidung der beiden Typen nicht schwierig sein. In der Natur dagegen wird in den seltensten Fällen die Möglichkeit einer Beurteilung bestehen. Ein Kriterium zur Unterscheidung ist somit nicht gegeben.

Fragt man nach den Ursachen periodischer Niederschlagsveränderungen, so ist man im allgemeinen geneigt, periodisch auftretende kosmische Vorgänge (Sonnenfleckenperioden usw.) dafür verantwortlich zu machen, obwohl sie keine völlig befriedigende Lösung des Problems darstellen. Mir scheint vielmehr, daß in vielen Fällen der Wechsel der Niederschlagsmenge eines Gebietes indirekt von isostatischen Vorgängen abhängig ist.

Die mittlere Niederschlagsmenge eines Gebietes ist bedingt durch die Gebirgshöhe, und zwar nimmt die Niederschlagsmenge mit steigender Gebirgshöhe zu. Es ist eine selbstverständliche Korrelation, daß mit der Abtragung eines Hochgebietes allmählich seine Niederschlagsmenge zurückgehen muß und daß dadurch die Abtragung verlangsamt wird. Mit der isostatischen Hebungsreaktion kann, wenn der Betrag groß genug ist, die Niederschlagsmenge erhöht und somit die Erosion, wenn auch nicht bis zum Status quo ante, neu belebt werden. Diese Erscheinung wiederholt sich periodisch mit jeweils geringer werdendem Erfolg. Es liegt also in dem isostatischen Hebungsrhythmus selbst eine Ursache für parallel verlaufende periodische Niederschlagsveränderungen begründet.

Für das Maß der jeweiligen Steigerungen der Niederschlagsmenge ist der Betrag der jeweiligen Landoberflächenerhöhung ausschlaggebend, der jedem sog. Einzelruck entspricht. Diese Beträge sind nichts anderes als die Vertikalabstände der Terrassen. Um zu zeigen,

---

[1]) Vgl. u. a. J. F. Pompeckj: Die Bedeutung der schwäbischen Jura für die Erdgeschichte. Stuttgart 1914. S. 28, Note 3.

welchen Einfluß die verschiedenen Höhen auf die Niederschlagsmenge
haben können, gebe ich einige Zahlen wieder, die H. GRAVELIUS u. a.
für die verschiedenen Höhenstufen des Schwarzwaldes und für die
Nordwestseite des Erzgebirges errechnet haben[1]):

Höhenstufen . .	2—400	4—600	6—800	8—1000	10—1200	12—1400 m
Schwarzwald						
Regenmenge . .	772	975	1160	1353	1675	1800 mm
Prozent	1,00	1,26	1,50	1,75	2,14	2,33
Diff. d. % . .		0,26	0,24	0,25	0,39	0,19
Erzgebirge						
Regenmenge . .	718	797	865	1017	1150	— mm
Prozent	1,01	1,11	1,21	1,42	1,60	
Diff. d. % . .		0,10	0,10	0,21	0,18	

Eine andere in obiger Hinsicht interessante Messung gibt J. HANN[2])
von Barbados:

Meereshöhe. . .	50	140	240	280 m
Zahl d. Stationen	51	25	21	9
Regenmenge . .	111	121	142	150 cm

Diese Zahlen bedürfen keiner weiteren Erörterung. Hier zeigt sich
klar der Einfluß der Meereshöhe auf die Niederschlagsmenge selbst bei
relativ kleinen Höhenunterschieden. Wenn wir auch bei den Abtragungs-
vorgängen innerhalb eines Zyklus und bei der isostatischen Regeneration
der Scholle mit noch kleineren Höhenveränderungen zu rechnen haben,
so sind diese Beträge doch nicht außer Betracht zu lassen, da sie sich
in geologisch sehr langen Zeiträumen auswirken.

Es ist also nicht außer Bereich der Möglichkeit, daß ein großer Teil
von klimatischen Periodizitäten auf diese Weise indirekt
isostatisch bedingt ist. Diese zyklischen Niederschlagsveränderungen
müssen die Ausbildung zyklischer Merkmale sowohl im Hoch- wie im
Sedimentationsgebiet steigern. Denn mit der Abtragung koincidiert
eine Verringerung der Niederschlagsmenge, also tritt zur Wirkung
langsam verminderten Gefälles die einer verringerten Niederschlagsmenge. Umgekehrt kommt zum Wiederaufsteigen, also z. T. wieder-
gewonnener erosiver Kraft, noch eine erhöhte Wassermenge. Es soll
jedoch keineswegs in Abrede gestellt werden, daß es daneben großperiodische, z. B. kosmisch bedingte Klimaperioden gibt, die rhythmische
Merkmale hinterlassen.

Gegen die im vorhergehenden entwickelten Vorstellungen über den
Ablauf von Abtragung und Sedimentation sind von HAYFORD einige
Einwände erhoben worden[3]), deren Erörterung von allgemeiner Bedeu-
tung ist. Nach HAYFORD müssen Druck - und Temperaturverände-

---

[1]) GRAVELIUS, H.: Zur Abhängigkeit des Regenfalles von der Meereshöhe.
Zeitschr. f. Gewässerkunde Bd. 7, S. 129.
[2]) HANN: Handbuch der Klimakunde Bd. 1, S. 256. 1908.
[3]) HAYFORD: Science 1911, S. 202.

rungen in ent- und belasteten Gebieten störend auf die isostatischen Vorgänge einwirken.

Die Entlastung eines Hochgebietes um 300 m bedeutet Druck-
verminderung für die Gesteinssäule darunter. Das bedeutet weiter
metamorphe Veränderungen im weitesten Sinne, begleitet von Volum-
vergrößerungen und Dichteverminderungen. In Erosionsgebieten wird
also Metamorphose durch Entlastung zu einem Ansteigen des Volumens
und zu einer Erhebung der Landoberfläche führen. Unter einem Ablagerungsgebiet dagegen erfolgt Volumreduktion, Tieferlegung der Oberfläche. Beide Vorgänge wirken auf die Erosion neubelebend, stören
aber die rein isostatischen, zyklischen Vorgänge. So weit HAYFORD.

Betrachtet man zunächst den Vorgang im Prisma der Entlastung.
Es soll ein Hochgebiet im Mittel um 300 m erniedrigt werden. Dann
würde im ganzen Prisma in jeder Tiefe der Druck um 81 Atmosphären
verkleinert werden. Man könnte sich vorstellen, daß nun in jeder Tiefe
eine Art Aufquellen stattfindet, das sich für 120 km summiert und sich
oberflächlich als Hebung bemerkbar macht. Dem liegt aber erstens
die irrige Vorstellung von einer relativ großen Kompressibilität des
Gesteins zugrunde. Auch werden keine Retromorphosen ausgelöst,
was sich darin äußert, daß wir das Material aufsteigender alter Kerne
stets in Form relativ dichter Gesteine antreffen. Die Vorgänge der
Metamorphose sind im allgemeinen nicht reversibel, erst in der Zone
der Verwitterung. Eine Volumvermehrung hierauf begründet kann
also keine Rolle spielen.

Daß die Belastung im Sedimentationsprisma auf die Dichte
steigernden Einfluß hat, kann dagegen nicht gut bestritten werden.
Hier wird ein lockeres, völlig unverfestigtes Material einem Druck unterworfen, der bei Überlagerung von 300 m Sediment 81 Atmosphären
beträgt. Man darf aber die durch eine solche Belastung bedingte Setzung
der Gesteine nicht auf die ganze Gesteinssäule von 122 km in Anrechnung
bringen. In wenigen hundert Metern Tiefe haben die Sedimente bereits
eine relativ hohe Dichte und in wenigen Tausenden von Metern ist das
Maximum bereits erreicht. Die Kompression wirkt allerdings auf die
ganze Tiefe von 122 km.

Auch die Temperaturveränderung muß nach HAYFORD auf das
Volumen der Gesteinssäule einwirken. Bei einer Erosion von 300 m
wird die Temperatur der darunterliegenden Gesteinssäule bis in 122 km
Tiefe allmählich um ca. 4° C erniedrigt, wenn man nicht 30, sondern
70 m als mittlere geothermische Tiefenstufe zugrunde legt. Beträgt
der vertikale Ausdehnungskoeffizient 0,0000166 auf 1° C (nach BARRELL
1914, S. 215: 0,0000199 für 1° C), so summiert sich die Kontraktion
bis auf 122 km Tiefe auf 10 m. Also auf 300 m Abtragung 10 m Land-
erniedrigung infolge Abkühlung und Kontraktion.

Zu dieser Darstellung HAYFORDS ist zu bemerken, daß durch Tieferlegung der Landoberfläche die Isothermenflächen ebenfalls eine Ver-
legung nach abwärts erfahren müssen. Aber erstens ist 300 m als Abtragung für einen einmaligen Abtragungszyklus viel zu groß. Die Terrassen-
abstände, welche die Verschiebungsbeträge anzeigen, sind weit kleiner,

meist nur Zehner von Metern. Dann ist auch die Abkühlung und die Erniedrigung im Verhältnis kleiner. Im übrigen liegt dem die falsche Vorstellung zugrunde, daß sich eine isoliert gedachte Gesteinssäule völlig unabhängig von ihrer Umgebung bis in 122 km Tiefe infolge relativ geringfügiger Reliefveränderungen thermisch verändert. Es wird vielmehr von unten und von der Seite her ein thermischer Ausgleich stattfinden, so daß man nicht ohne weiteres die durch Wärmeverlust bedingte lineare Volumveränderung mit 122 km multiplizieren darf. Immerhin wird eine geringe Vermehrung der Erniedrigung durch Kontraktion eintreten.

Analog liegen die Verhältnisse im Sedimentationsgebiet. Hier wird die Landoberfläche absolut gehoben, wenn 300 m Sediment abgelagert werden, ohne daß Kompensation eintritt. Dadurch werden die Isosthermen höher verlagert. Aber auch hier wird die dadurch bedingte Temperaturerhöhung für die liegenden Schichten nicht bis in 122 km Tiefe zurückwirken, um so mehr als alle diese Vorgänge sehr langsam sich abspielen.

Bei dem gleichen Vorgang sind nun die Wirkungen von Druck und Temperatur entgegengesetzt gerichtet, und da sie annähernd von der gleichen Größenordnung sind, so heben sie sich in ihren Äußerungen zum großen Teil auf. Der störende Einfluß der durch Druck und Temperaturveränderungen hervorgerufenen Bewegungen kann somit hinsichtlich der isostatischen Vorgänge außer acht gelassen werden.

Der Anwendung des isostatischen Prinzips auf die Bildung außergewöhnlich großer Sedimentmächtigkeiten scheinen gewisse Grenzen gesetzt zu sein. Angenommen, in einer Geosynklinale seien 8000 m Sediment abgelagert worden, so ist zu fordern, daß vom Liegenden zum Hangenden im großen ganzen ein allmähliches Flacherwerden in der Facies der Sedimente zum Ausdruck kommt. Diese Forderung ist meist nicht erfüllt, wie z. B. bei dem Altpalaeozoicum der rheinischen Geosynklinale. Berechnet man für eine derartige Sedimentfolge isostatisch die primäre Trogtiefe, so beträgt sie etwa $^1/_6$ der Gesamtausfüllung, bei einer Mächtigkeit von 8000 m also etwa 1330 m. Es dürfte nun in den meisten Fällen keinem Zweifel unterliegen, daß die ältesten Sedimente der Tröge in derart tiefen Meeren nicht gebildet wurden, wie z. B. bei der rheinischen Geosynklinale. Vielfach trägt der gesamte Schichtenkomplex die Merkmale typischer Flachwasserbildung.

Diese Ergebnisse sind mit der Annahme eines isostatischen Ablaufs der Sedimentation nicht im Einklang, und es ist zu folgern, daß die Voraussetzung eines rein isostatischen Ablaufs derartig umfangreicher Sedimentationsvorgänge falsch ist. Andere Faktoren müssen hier eingegriffen haben mit dem Ergebnis einer Absenkung des Meeresbodens, wie z. B. orogenetische Versenkung oder Belastung der Kruste mit Intrusiven u. a. Das Problem der Entstehung der außergewöhnlich mächtigen Sedimentfolgen ist rein isostatisch nicht zu lösen.

Die gravimetrische Kontrolle.

Die theoretische Forderung des isostatischen Prinzips ist, daß Abtragungsgebiete entweder Kompensation oder ein Defizit an Masse aufweisen, also entweder keine oder negative Abweichungen der Totalschwere zeigen. Sedimentationsgebiete dagegen müssen Kompensation oder positive Abweichungen infolge Überlastung besitzen.

Prüft man die gravimetrisch untersuchten Gebiete von diesem Gesichtspunkt aus, so finden sich die obigen Forderungen wenig oder gar nicht bestätigt. Das Appalachengebiet, das während langer geologischer Zeiträume als Hochgebiet entlastet worden ist, weist in sehr großen Teilen Pluswerte auf. Ähnliche Fälle ließen sich mehr anführen. Es ist aber erstlich zu bedenken, daß große Gebiete Abweichungen infolge regionaler Kompensation aufweisen, Abweichungen, die weit über den geringen Betrag der durch Entlastung oder Belastung bedingten hinausgehen und diese völlig verschleiern.

Ferner treten auch in der Gegenwart, epirogenetisch bedingt, oder als Folge orogenetischer Vorgänge subkrustale Massenwellen auf, die für große Gebiete zu Plus- und Minusabweichungen führen müssen, Gebiete, denen an sich in stabilem Zustand ein entgegengesetzter gravimetrischer Charakter zukommt. Infolge der Kürze der Beobachtungszeit scheinen dann diese aufgeprägten unnatürlichen Charaktere stabil.

Auch die Sedimentationsräume lassen im allgemeinen keine Überschüsse an Totalschwere erkennen, was jedoch durch ihre besondere Lage seine Erklärung findet. Sie sind meist parallel den Küsten gelegen. Soweit sie hier an Vorsenken pacifischen Typs gebunden sind, müssen sie infolge des Charakters dieser Randsenken (vgl. S. 76) negativ gekennzeichnet sein. Soweit sie aber bereits auf ozeanischem Boden liegen, macht sich die Steilrandstörung bemerkbar, die diesen Gebieten ebenfalls einen negativen Charakter aufprägen kann (vgl. S. 52). So werden typische Gebiete der Belastung und Entlastung ihrer Verwendung als Kontrolle des anisostatischen Zustandes meist entzogen.

Es fragt sich jedoch überhaupt, ob die gravimetrischen Methoden geeignet sind, um durch erosive Entlastung resp. durch sedimentäre Belastung bedingte Schwereanomalien zum Ausdruck zu bringen. Sind die be- resp. entlasteten Flächen sehr groß, so sind die entsprechenden mittleren Mächtigkeiten der Überschuß- resp. Defizitmasse relativ gering. Nimmt man an, ein Gebirgsrumpf von großer Ausdehnung sei im Mittel um 50 m Gestein von der Dichte 2,7 durch Abtragung entlastet worden, ohne daß isostatische Kompensation durch Hebung erfolgt sei, so wird, wenn die entlastete Fläche etwa einem Kreis vom Radius 4000 km entspricht, dieser Erdkrustenteil nahe seiner isostatischen Neuorientierung sein. Nun entspricht eine Gesteinsplatte von sehr großer horizontaler Ausdehnung und 10 m Dicke bei einer Dichte von 2,4 der attraktiven Wirkung von einer Einheit der dritten Dezimale von g in Zentimetern. Die Abtragung von 50 m Gestein würde dann einem Defizit von ca. 5,5 Einheiten gleichkommen. Im Kapitel III „Schweremessung" wurde nun darauf hingewiesen, daß die Fehlergrenzen der Messungen und Berechnungen $\pm$ 3,8 Einheiten betragen. Die dort gegebene Tabelle der wiederholt gemessenen Stationen zeigt aber, daß die Fehlergrenze tatsächlich weit größer ist. Man ist daher in sehr vielen Fällen nicht in der Lage, mit den bisherigen Mitteln und Methoden der Schweremessung die durch erosive Entlastung resp. sedimentäre Belastung bedingten Massenabweichungen vom isostatischen Zustand zu erfassen.

Schlußbemerkung.

Diese Ausführungen können nur als ein Versuch einer· Deutung des Abtragungs- und Sedimentationsmechanismus betrachtet werden. Unsere Kenntnis von dem Mechanismus derartiger Vorgänge steht noch ganz in den Anfängen. Sicher ist, daß die isostatische Deutung nicht für alle rhythmischen Erscheinungen in Frage kommt. Die Frage, ob derartige Erscheinungen nicht auch anders verstanden werden können, ist zweifellos zu bejahen. Klima, Orogenese u. a. sind sicher hierfür in Betracht kommende Faktoren. Aber für viele Fälle scheint die isostatische Deutung die plausibelste zu sein. Für sie sprechen zwei Momente: 1. Sie ist von genereller Gültigkeit, 2. der im allgemeinen so gut wie kompensierte Zustand der Erdoberfläche wäre ohne sie unverständlich.

X. Die ozeanischen Vulkaninseln.

Seit Darwins Studien[1]) über die Bildung der Korallenriffe ist das Phänomen nicht mehr aus dem Bereich der wissenschaftlichen Erörterung verschwunden. Die noch heute so gut wie unwiderlegte Grundlage seiner Theorie ist die Annahme einer ständigen Senkung der ozeanischen Böden. In jüngerer Zeit ist das Problem durch R. A. Daly[2]) und W. M. Davis[3]) wieder in den Vordergrund des Interesses gerückt worden. Davis als Vertreter der Darwinschen Senkungstheorie stützt diese durch die an zahlreichen pazifischen Koralleninseln gemachte Feststellung ertrunkener Täler.

Daly zieht zur Erklärung des Sinkens den Umstand in Betracht, daß seit postglazialer Zeit die Abschmelzwässer der Inlandeismassen den Meeresspiegel um etwa 50—60 m[4]) erhöht haben. Das Sinken der Inseln sei daher nur ein scheinbares. Das Ansteigen des Wassers löste das Wachstum der Wallriffe und Atolle aus. Derartige Meeresniveauverschiebungen sind nicht zu leugnen.

Verschiedene Faktoren sprechen zugunsten der Dalyschen Ansicht. G. A. F. Molengraaff[5]) wies darauf hin, daß im Indischen Archipel die Javasee und die Sahulbank an der Nordwestküste von Australien

---

[1]) Darwin, Ch.: On the structure and distribution of coral reefs. Kap. 5 u. 6.

[2]) Pleistocene glaciation and the coral reef problem. Americ. journ. of science 4. ser. Bd. 30, S. 297. 1910.

[3]) A shaler memorial study of coral reefs. Americ. journ. of science 4. ser. Bd. 40, S. 223. 1915.

[4]) Penck, A.: Morphologie der Erdoberfläche Bd. 3, S. 660. 1894.

[5]) Kon. Akad. Wetensch. Amsterdam Proceed. Bd. 19, S. 612.

flache Meeresbodenteile darstellen, die im Durchschnitt 50—60 m versenkt liegen. Man gewinnt hier den Eindruck stark eingeebneter, untergetauchter Landoberflächen. Die reifen Erosionsformen der Inseln Bangka, Billiton, der Karimatainseln und von Westborneo, die sich einer Fastebene stark nähern, stellen nur widerstandsfähigere Teile des Abtragungsgebietes dar, das in pleistocäner Zeit, als der Meeresspiegel tiefer lag, zwischen den Bergländern von Sumatra-Java einerseits und Borneo andererseits eingeschaltet war. Das postglaziale Ansteigen des Meeresspiegels um 50—60 m setzte die tieferen Teile dieser Fastebene unter Wasser. In ähnlicher Weise wurde die Sahulbank überschwemmt.

Diese und ähnliche Beobachtungen sprechen für DALYS „Glazialkontrolltheorie". Diese Theorie gibt aber keine Handhabe, das Sinken eines Gebietes um beträchtlich mehr als 50—60 m verständlich zu machen, was notwendig wäre, um die aus den Tiefen des Pazifik aufsteigenden Atolle zu erklären. Diese erheben sich steil aus der Tiefsee, ohne mit einem Kontinentalschelf in Verbindung zu stehen. Mit Recht fordert MOLENGRAAFF eine wahre oder scheinbare Senkung des Meeresbodens um größere Beträge. Die Bohrung im Funafuti-Atoll fordert ein Sinken um mindestens 340 m.

Zur Überwindung der sich so ergebenden Schwierigkeiten hat MOLENGRAAFF folgenden Weg eingeschlagen.

Alle Korallenriffvorkommen verteilen sich auf zwei Arten von Gebieten:

1. **Knüpfung an den Schelf** oder die Randgebiete von Kontinenten. Hier sind Krustenbewegungen verschiedener Entstehung die Veranlassung zu Riffbildungen. Hierher gehört das große Gebiet der Korallenriffe im südwestlichen Pazifik, das zum australischen Schelf gehörig sich nördlich und östlich um Australien gruppiert, ein Gebiet, das gegen das zentralpacifische Tiefseegebiet durch die Linie: Nordseite der Bismarckinseln, Salomoninseln, Fidschiinseln, Tonga- und Kermandectiefe abgegrenzt ist. In diesen orogenen Gebieten finden sich überall die Anzeichen jüngerer starker Hebungen und Senkungen.

2. **Knüpfung an die Tiefsee.** Daß hier Senkungen vorkommen, beweist neben der Funafutibohrung die neue Tiefbohrung auf der Bermudasinsel, die, in 42 m über dem Meeresspiegel angesetzt, in 75 m unter dem Meeresspiegel den Korallenkalk durchbohrte und vulkanisches Material basaltischer Zusammensetzung antraf[1]).

Die ältesten Teile sind späteocänen oder oligocänen Alters. Seit dieser Zeit sank die zuerst vulkanische Insel um mehr als 113 m unter den Meeresspiegel, während welcher Zeit sich der Riffkalk aufbaute. Das Sinken war nicht kontinuierlich, sondern durch entgegengesetzte Bewegungen unterbrochen, wie die 42 m Riffkalk über dem heutigen Meeresspiegel beweisen. Der Senkungsbetrag belief sich auf jeden Fall auf weit mehr als 100 m, kann also durch DALYS Glazialkontrolltheorie nicht erklärt werden, wenn auch ein Teil der Senkung auf Kosten der Schmelzwässer gesetzt werden darf.

---

[1]) PIRSSON, L. V.: Geology of Bermudas island. Americ. journ. of science Bd. 38, S. 189. 1914.

Dieselbe Bohrung zeigte, daß bei 290 m unter dem Meere das vulkanische Material Anzeichen subaerischer Verwitterung trägt. Der vulkanische Sockel der Bermudasinsel sank also seit präeocäner Zeit um den Betrag mehrerer 100 m allmählich in die Tiefe.

Diesen Umstand erklärt MOLENGRAAFF durch isostatische Vorgänge. Die salische Kruste ist unter dem Meere dünner als in den Kontinenten. Nun bestehen alle echt ozeanischen Inseln, soweit nicht Korallenkalk am Aufbau beteiligt ist, fast ausnahmslos aus vulkanischem, meist basaltischem Material vom spezifischen Gewicht 2,9—3. Hierher sind nicht die Inseln des großen australischen Kontinentalschelfs im Südwest-Pacifik zu stellen, die nur teilweise oder gar nicht vulkanisch aufgebaut sind.

Die Lage der ozeanischen Inselsockel mehr oder weniger direkt auf dem Sima führt zum Einsinken auch von Massen, deren Gewicht auf den mächtigeren Saltafeln der Kontinente noch keine Abwärtsbewegung auslösen würde. Das Sinken der ozeanischen Inseln ist also nichts anderes als eine isostatische Einstellung.

Eine wesentliche Stütze dieser Auffassung von MOLENGRAAFF vom isostatischen Sinken der Vulkansockel liegt in der Tatsache, daß alle untersuchten ozeanischen Inseln sich als nichtkompensiert, und zwar als mit einem erheblichen totalen Schwereüberschuß behaftet erwiesen.

Es ist eine seit langem bekannte Tatsache, daß den ozeanischen Inseln ein Schwereüberschuß zukommt, ein Umstand, der vor den HECKERschen Schweremessungen auf dem Meere dazu Veranlassung gegeben hatte, den ozeanischen Gebieten überhaupt einen Schwereüberschuß zuzuschreiben.

In der folgenden Tabelle sind die Ergebnisse zusammengestellt, die bisher durch gravimetrische Untersuchung echt ozeanischer, nicht einem Schelf aufsitzender Inseln gewonnen wurden[1]).

Die totale Schwere weist hier auffallend hohe Werte auf. Es gehören hierher die höchsten bisher bekannten Werte von Δg. Unter 100 Einheiten der dritten Dezimale von g in Zentimetern wurden überhaupt nicht gemessen, unter 200 Einheiten nur in 6 Fällen, die Mehrzahl gruppiert sich zwischen 200 und 400 Einheiten. Der mittlere Wert beträgt 290 Einheiten.

Den im Flachwasser gelegenen Inseln fehlt dieser ausgesprochene Schwereüberschuß. So ist die Schwerestörung (Δg) für folgende Inseln: Rügen, Seeland, Bornholm, Shetlandinseln, Wright, Nowaja-Semlja, St. Paul, Falklandsinseln, Trinidad, Neuschottland, Key West, Staaten Island, Rawak (bei Neu-Guinea) im Mittel $\Delta g = + 0,029$ cm bei 18 m Höhe und kaum 200 m Meerestiefe[2]).

Allerdings ist einschränkend zu bemerken, daß nicht der ganze Betrag als echter totaler Schwereüberschuß anzusehen ist. Ein großer Teil kommt auf Kosten der Steilrandwirkung, die sich ringförmig um

---

[1]) Nach den Tabellen von BORRAS, E.: l. c. 1911; und nach HELMERT, F. R.: Enzyklopädie der math. Wiss. Bd. 6, 1. B. 1910.

[2]) HELMERT: l. c. S. 134.

Insel	Höhe m	Pfeiler-höhe km	Küsten-abstand km	$\Delta g''$ $(g_0'' - \gamma_0)$ in 0,001 cm	Δg $(g_0 - \gamma_0)$ in 0,001 cm	Θ (Dichte)
Atlantik:						
St. Vincent, Kap Verde . .	10	3	800	+288	+289	—
Ascension	5	3	1500	+201	+202	—
„　　Green Mountain .	686	3	1500	+153	+218	2,5
St. Helena, Langwood . . .	533	4	1800	+263	+314	2,5
St. Helena, Jamestown. . .	10	4	1800	+296	+297	—
Bermudas, St. Georges. . .	2	4,5	1100	+298	+298	—
Fernando de Noronha . . .	10	4,0	300	—	+268	—
Indischer Ozean:						
Isle de France, Maskarenen .	16	—	—	+257	+259	—
Kerguelen	15	—	—	+113	+115	—
Pacifik:						
Hawai-Ins. Oatu, Honolulu .	4	4,5	3500	—	+251	—
„　　Maui, Lahaina . .	2	4,5	3500	+187	+188	2,6
„　　„　Haiku. . .	117	4,5	3500	+242	+254	2,6
„　　„　Pakaoao (Krahr) . .	3001	4,5	3500	+248	+524	2,6
„　　Kawaihae　. . .	2	4,5	3500	+177	+177	2,6
„　　Kalaieha	2030	4,5	3500	+301	+506	2,6
„　　Mauna Kea . . .	3981	4,5	3500	+283	+669	2,6
Karolinen-Ins. Ualau . . .	2	4,0?	2400	+311	+311	—
Mariannen-Ins. Guam . . .	1	3,0?	2000	+195	+195	—
Caroline Island	2	—	—	+184	+184	—
Bonin-Ins. Ogisira　. . . .		—	—	+339	+339	—
„　　Port Lloyd . . .	4	—	—	+341	+341	←
Marguesas-Ins. Taiohaé . .	15	—	—	+187	+189	—

die ozeanischen Inseln auswirkt. Doch sind die Überschüsse zu groß, um allein auf diesem Wege eine Erklärung zu finden. HELMERT hat den Betrag der Steilrandstörung unter bestimmten Voraussetzungen berechnet (vgl. S. 54), Voraussetzungen, die wenigstens annähernd auch für die Hawaianischen Vulkaninseln zutreffen. Für den Fall, daß die Station direkt am Steilrandbeginn gelegen ist, ergibt sich ein Maximum an Steilrandstörung δg von $+53$ Einheiten. Da hier aber die Steilrandwirkung eine beiderseitige ist, muß der Betrag mindestens verdoppelt in Anrechnung gebracht werden. Auch dann bleiben immer noch relativ hohe Überschüsse an Totalschwere bestehen. Der Schwereüberschuß scheint mir im Gegensatz zu MOLENGRAAFF weniger durch das spezifische Gewicht der vulkanischen Masse bedingt zu sein, denn dieses dürfte durch ausgeworfene Aschen und Tuffe in seiner Gesamtheit nicht besonders hoch sein, als vielmehr durch die Massenanhäufung über dem Meeresboden. Diese Massen bedeuten eine Überbelastung des Meeresbodens, eine Auffassung, die keineswegs der Erkenntnis von der regionalen Kompensation der Erdkruste widerspricht, wie man aus den wenigen, den Meeresspiegel erreichenden Gipfeln etwa schließen könnte. Die submarinen Sockel sind, wie die GROLLsche Tiefenkarte der Ozeane zeigt, von durchaus regionaler Ausdehnung.

Sie sinken um so mehr, als der Boden der Ozeane infolge geringmächtigem oder ganz fehlendem Salz derartige Bewegungen besonders leicht zuläßt.

Daß der isostatische Ausgleich nicht sofort mit Eintreten der Überbelastung einsetzte, hat seinen Grund darin, daß zunächst einmal ein Mindestmaß an Belastung vorhanden sein mußte, dann aber darin, daß der Aufbau des Sockels, also die Belastung, relativ schnell wuchs. Das Höhenwachstum submariner Vulkanbauten wird durch keinerlei Abtragungsvorgänge gehemmt und hat lediglich in den letzten 200 m, der Zone intensiverer Wasserbewegung in die Tiefe, mit Verzögerungen zu rechnen. Diese Tatsache erklärt den relativ großen Schwereüberschuß und die lebhafte Senkungstendenz.

Damit sind morphologisch die Bedingungen zur Bildung von Korallenriffen auf diesen Inseln resp. submarinen Sockeln gegeben. Die Riff- und Atollbauten müssen ihrerseits dazu beitragen, die Senkung weiterhin aufrechtzuerhalten, wenn auch mit abnehmender Intensität. Der Grad des Sinkens der ozeanischen Vulkaninseln ist im einzelnen abhängig vom Material des Vulkansockels und vom Untergrund. Wirkliche Verzögerungen des Sinkens können einmal durch orogene Vorgänge, ferner durch Wasserentnahme vereisender Gebiete wie zu Beginn des Pleistocän, scheinbare Verzögerungen durch gesteigerte vulkanische Tätigkeit hervorgerufen werden. Scheinbare Beschleunigung des Sinkens dagegen muß dann eintreten, wenn wie gegen Ende der Eiszeit Abschmelzwässer zu einer absoluten Hebung des Meeresniveaus führten, wie sie die DALYsche Glazialkontrolltheorie fordert, ebenso wenn die vulkanischen Lockerprodukte durch Druck der auflastenden Masse sich setzen.

Für die Kontinuität der Korallenbauten ist es notwendig, daß zwischen der Geschwindigkeit des Sinkens und der des Riff- oder Atollwachstums eine mehr oder weniger konstante Korrelation besteht. Die Überschreitung der Grenzen nach der einen oder anderen Seite muß zum Absterben der Riffbauer führen. Diese Korrelation als Voraussetzung kontinuierlicher Korallenbauten wird natürlich nicht stets bei sinkenden Korallenbauten zu erwarten sein, es ist vielmehr anzunehmen, daß der Kontakt der vulkanischen Sockel mit der Meeresoberfläche in sehr vielen Fällen verlorengegangen ist. MOLENGRAAFF bringt als Stütze für diese Annahme den Nachweis von fern allen bekannten Riffvorkommen gedredgten Korallenrifftrümmern.

Der einzige Einwand, der dieser isostatischen Senkung der ozeanischen Korallen- resp. Vulkaninseln gemacht werden könnte, ist der, daß die Bewegung dieser Inseln gelegentlich rückläufig werden kann, daß absolute Hebungen gegenüber dem Meeresspiegel einsetzen können, welche die Korallenbauten über den Meeresspiegel hinausheben. Es ist von MOLENGRAAFF schon mit Recht hervorgehoben worden, daß derartige Bewegungen nur als schwache Oszillationen bei der Senkung aufzufassen sind. Es handelt sich dabei um vertikale Hebungen, wie sie in jedem Gebiet vulkanischer Tätigkeit immer wieder einmal auftreten (Serapeum von Pozzuoli usw.).

XI. Isostasie und Erdbeben.

Was über das Thema Isostasie-Seismik-Tektonik zu sagen ist, ergibt sich als selbstverständlich aus den vorhergehenden Kapiteln und ist im übrigen wenigstens in Hinsicht auf Seismik-Tektonik, von A. Sieberg in einer sehr interessanten Arbeit über die Verbreitung der Erdbeben und ihre Beziehungen zur Tektonik im wesentlichen ausgesprochen worden[1]), so daß ich mich hier auf einiges mir besonders wichtig Erscheinende beschränken kann.

Es ist eine Forderung des Prinzips der Isostasie, daß überall dort, wo isostasiefeindliche Faktoren endogener und exogener Art anisostatische Zustände hervorgerufen haben, Spannungen bestehen müssen, die die Tendenz haben, sich in Vertikalverschiebungen von Erdkrustenteilen auszulösen zur Herstellung des isostatischen Zustandes. Anisostatische Gebiete müssen daher auch solche seismischer Erschütterungen sein. Und diese Forderung wird durch die Ergebnisse der Seismologie, wie sie u. a. in A. Siebergs seismisch-tektonischer Karte zur Darstellung kommt, voll erfüllt.

Die Erdbeben verteilen sich in nachstehender Weise auf folgende von ihm aufgestellte tektonische Grundelemente[2]):

1. Die Gesamtheit aller paläozoischen Rumpfgebirge mit 0,4% aller gefühlten Beben;
2. die Gesamtheit aller alten Massen und Tafeln mit 1,4%;
3. die großen festländischen Einbruchsbecken mit 2,7%;
4. die normalen tertiär gefalteten Hochgebirgsketten (z. B. Pyrenäen, Alpen, Himalaja) mit 3,6%;
5. die Gesamtheit der Bruchschollenländer mit 22%;
6. tertiäre Faltengebirge, „die in jüngerer Zeit erheblicher Bruchzerstückelung anheimgefallen sind", mit 24% (z. B. Betische Kordillere, Atlas, Apennin, Balkan, Dinaren);
7. die den Tiefseerinnen benachbarten Landgebiete mit 41%.

Diese Tatsachen decken sich vollkommen mit der Auffassung, die in den vorhergehenden Kapiteln zum Ausdruck kam, daß ein großer Teil der Erdbeben an vertikale Schollenbewegung, also an Bruchtektonik, geknüpft ist. Es ist in dieser Hinsicht von Interesse, daß, wie Sieberg hervorhebt, Faltung für die Auslösung von Erdbeben nur von ganz untergeordneter Bedeutung sein kann. Bruch und Verwerfung herrschen vor. Die Bedeutung der Faltung darf dabei jedoch nicht unterschätzt werden, denn in ihr haben wir den isostasiestörenden Faktor zu sehen. Der vertikale Bruch, an dem sich die Verschiebungen vollziehen, ist erst die sekundäre Folgeerscheinung.

So ist es verständlich, daß vielfach die Zonen stärkster orogenetischer und daher isostatischer Störung, wie die Faltengebirge, keine besondere Häufung von Erdbeben aufweisen. In ihnen wird anscheinend das oro-

---

[1]) Sieberg, A.: Die Verbreitung der Erdbeben auf Grund neuerer makro- und mikroseismischer Beobachtungen und ihre Bedeutung für Fragen der Tektonik. Veröff. der Hauptstationen für Erdbebenforschung in Jena 1922, Heft 1.

[2]) l. c. S. 76.

genetisch gestörte Gleichgewicht am schnellsten wiederhergestellt. Dagegen müssen die durch die Orogenese bedingten, vom Gebirgskörper ausgehenden subkrustalen Massenbewegungen die Nachbarschaft tektonisch beeinflussen, daher vielfach die Beschränkung der seismischen Tätigkeit auf die den Faltengebirgen parallel verlaufenden Zonen, die nunmehr den Charakter jüngerer Bruchzonen besitzen, resp. auf die passiv niedergepreßten Randsenken mit ihrem Defizit an Totalschwere. Bezeichnend für den engen Konnex zwischen seismischer Tätigkeit und anisostatischem Zustand ist u. a. das Ferghanabecken mit einer auf das Becken beschränkten sehr regen Bebentätigkeit, der ein auffallend starker anisostatischer Zustand mit bis 158 Einheiten an Δg entspricht.

Auch sonst sind die Beziehungen offensichtlich. Dem mehr oder weniger isostatischen Zustand der weiten Ozeanböden entspricht deren auffallende Bebenarmut. Ausnahmen im Schwerezustand, wie z. B. dem Hawaianischen Archipel, entsprechen Ausnahmen im seismischen Verhalten. Die Hawaianische Inselgruppe ist ein ausgesprochener Großbebenherd.

Das große jungorogenetische Feld des südwestlichen Pacifik mit seinen hohen Plus- und Minusabweichungen an Totalschwere erweist sich als außerordentlich reich an Welt- und Großbeben. Es ist das das Feld der Tiefseegräben, deren tektonischen Charakter, Bruchtektonik oder Faltung, Sieberg durch die Erdbebenhäufung einwandfrei zugunsten der Bruchtektonik glaubt entscheiden zu können[1]). Die großen Defizitbeträge widersprechen dem aber und machen die Deutung als Randsenken wahrscheinlicher. Vertikale Schollenbewegung als Bruchtektonik, allerdings als Folge von Faltung, ist auch in diesem Falle die Ursache der Beben.

Ein Gebiet erweist sich durch den engen Konnex zwischen anisostatischem Zustand, junger Bodenbewegung und Erdbeben als besonders interessant: der Fennoskandische Schild. Sein tektonischer Charakter weist ihn in die Reihe der erdbebenarmen Komplexe. Doch zeigt sich hier eine ziemlich rege seismische Labilität[2]). Die Verteilung der Beben- und Schüttergebiete in Fennoskandia[3]) weist auf eine Verknüpfung mit den Hebungsvorgängen und auf eine Unabhängigkeit von den alten tektonischen Leitlinien hin. Eine gewisse Beziehung zu diesen ist gelegentlich erkennbar, aber im allgemeinen zeigen die Beben eine auffallende Gleichgültigkeit gegenüber allen geologischen Grenzen. So erstrecken sich die Erdbeben Schonens nach R. Kjellen[4]) ausgesprochen NO—SW, das Spaltensystem dagegen verläuft vorwiegend NW—SO. Die Mälarlandschaft und die Ostseeküste bis zum Kalmarsund, die reich an Spaltenlinien ist, zeigt eine auffallend geringe Seismizität.

---

[1]) Sieberg: l. c. S. 82.

[2]) Tams, E.: Die seismischen Verhältnisse des europäischen Nordmeeres und seiner Umrandung. Mitteilungen d. Geogr. Ges. Hamburg Bd. 33, S. 33. 1921; und Sieberg, A.: l. c. S. 20.

[3]) Vgl. Högbom, A.G.: Handbuch d. region. Geologie, Fennoskandia S.10, Abb.4.

[4]) Kjellen, R.: Die schwedischen Erdbeben. Geogr. Zeitschr. Bd.16, S.490. 1910.

Andererseits liegen die Zonen maximaler Häufung der Beben an der norwegischen Westküste wie vor allem an der schwedisch-bottnischen Küste, Zonen, die ausgesprochen atektonischen Charakter haben, dagegen als Zonen jüngerer Hebung besonders stark hervorgetreten sind. Hier deckt sich, wenigstens im schwedischen Gebiet, die Zone der Erdbebenhäufung mit der Achse größter Landhebung.

Eine Bestätigung bringen sehr exakte neue Untersuchungen über die gegenwärtige Landhebung in der Umrandung der Ostsee[1]). Es ließ sich bei der Untersuchung der Landhebung während der Jahre 1898 bis 1912 nachweisen, daß für gewisse Jahre eine Unstetigkeit in der Landhebung besteht: 1902, 1904, 1907, 1909 und 1911 zeigte sich der Hebungsbetrag relativ groß. In die gleichen Jahre fällt eine besonders rege seismische Tätigkeit, was auf einen genetischen Zusammenhang zwischen beiden Erscheinungen schließen läßt. Hier sind anisostatischer Zustand, junge Landhebung und seismische Tätigkeit eng miteinander verknüpft. Dabei ist nicht zu vergessen, daß das Gebiet ausgesprochen avulkanisch ist.

Von Interesse wäre es, der Frage nachzugehen, ob etwa exogen belastete oder entlastete Gebiete, denen nach der Theorie eine isostatische Einstellungsmöglichkeit eignen müßte, die Anzeichen einer doch wenigstens mäßigen Seismizität tragen. Die Kontrolle durch die Schweremessung versagt, wie oben gezeigt wurde, in solchen Gebieten infolge der Ungenauigkeit der Schweremessungsergebnisse; die Abweichungen liegen z. T. noch innerhalb der Fehlergrenzen. Es wäre nun denkbar, daß solche Gebiete ihren schwach anisostatischen Zustand wenigstens durch seismische Tätigkeit zu erkennen geben.

Die Antwort hierauf ist nicht sehr befriedigend. Zwar sind die Gebiete intensiver Sedimentation, die Begleitzonen der jungen Faltengebirge, durch rege Bebentätigkeit gekennzeichnet; aber letztere ist hier sicher weniger die Folge der Überlastung durch Sediment als ein Zeichen isostatischer Störung, sekundär bedingt durch die Orogenese, sei es durch Massenwellen, sei es als Randsenke.

Allerdings weist ein Umstand darauf hin, daß auch der Belastung mit Sediment ein gewisser ursächlicher Anteil an der Bebentätigkeit zukommt; das ist das merkwürdig verschiedenartige Verhalten der jungen Faltengebirge in bezug auf seismische Begleitzonen, nämlich das Bestehen einer ausgeprägten seismischen Begleitzone bei der betischen Kordillere, dem Atlas, dem Apennin, den Dinaren, dem Balkan, den Hellenisch-Ionischen Inseln, Kleinasien, Armenien, Kaukasus, Iran, Celebes, Neuguinea, Californien sowie den Anden von Venezuela, Kolumbien und Ekuador; das Fehlen oder die Existenz von nur ganz schwach seismischen Zonen bei Pyrenäen, Alpen, Himalaja, den hinterindischen Gebirgsländern sowie bei Alaska und Britisch-Kolumbia.

Die erste Gruppe liegt relativ nahe der Küste, die zweite im allgemeinen ferner auf den alten Kontinenten. Die verschiedene Entfernung

[1]) WITTING, R.: Die Meeresfläche, die Geoidfläche und die Landhebung dem baltischen Meere entlang und an der Nordsee. Särtryk Fennia Bd. 39, Nr. 5, S. 344. Helsingfors 1918.

von der Erosionsbasis bedingt evtl. einen Umsatz von weit größeren Abtragungsmassen im ersteren Falle, also auch entsprechend stärkere Entlastung des Gebirges und Belastung des Vorlandes, was die Ursache einer höheren Seismizität sein könnte.

Wesentlich für die Beurteilung der ganzen Frage wären Bebenhäufungen an Küsten von atlantischem Typ mit großen Deltabildungen. Aber die Vermutung von Erdbebenhäufungen findet sich hier nicht bestätigt. Wohl verzeichnet A. Siebergs Karte vereinzelte Beben an der La-Plata-Mündung, seismische Wogen im Bereich des Nildeltas, und Deckert gibt Beben im Gebiet des Mississippideltas an, aber im allgemeinen finden sich die großen Deltas, wie die des Nigger, Kongo u. a. frei von Beben[1]).

Auf ein Gebiet möchte ich in diesem Zusammenhange zu sprechen kommen: das sog. Sink Country im Bereich des Mississippi, westlich und südwestlich von Neumadrid, auf dessen Senkungsbewegung E. Deckert schon im Zusammenhang mit dem seismischen Verhalten hinwies[2]). Es handelt sich hier um ein amphibisches See-, Halbsee- und Sumpfgebiet, gekennzeichnet durch die Konvergenz gewaltiger Stromläufe (Mississippi, Missouri, Illinois, Wabash, Tennessee). An den Konfluenzstellen der Ströme große Anhäufungen von jungen Schwemmlandsmassen. Seit 1811 wird das ganze Gebiet immer stärker und stärker mit Wasser durchtränkt. Flußverlegungen, Unterwassersetzungs- und Seebildungsprozesse sind dauernd im Gange. Wir haben das Momentbild eines tektonischen Prozesses vor uns, der sich nach Deckert seit der Tertiärzeit in ähnlicher Richtung bewegt hat. In diesem Bereich sind in den Jahren 1811, 1843 und 1895, also rhythmisch in Abständen von ca. 40—50 Jahren, Herde großer Schüttergebiete aufgetreten, die $1^1/_2$—2 Millionen km² erschütterten (vgl. Deckert: l. c. Tafel 7, Abb. 7).

Es liegt nahe, die Ursache dieser Beben, wie E. Tams es tut[3]), in einer Überlastung des Gebietes mit Sediment zu sehen und den Senkungsprozeß als rein isostatischen Vorgang zu betrachten. Doch liegt ein Zwang zu dieser Auffassung nicht vor, und es wäre ebensogut denkbar, daß die vermutete Wirkung die Ursache ist. Die einzige Schweremessung aus diesem Gebiet deutet allerdings in der erstgenannten Richtung: Neumadrid, 79 m hoch, $\Delta g'' = +11$, $\Delta g = +9$. Ist die Auffassung richtig, so darf nur völlige Isostasie oder ein Plus an Totalschwere auftreten. Das geringe Plus an Δg widerspricht dem wenigstens nicht.

Ich möchte hier auf eine weitere Auswertung der vielfachen Beziehungen zwischen Abtragungs- resp. Sedimentationsgebieten einerseits und Bebentätigkeit andererseits verzichten, indem ich gezeigt zu haben glaube, daß die seismische Tätigkeit eines Gebietes als weiteres Kri-

---

[1]) Deckert, E.: Die Erdbebenherde und Schüttergebiete von Nordamerika in ihren Beziehungen zu den morphologischen Verhältnissen. Zeitschr. Ges. f. Erdkunde, Berlin 1902, Taf. 5.

[2]) Deckert, E.: l. c. S. 367.

[3]) Tams, E.: Isostasie und Erdbeben. Zentralbl. f. Min. 1920, S. 182.

terium für den isostatischen resp. anisostatischen Zustand von Erdkrustenteilen neben der Schweremessung heranzuziehen ist. Wo wir in die Lage versetzt wurden, beide Faktoren zur Kritik zu benutzen, bestätigten beide die isostatische Deutung in gleicher Weise. Je größer die Anisostasie, um so größer die seismische Tätigkeit eines Gebietes.

XII. Lokale und regionale Kompensation.

Die Frage, ob lokale oder regionale Kompensation die isostatischen Vorgänge der Erdkruste beherrscht, ist geologisch von großer Bedeutung. Es handelt sich um nichts anderes als um die Feststellung, wo die Grenze der Belastungsfähigkeit der Erdkruste liegt. Man kann einen sehr kleinen Erdkrustenteil, z. B. einen Quadratkilometer, mit Hunderten, ja evtl. Tausenden von Metern Gestein belasten, ohne daß die belastete Scholle aus ihrem Verbande gelöst wird. Sie biegt sich höchstens elastisch durch. Wir befinden uns im Bereich der Herrschaft der molekularen Kräfte. Es ist zweifellos, daß die Erdkruste bei geringem Ausmaß der beanspruchten Fläche trotz hoher Beanspruchung ein derartiges Verhalten zeigt. Dagegen wird bei sehr großem Ausmaß der beanspruchten Fläche der Erdkruste, z. B. bei der diluvialen Eisbelastung des Nordens, die Grenze der Elastizität überschritten, es gelten nicht mehr die Gesetze der molekularen Kohäsion, sondern die der Gravitation.

Wo liegt die Grenze zwischen beiden Fällen? Einige Nordamerikaner von autoritativer Stellung halten die Elastizität der Erdkruste für sehr gering, die isostatische Reaktionsfähigkeit für sehr groß; HAYFORD und BOWIE gelangen auf Grund der Anwendung ihrer isostatischen Reduktionsmethode zu dem Ergebnis, daß die Isostasie bereits für sehr kleine Teile der Erdoberfläche, für solche von 18,8 km Radius, Gültigkeit besitzt. Eine elastische Übertragung auf die Nachbargebiete wird von ihnen nicht anerkannt. Das ist die sog. lokale Kompensation.

Andere, wie F. R. HELMERT, nehmen an, daß den isostatisch bewegten Flächenelementen lineare Dimensionen von einigen 100 km zukommen[1]). Nur auf derartige Flächen bezieht sich die Gleichgewichtslehre für die Erdkruste. Für kleinere Elemente gilt die Regel wegen der Festigkeit der Erdkruste nicht. Das ist die sog. regionale Kompensation.

Die Vorgänge sind nun, abgesehen von der Inanspruchnahme, von zwei Faktoren abhängig, von der molekularen Kohäsion der Gesteinsmassen resp. dem sich daraus ergebenden Zerreißungswiderstand der Gesteine und von der Dicke der Erdkruste. Letztere ist ein in der Zeit variierender Faktor, weswegen wir gezwungen sind, alle Betrachtungen jeweils nur auf ein bestimmtes Zeitmoment zu beziehen. Verknüpfen wir die Betrachtungen mit den Ergebnissen der Schweremessungen, so kann es sich nur darum handeln, die gegenwärtige Reaktionsfähigkeit der Erdkruste zu diskutieren. Für frühere geologische Zeiten haben wir eine abweichende Dicke und damit Reaktionsfähigkeit der Erdkruste anzunehmen.

---

[1]) HELMERT, F. R.: Enzyklopädie d. math. Wiss. Bd. 6, 1. B., S. 88. 1908.

Für die Ermittelung der Tragfähigkeit der Erdkruste kann man zwei Wege einschlagen, den der theoretischen Berechnung und den der Beobachtung. In ersterem Falle legt man den Zerreißungswiderstand der Gesteine und die Tiefe der Ausgleichsfläche zugrunde (vgl. Kapitel VI) und kann hieraus die Höhe der Belastung oder Entlastung ableiten und somit einen Ausdruck für die Reaktionsfähigkeit der Erdkruste finden. Bei der Methode der Beobachtung werden gewisse Fälle tatsächlicher Inanspruchnahme festgestellt, die bereits oder noch nicht zu isostatischem Ausgleich geführt haben, wie z. B. BARRELLS Beobachtungen über Nigger- und Nildelta, woraus dann eine Mindestbelastungsgrenze der Erdkruste entnommen werden kann.

Beide Methoden führen jedoch vorläufig zu wenig befriedigenden Ergebnissen: die theoretische, weil die Erdkrustendicke von 120 km lediglich einen mittleren Annäherungswert darstellt und weil wir kein Urteil über den mittleren Wert der molekularen Kohäsion der Gesteine für die gesamte Dicke der Erdkruste besitzen, die Methode der Beobachtung wegen der Unzulänglichkeit der Erfassung der Tatsachen.

Für die Frage der lokalen resp. regionalen Kompensation ist die Feststellung der Tiefe der Ausgleichsfläche von einiger Bedeutung. Je tiefer die Lage dieser Fläche, um so mehr regional ist die Kompensation. Im Kapitel II über „die Vorraussetzungen" wurde bereits angeführt, daß HELMERT auf Grund der Schweremessung die Tiefe auf 118,22 km, HAYFORD auf Grund von Lotablenkungen in den U. S. A. den Wert 122,2 km berechnete. Diese Werte haben keine ausnahmslose Gültigkeit. HAYFORD hat für die U. S. A. eine geographische Einteilung in 14 Gruppen vorgenommen, die zur Annahme einer Variation der Ausgleichstiefe von 66—305 km führte[1]). Doch sind die Gründe hierfür nicht restlos überzeugend. Nach HAYFORD soll die Ausgleichstiefe in den östlichen und zentralen Teilen der U. S. A. größer als in den westlichen sein. Diese Auffassung würde allerdings völlig entgegengesetzt dem sein, was man aus der größeren Höhe der westlichen Gebirge schließen könnte.

In neuester Zeit hat TH. NIETHAMMER auf Grund des sehr dichten Netzes der schweizerischen Schweremessung Berechnungen der Ausgleichstiefe angestellt, die zum Ergebnis von 119 km führten[2]). Doch erfolgte auch hier die Berechnung auf Grund einer verbesserten HAYFORDschen Methode.

Die Frage der Ausgleichstiefe bedarf noch weiterer Klärung durch Anwendung möglichst verschiedener Methoden. Man darf wohl annehmen, daß das endgültige Ergebnis eine beträchtliche Variationsbreite der Tiefenlage ergeben wird.

Alle Berechnungen von HAYFORD, BARRELL u. a., auf die im folgenden zurückgegriffen wird, basieren auf Annahme des älteren HAYFORDschen Wertes von 114 km.

---

[1]) Supplement investigations in 1909 of the figure of the earth and isostasy 1910, S. 55—59.

[2]) NIETHAMMER, TH.: Verh. d. Schweiz. naturf. Ges. Schaffhausen 1921.

Zur Entscheidung der Frage, ob regionale oder lokale Kompensation herrscht, haben HAYFORD und BOWIE[1]), die Vertreter extrem lokaler Kompensation, Berechnungen angestellt, indem sie folgende drei verschiedene Annahmen machten:

1. eines Radius von 18,8 km,
2.   „   „   „   58,8 „
3.   „   „   „   166,7 „

Wenn nun lokale Kompensation zutrifft, so wird in einer Gebirgsregion ein außergewöhnlich hoher Berg durch leichtes Material gekennzeichnet sein, und die Schwere ist an seinem Gipfel geringer als bei regionaler Kompensation. Liegt dagegen die Station weit unterhalb der mittleren Meereshöhe, so verlangt lokale Kompensation dichtere Materie unterhalb der Station, und die Schwere ist größer als bei regionaler Kompensation.

Daraus ergibt sich: In einem Gebirge werden Stationen über mittlerem Niveau, wenn lokale Kompensation den Tatsachen entspricht, regionale dagegen angenommen wird, große negative Anomalien aufweisen (auf Grund des isostatischen Reduktionsverfahrens von HAYFORD). Wenn dagegen regionale Kompensation der Wirklichkeit mehr entspricht, würde die Hypothese der lokalen Kompensation ihre Unrichtigkeit durch zu große Überschwere zu erkennen geben. Bei Stationen unter dem mittleren Niveau verhielte es sich umgekehrt. BOWIE untersuchte, wieweit die Werte der U. S. A.-Gebirgsstationen diesen Forderungen entsprechen, wobei er die genannten Annahmen macht: Areale mit 18,8, mit 58,8 und mit 166,7 km Radius. Es zeigte sich, daß zwischen den beiden Fällen 18,8 und 58,8 eine Entscheidung nicht möglich ist[2]). HAYFORD und BOWIE gelangten zu dem Ergebnis, daß die weitere Forschung für nichtkompensierte Gebiete eine maximale Größe zwischen einer Quadratmeile ($= 2,5$ km²) und einem Quadrat-„degree“ nachweisen wird[3]). Für dieselbe Auffassung sprechen die Ergebnisse der Berechnungen, die HAYFORD und BOWIE zur Ermittlung der mittleren Abweichung der U. S. A. vom Zustand völliger Kompensation ausgeführt haben[4]). Die Lotabweichungen ergaben für das Gebiet der U. S. A., daß die Durchschnittsabweichung einem Massenplus resp. -minus von 250 Fuß entspricht, die Schwerebestimmungswerte ergaben eine Abweichung von 650 Fuß. Beide Ergebnisse sind nicht als genau anzusehen. Doch sind sie im Verhältnis zur Dicke der Lithosphäre minimal und würden, wenn sie zutreffen, einen Zustand fast völliger Kompensation der Erdkruste ankünden.

Wenn HAYFORD und BOWIE so zu dem Ergebnis gelangen, daß der Radius nichtkompensierter Gebiete wahrscheinlich kleiner als 18,8 km ist (l. c. 102), so ist dieses Ergebnis mit den geologischen Tatsachen

---

[1]) Effect of topography and isostatic compensation upon the intensity of gravity. U. S. coast and geodetic survey, Spez. publ. 1912, Nr. 10, S. 98.

[2]) Ebenda S. 98—102.

[3]) The figure of the earth etc. Governm. printings office. Bd. 10, S. 169. 1909.

[4]) The effect etc. U. S. coast and geodetic surv. Spec. public. Washington 1912, Nr. 10.

nicht im Einklang. J. BARRELL hat in seiner großen Artikelserie: „The strength of the earth's crust", Journ. of geology Bd. 22, 1914 und Bd. 23, 1915, eingehend gegen diese Auffassung extrem lokaler Kompensation Stellung genommen. Er macht mit Recht geltend, daß die Berechnungen auf einer viel zu geringen Zahl von Daten basieren, als daß den Ergebnissen allgemeine Gültigkeit zugeschrieben werden könnte. Auch ist die Ausgleichstiefe Schwankungen unterworfen und damit die Größe der regional kompensierenden Gebiete; beide dürften im Westen anders sein als in den übrigen Teilen des Kontinentes.

BARRELL wendet zur Kontrolle, ob regionale oder lokale Kompensation herrscht, folgende Methode an[1]): Zwei Gebirgsstationen liegen benachbart, die eine weit oberhalb, die andere weit unterhalb der mittleren Meereshöhe. Die Unvollkommenheit der Kompensation muß sich an beiden Stationen in gleicher Weise zeigen. Wendet man nun die Hypothese entweder der regionalen oder lokalen Kompensation (bei der isostatischen Reduktion nach HAYFORD) auf die beiden Stationen an, so werden beide in gleicher Weise durch die Voraussetzungen einer falschen Hypothese betroffen. Das äußert sich, da die Stationen zum mittleren Niveau verschieden liegen, in verschiedenen Vorzeichen der Anomalien.

Wird dann die Differenz der Anomalien für ein paar solcher Stationen in Hinsicht auf die verschiedenen Hypothesen verschiedenartiger regionaler resp. lokaler Kompensation festgestellt, so zeigen die Differenzen die Unzulänglichkeiten der Hypothese an, und zwar ist derjenigen Annahme der Vorzug zu geben, bei deren Anwendung die Differenz ein Minimum beträgt.

BARRELL stellte einige von HAYFORD und BOWIE gegebene Daten zusammen, die zur Illustration dienen mögen:

Station	Meereshöhe	Abstand von der mittl. Meereshöhe innerhalb 100 Meilen	Anomalie in Dynen bei Kompensation innerhalb eines Radius von			
	m	m	0,0 km	18,8 km	58,8 km	166,7 km
1. Colorado Springs	1841	−420	−0,009	−0,009	−0,010	−0,010
2. Denver	1638	−547	−0,018	−0,016	−0,009	−0,001
3. Gunnison . . .	2340	−380	−0,018'	+0,021	+0,026	+0,016
Mittel von 1—3 . .		− 458	−0,009	−0,004	+0,007	+0,005
4. Pikes Peak . .	4293	+2035	+0,019	+0,011	+0,006	+0,002
Differ. 4 — 1			+0,028	+0,020	+0,016	+0,012
Differ. 4 — (Mittel von 1 + 2 + 3) .			+0,028	+0,015	−0,001	−0,003

Für die drei Coloradostationen ist der absolute Wert der Anomalie bei einer regionalen Kompensation von 166,7 km am geringsten. Und die Differenz der Anomalien zwischen der Gipfelstation (4) und der am Fuß (1) beträgt bei regionaler Kompensation (166,7 km) weniger als die Hälfte wie bei lokaler. Überhaupt nimmt ganz allgemein mit zunehmendem Radius des Gebietes der Betrag der Dif-

[1]) Journ. of geol. Bd. 22, S. 160. 1914.

154　　　　　Lokale und regionale Kompensation.

ferenz ab. Auch die Berücksichtigung der etwas entfernter liegenden
Stationen 2 und 3 bestätigt das im wesentlichen, so daß man für die
betreffenden Gebiete regionale Kompensation annehmen muß. — Die
in obigem Beispiel vorgeführte Methode kann in günstigen Fällen
eine Entscheidung über die Art der Kompensation gestatten. Voraussetzung ist entsprechende Lage zweier Stationen. Dieser Gesichtspunkt
sollte bei künftiger Auswahl von Schwerestationen Berücksichtigung
finden.

Auch die Verteilung der Anomalien bei kartographischer Darstellung ist geeignet, einen Schluß auf die Größe der kompensierenden
Gebiete zuzulassen. Bei ausgesprochen lokaler Kompensation würde
das Bild der Verteilung der Schwerewerte über große Gebiete wahrscheinlich ohne jeden besonderen Charakter sein. Man müßte einen
häufigen Wechsel der Werte ohne jede Regel erwarten. Anders bei
regionaler Kompensation. Hier zeigen sich gleichsinnig orientierte
Werte über große Strecken, da große Gebiete ja einem gemeinsamen
Einfluß unterliegen. Das ist aber das Bild, welches wir überall antreffen:
Provinziell gleichgerichtete Ausbildung der Schwerewerte.

J. Barrell hat in dieser Hinsicht die Verteilung der Werte der
Lotablenkung in den U. S. A. untersucht[1]). Er gelangt zu dem Ergebnis, daß die Lotablenkungen gleichgerichtete Anomalien über Areale
aufweisen, die linear 290 km Erstreckung besitzen. Der mittlere Durchmesser ist noch etwas größer, so daß diese Gebiete etwa denen regionaler
Kompensation mit einem Radius von 166,7 km gleichkommen, welcher
Wert auf Grund der Schweremessungen gewonnen wurde. Das gleiche
Resultat ergibt sich bei Betrachtung der Verteilung der Schwerewerte
der U. S. A.

Diese gleichsinnig orientierten Areale könnten bei lokaler Kompensation unmöglich bestehen.

Es liegt nahe, an Beispielen besonders starker Belastung der Erdkruste mit Sediment die Tragfähigkeit der Kruste zu prüfen. Barrell
hat in dieser Hinsicht die Deltabildungen von Niger und Nil
einer Prüfung unterzogen[2]). Die Morphologie der Deltabildungen in
diesen beiden Fällen und die Topographie der nächsten Umgebung, wie
z. B. das Fehlen von Übertiefungen des Ozeanbodens, sprechen dafür,
daß diese Sedimentmassen von der Erdkruste getragen werden. Die
zur Beurteilung der Tragfähigkeit nötigen Daten sind die folgenden:

Nil - Delta.

1. Belastete Fläche = 106 000 km². Radius eines äquivalenten
Kreises = 175 km.

2. Mittlere Mächtigkeit = 0,84 km. Äquivalenz in festem Gestein
= 0,46 km. Verhältnis zu 114 km Krustendicke = 1 : 260.

3. Maximale Mächtigkeit = 2,0—2,3 km.

4. Volumen = 89 000 km³, in festem Gestein = 50 000 km³.

---

[1]) Journ. of geol. Bd. 22, S. 163. 1914.
[2]) Ebenda S. 39 ff.

Niger - Delta.

1. Belastete Fläche = 195 000 km². Radius eines äquivalenten Kreises = 250 km.

2. Mittlere Mächtigkeit = 1,1 km. Äquivalenz in festem Gestein = 0,6 km. Verhältnis zu 114 km Krustendicke = 1 : 200.

3. Maximale Mächtigkeit = 3,0 km. Äquivalenz in festem Gestein = 1,65 km.

4. Volumen = 217 000 km³.

Wenn tatsächlich diese Lasten von der Erdkruste getragen werden, so wäre hier, wie BARRELL es annimmt, ein ausgezeichneter Beleg für die regionale Kompensation gegeben. Aber so sehr ich persönlich zu der BARRELLschen Auffassung von der regionalen Kompensation neige, muß doch betont werden, daß diese beiden Fälle der Deltabildungen kein einwandfreies Kriterium zur Beurteilung des Problems bieten. Denn die Gründe für ein Nichtsinken der Gebiete sind keineswegs überzeugend.

Die Starrheit der Kruste vorausgesetzt, würde letztere sich hier fähig erweisen, etwa $^1/_{200}$ des Krustengewichts (bei 114 km Dicke) zu tragen[1]. Das aber als allgemeingültige Eigenschaft abzuleiten, wäre selbst bei der Richtigkeit der Voraussetzung unzulässig, da es bei diesen Vorgängen nicht auf das Verhältnis von Last zu Flächeneinheit, sondern auf das von Last zu Zerreißungsfläche ankommt (vgl. Kap. VI: Theoret. Erörterungen).

Bei derartigen Beurteilungen der Erdoberfläche besteht die Gefahr, daß man die gegenwärtigen Zustände topographischer wie gravimetrischer Art als stabil betrachtet und diese Zustände als Grundlage der Berechnungen wählt. Wie wenig wissen wir aber über die topographische und gravimetrische Stabilität der Erdoberfläche. In topographischer Hinsicht zeigt jedes Revisions - Nivellement gerade das Gegenteil, eine auffallende Labilität der Kruste, so z. B. für die Umrahmung der Ostsee, für Frankreich, England und manche deutschen Gebiete. Diese Gebiete, die auch gravimetrisch nicht normal sind, sind im Begriff, sich isostatisch neu einzustellen. Die Erdkruste besitzt also hier nicht die große Starrheit, um die bestehenden Anisostasien zu tragen, weswegen solche Gebiete nicht als Unterlage für die Berechnung der Starrheit, sondern als solche für die Labilität der Kruste Verwendung finden dürfen.

Die Auffassung der extrem lokalen Kompensation findet sich so nirgends, sei es durch die geologischen, sei es durch die gravimetrischen Tatsachen bestätigt. Im Gegenteil sprechen die Tatsachen eher für eine regionale Kompensation. Aber auch vor dessen extremer Anwendung auf die isostatischen Vorgänge ist zu warnen. Genauere geologische Beobachtung und feinere Nivellements zeigen, daß die lineare Erstrekkung der selbständig kompensierenden Areale nicht immer Hunderte von Kilometern betragen muß.

---

[1] BARRELL: l. c. S. 46.

R. Witting wies an der Hand von Nivellements aus den Jahren
1898—1912 nach[1]), daß die einzelnen Teile der Umrahmung der Ostsee
sich keineswegs gleich schnell bewegen, sondern daß einmal dieser, dann
jener Teil eine Beschleunigung erfährt. Hierin äußert sich eine größere
Labilität der Kruste. Die gleiche Vorstellung gewinnt man aus der
gesamten differenzierten Bewegung in der Umrahmung und in der
Außenzone der Vereisungsgebiete Fennoskandias und Labradors. Und
in den Alpen erkannte A. Penck Gleichartiges, indem er feststellte, daß
die Schwingungen der Talgebiete von den einzelnen Nachbargebirgs-
gruppen nicht begleitet werden (Kap. VIII: Isostasie u. Inlandvereisung).

Im allgemeinen scheint eine Art Mittelzustand zu bestehen zwischen
einerseits starrer Verbindung aller Teile der Kruste und andererseits
einem lockeren Nebeneinander relativ leicht beweglicher Schollen oder
Prismen.

XIII. Isostasie und Großformen der Erde.

Die Anerkennung der Theorie der Isostasie für die Gegenwart hat
zur Konsequenz, ihre Richtigkeit auch für die geologische Vergangenheit
nicht zu leugnen. Wenn das Kant - Laplacesche Gesetz der Entwicklung des Erdkörpers als gültig angesehen wird, d. h. also, wenn
die Erdkruste sich allmählich durch Abkühlung verdickt hat, so muß
die Auslösung isostatischer Vorgänge, die Beseitigung anisostatischer Zustände durch Vertikalbewegung von Erdkrustenteilen in
früher geologischer Vergangenheit leichter vor sich gegangen
sein als in der Gegenwart. Das war bedingt durch einen geringeren
Betrag der Ausgleichstiefe und durch eine größere Viscosität der subkrustalen Materie. Jede vor allem orogenetisch oder vulkanologisch
bedingte Störung, die sich in Massenanhäufungen an der Oberfläche,
also in Gebirgen usw., äußerte, konnte sich an Höhe nie zu den Aus-
maßen entwickeln, die in jüngerer geologischer Zeit erreicht wurden.
Die dünnere Kruste konnte nur kleinere Abweichungen vom isostatischen
Gleichgewicht tragen als heute; und die für die jüngeren großen Gebirge
notwendigen Tiefenwülste wären früher infolge der Abschmelzung unmöglich gewesen. Es ist eine theoretische Forderung, daß die Höhen
der früheren Gebirge im Mittel geringer waren als die jüngerer Zeit.

Soweit wir uns heute nach den Resten alter Gebirge ein Urteil über
ihre ehemalige Höhe bilden können, scheinen diese Forderungen bestätigt. Caledonisches Gebirge sowohl wie armorikanisch-varistisches
zeigen trotz Abtragung noch heute Merkmale tektonischer Vorgänge,
die dafür sprechen, daß die heute die Oberfläche bildenden Teile auch
bei der Entstehung des Gebirges nicht allzu oberflächenfern gelegen
haben. Auch das Vorhandensein der „zone of fracture" muß in diesem
Sinne gedeutet werden. Zur gleichen Erkenntnis gelangt man auch auf
Grund von Überlegungen über vorhanden gewesene und noch vorhan-
dene Formationsglieder, z. B. im Bereich des varistischen Gebirges.

---

[1]) Witting, R.: Fennia 5, Helsingfors 1918.

An Breite dagegen haben anscheinend die früheren Gebirge den jüngeren nicht nachgestanden, diese wohl vielmehr darin übertroffen. Das würde der größeren Faltbarkeit der dünneren Erdkruste und ihrer geringeren Differenzierung in starre und faltbare Komplexe entsprechen. Doch ihre Höhen waren kaum alpin, geschweige denn himalayesk. Die Höhe der Gebirge ist in erster Linie eine Funktion der Krustendicke (Ausgleichstiefe), erst in zweiter Linie eine solche der wirksamen orogenetischen Kraft.

Die in früherer geologischer Vergangenheit bestehenden abweichenden Verhältnisse bedingten auch, daß die Größe der selbständig kompensierenden Erdkrustenteile eine geringere war als in der Gegenwart. Infolge geringerer Krustendicke war die Erdoberfläche befähigt, nur entsprechend kleinere Lasten resp. Entlastungen zu erleiden, ohne durch isostatische Kompensation zu reagieren. Es herrschte also mehr als heute lokale Kompensation. Wenn die Zeiten sehr dünner, mit großer Empfindlichkeit reagierender Kruste vor allem als vorkambrisch angesehen werden müssen und sich in nachkambrischen Zeiten die Verhältnisse schon stark denen der Gegenwart nähern, so kann man aus den sedimentären Zuständen des Palaeozoicums doch anscheinend noch Anzeichen für eine relativ dünnere Erdkrustendicke ablesen.

So ist die gewaltige, viele tausend Meter betragende Anhäufung, die in den obercarbon-rotliegenden Innensenken des varistischen Gebirgskörpers in Form von Flachwasser- oder Trockensedimenten sich bildete[1]), nur isostatisch zu verstehen. Die Bewegung zwar langgestreckter, oft aber nur 20 km breiter Erdkrustenstreifen bei einer Krustendicke von 120 km erscheint äußerst unwahrscheinlich, und die Tatsache der Bewegung spricht dafür, daß die Krustendicke seinerzeit eine geringere gewesen ist. Günstige Fälle aus früher geologischer Vergangenheit überlieferter Ent- oder Belastung können einmal gestatten, die Ausgleichstiefe für die entsprechende Zeit rechnerisch zu erfassen.

Hinsichtlich der Entstehung der Großformen der Erde scheint die Theorie der Isostasie mit gewissen bestehenden Anschauungen nicht im Einklang. So zeigt sich ein zunächst unversöhnlich scheinender Gegensatz zu der von EDUARD SUESS ausgesprochenen Hypothese vom Zusammenbruch der Kontinente. Die in den vorhergehenden Kapiteln entwickelten Vorstellungen lassen es als ausgeschlossen erscheinen, daß ein Kontinent zusammenbrechend unter dem Ozean versinkt und an seine Stelle ozeanischer Tiefseeboden tritt. Es sei denn, daß man für große Erdkrustenteile starke Dichtevergrößerungen innerhalb der Kruste annimmt. Lokal sind derartige Vorgänge ohne weiteres verständlich, wie z. B. infolge von Massenintrusionen extrem basischer Gesteine, die belastend wirken und den betreffenden Erdkrustenteil in die Tiefe zerren. Aber derartige Vorgänge für Erdkrustenteile von der Größenordnung von Kontinenten anzunehmen besteht, wenigstens auf Grund der geologischen Beobachtung, keine Berechtigung. Doch sind die Unterschiede nur quantitativer Natur. Theoretisch müssen

[1]) Vgl. BORN, A.: Über jungpaläozoische kontinentale Geosynklinalen Mitteleuropas. Abh. d. Senckenberg. Ges. Bd. 37. 1921.

solche Vorgänge auch in größerem Ausmaß zugegeben werden. Es scheint, als ob hier ein Weg gegeben sei, der die Hypothese vom Zusammenbruch der Kontinente mit dem Prinzip der Isostasie auszusöhnen ermöglicht. Auch darf man Masseninjektionen wohl nicht als den einzigen Weg der Dichtevermehrung ansehen und muß zugeben, daß auch noch andere, bisher unbekannte Faktoren wirksam sein können. Unsere Kenntnis der Vorgänge größerer Tiefen ist in der Hinsicht noch sehr unvollkommen. Mit den hier erörterten Fragen berührt sich die nach der Permanenz der Kontinente und Ozeane, doch soll an dieser Stelle nicht weiter darauf eingegangen werden.

Das erwähnte Auftreten von Dichteveränderungen unbekannten Ursprungs würde die Zahl der anisostatisch wirkenden Faktoren um einen vermehren und wäre in der Lage, Bewegungen der Erdkruste zu erklären, für die rein isostatisch keine Deutung möglich ist. Zwei Fälle möchte ich in dieser Hinsicht anführen:

1. Der Block des Coloradoplateaus wurde im Tertiär herausgehoben, nachdem das Gebiet von Beginn des Palaeozoicums bis Ende des Mesozoicums im Bereich des Meeresspiegels gelegen hatte. Was man isostatisch hätte erwarten können, wäre eine Auffüllung des Meeresraumes gewesen mit anschließender Ruhelage. Statt dessen erfolgte eine Heraushebung über den Meeresspiegel um Tausende von Metern. Es wäre denkbar, daß der Block bei der großen westamerikanischen Orogenese trotz seiner Größe passiv mit seiner gefalteten Umgebung herausgehoben worden sei. Die Folge eines solchen Vorganges müßte gravimetrisch ein Überschuß an Schwere sein. Statt dessen weist das Gebiet so gut wie völlige Kompensation auf[1]). Dieser Tatsachenbestand ist isostatisch unerklärlich, wenn man nicht Dichteveränderungen in der Tiefe in Anspruch nehmen will.

Der Fall ist von allgemeiner Bedeutung. Es handelt sich hier um die Deutung großer Tafelländer weit über Meeresniveau, die isostatische Kompensation aufweisen. Der Fall des Coloradoplateaus läßt sich durch Annahme einer Dichteverminderung in der Kruste unterhalb des Plateaus in der Zeit der Hebung verstehen[2]). Die Masse bleibt die gleiche, der Kompensationszustand bleibt gewahrt.

Auch die Unterströmung relativ leichten Materials unter das Plateau wäre denkbar, Material, das von den Tiefenwülsten der benachbarten Gebirge abgeschmolzen, sich hier anreichernd auf die Scholle des Coloradoplateaus hebend wirkte. Eine gravimetrische Einwirkung dieser Massen würde wegen der großen Tiefenlage gering sein.

2. Der andere anzuführende Fall betrifft das Ferghana - Bekken[3]). Eine Depression, die orogenetisch wahrscheinlich schon Ende des Palaeozoicums angelegt worden ist. In dieser Senke findet seit Unterkreide bis heute ununterbrochen Sedimentation statt. Vom Senon bis

---

[1]) Bowie: Americ. journ. of science 1921, 4. Ser., S. 19.
[2]) Barrell, J.: Strength. usw. 1. Journ. of geol. Bd. 22, S. 35. 1914.
[3]) Ich verdanke die folgenden Angaben mehrfachen liebenswürdigen Mitteilungen des besten Kenners turkestanischer Gebiete, Herrn Prof. Muschketow, St. Petersburg, wofür auch an dieser Stelle nochmals herzlich gedankt sei.

zum Oligocän ist die Sedimentation marin, im übrigen terrester. Seit Ende des Oligocäns bis zur Gegenwart sind Bodenbewegungen festzustellen, doch fehlt jeder Vulkanismus. Die jungen Bewegungen sind 1. Flexuren an den Rändern, die eine Senkung des Beckeninneren bezeugen; 2. die Aufwölbung einer Antiklinale in der Mitte, die noch jetzt sich im Wachsen befindet. Das Becken ist reich an seismischen Erscheinungen. Sie scheinen besonders geknüpft an das Wachsen der Antiklinale.

Gravimetrisch ist das Gebiet durch besonders hohe negative Werte an Totalschwere gekennzeichnet:

Station	Br. °	L. °	H. m	Δg cm
Chodient	40,17	69,34	320	−0,140
Neu-Margelan	40,4	71,8	581	−0,158
Kokan	40,5	71,0	437	−0,162
Osch u. Andidjan	40,6	72,6	776	−0,145
Tschunt u. Namagan	41,0	71,4	540	−0,158

Auch das Massendefizit der Tiefe benachbarter Gebirge vermag diese negative Totalstörung nicht annähernd zu erklären.

Hier vollzieht sich eine Bewegung entgegen allem, was man auf Grund der gravimetrischen Tatsachen erwarten sollte. Eine starre Verbindung der Senke mit den Randgebieten würde bedeuten, daß eine Art Randsenkentyp, eine passiv versenkte Scholle vorläge. Aber hier bewegt sich die Scholle allein abwärts ohne den umrahmenden Gebirgskörper. Daß das Gebiet sich seit längerer geologischer Zeit in sinkender Bewegung befindet, ist außer Zweifel.

Aber diese Senkung ist nicht die Folge einer Überlastung, sei es durch Sediment, sei es durch Intrusiva, wie das große Defizit beweist. Dieses Defizit könnte durch Dichteverminderungen in der Kruste verursacht sein, dem widersprechen aber die Senkungen. Dichtevermehrung in der Tiefe, welche die Senkung verständlich machen würde, wäre wiederum mit dem Defizit an Totalschwere unvereinbar.

Der Fall ist komplizierter als der des Coloradoplateaus und allein an Hand unserer bisherigen Kenntnis von den Vorgängen der Tiefe nicht verständlich.

Die Heranziehung von Dichteveränderungen, sei es krustaler, sei es subkrustaler Art und Position, bedeutet stets den Griff zum deus ex machina. Aber die genauere Betrachtung der Bewegungsvorgänge der Erdkruste zeigt, daß derartige Veränderungen nicht von der Hand zu weisen sind. Die Bildung und Fortdauer vieler großer Sedimentationsräume, wie anscheinend des der deutschen Trias, kann kaum anders verstanden werden. Große Intrusivinjektionen in die Kruste zerren diese in die Tiefe, oder relativ schwere Massen unterströmen das Gebiet.

Wir stehen in dieser Hinsicht noch völlig am Anfang der Erkenntnis. Es scheint, als ob die Schweremessung, sei es durch Beobachtungen des Pendels, sei es durch die der Lotablenkung, ein Mittel liefern könnte, die Erkenntnis dieser Tiefenvorgänge der Erdkruste wesentlich zu fördern.

Nachtrag.

Es findet hier einige mir erst verspätet bekannt gewordene oder erst
jetzt erschienene Literatur Erwähnung. Ich zähle die Literatur auf hinsichtlich ihrer Bedeutung für die einzelnen von mir behandelten Probleme.

Zu Kapitel IV, S. 37:

KRENKEL, E.: Die Schwerestörungen am Graben des Roten Meeres. Zentralbl. f. Min. usw. 1923.

Zu Kapitel VIII, S. 105:

COLEMAN, A. P.: Extent and thickness of the Labrador ice-sheet. Bull.
geol. soc. of Amer. vol. 31, S. 319—328. 1920.

Zu Kapitel VIII, S. 110:

DALY, R. A.: Oscillations of level in the belts peripheral to the pleistocene
icecaps. Bull. geol. soc. of Amer. vol. 31, S. 303—318. 1920.

Zu Kapitel IX, S. 134:

SHEPARD, F. P.: Isostasy as a result of earth shrinkage. Journ. of geol.
vol. 31, S. 209—216. 1923.

Zu Kapitel IX, S. 135:

BOWIE, W.: Some geologic conclusions from geodetic data. Proceed. nat.
acad. of soc. vo. 7, S. 23—28. 1921.

BOWIE, W.: The earth's crust and isostasy. The geographical review. vol. 12,
S. 613—627. 1922.

BOWIE, W.: The relation of isostasy to subsidence and uplift. Amer. journ.
of sc. vol. 2, 5. ser. 1921.

Zu Kapitel XIII, S. 156:

BAILEY-WILLIS: Discoidal structures of the lithosphere. Bull. geol. soc.
of Amer. vol. 31, S. 247—302. 1920.